U0246743

通·识·教·育·丛·书

随机模拟方法与应用

Stochastic Simulation
Methods and its Applications

肖柳青　周石鹏 ◎ 编著

图书在版编目(CIP)数据

随机模拟方法与应用/肖柳青，周石鹏编著. —北京：北京大学出版社，2014.9

（通识教育丛书）

ISBN 978-7-301-24839-3

Ⅰ. ①随…　Ⅱ. ①肖…　②周…　Ⅲ. ①蒙特卡罗法　Ⅳ. ①O242.28

中国版本图书馆 CIP 数据核字（2014）第 216236 号

书　　　名：随机模拟方法与应用

著作责任者：肖柳青　周石鹏　编著

责 任 编 辑：潘丽娜

标 准 书 号：ISBN 978-7-301-24839-3/O・1009

出 版 发 行：北京大学出版社

地　　　址：北京市海淀区成府路 205 号　100871

网　　　址：http://www.pup.cn

新浪官方微博：@北京大学出版社

电 子 信 箱：zpup@pup.pku.edu.cn

电　　　话：邮购部 62752015　发行部 62750672　编辑部 62752021
出版部 62754962

印　刷　者：涿州市星河印刷有限公司

经　销　者：新华书店

787 毫米×1092 毫米　16 开本　18 印张　400 千字

2014 年 9 月第 1 版　2020 年 10月第 4 次印刷

定　　　价：36.00 元

总　序

通识教育再认识

自 19 世纪初美国博德学院的帕卡德教授最早明确提出通识教育概念以降，世界各国通识教育呈现出跌宕不息的动态过程，相关的研究、讨论与实践不断深入。我国在 20 世纪 90 年代中期以来，针对高等教育过分强调专业教育而忽视综合素质培养的状况，在加强学生素质教育及西方通识教育理念本土化方面，进行了有益的探索，对通识教育的认识在深化，共识在提高。然而，时至今日，对通识教育的本质及其作用等若干关键问题的认识，或似是而非，或语焉不详，需要进一步厘清。

一、 通识教育是人本教育

讲通识教育是人本教育，至少包含“育人为本”和“以人为本”两层含义。纵观近现代大学的发展历程，虽然大学越来越多地承担着诸如科技创新、服务社会、文化引领等诸多功能，但是，培养人始终是大学的基本功能。相对于研究机构和产业部门等其他社会组织，大学存在的终极理由和根本使命是培养人，就是要在受教育者年轻而又最具可塑性的时候教育他们，塑造他们。

通常，国外将大学功能概括为“Teaching，Research，Service”，其实三者都是为人才培养服务的。简单地视“Teaching”为“人才培养”极不妥当，将人才培养、科学研究和服务社会三大功能等量齐观，更是错上加错。三种功能绝非并列关系，而是主从关系，是“一体两翼”。人才培养是“体”，科学研究和服务社会是从人才培养这个根本使命和核心功能中派生出来的“两翼”，体之不存，翼将焉附？我们不能在教育功能多元化中，迷失育人这一本然价值。现在，论及大学办学理念者，几乎言必称洪堡。殊不知，以强调科学研究和学术自由而著称的他，并不是就学术论学术，而是围绕培养学生而提出。洪堡认为，只有将科研和教学结合起来，才有利于学生形成良好的思维方式和高尚品格。当年，蔡元培就任北京大学校长发表演说时，开宗明义地宣告：“请以三事为诸君告：一曰抱定宗旨；二曰砥砺德行；三曰敬爱师友。”显然，三事实为一事，就是育人。哈佛大学前校长劳伦斯 · H. 萨默尔斯亦深刻指出，“对一所大学来说，再没有比培养人更重要的使命。假如大学都不能承载这一使命，我看不出社会上还有哪家机构能堪当此任。假如我们葬送了人文教育的薪火相传，一切将覆水难收。”近期，国家和上海市的《中长期教育改革和发展规划纲要》均高扬育人为本的旗帜，将其作为核心理念贯穿文本始终。

然而，诚如《失去灵魂的卓越》一书作者哈瑞 · 刘易斯指出的那样，实际运行的大学已经忘记了更重要的教育学生的任务，学术追求替代了大学教育。现在，大学里高深研究和教书育人存在于两个完全不同的平面上，究其原因，前卡耐基教学促进基金会主席欧内斯特 · 博耶一语道破：前者是愉悦、成名和奖励之源，后者却或多或少地成为大学不愿承担的负荷，只是用来维持其存在的堂而皇之的理由。大学尤其是研究型大学，过去常常忽视本科生教育，现在依然如此，普遍存在的重科研轻教学、重科技轻人文、重知识轻心智等倾向，并未得到根本改观。鉴于此，教育界众多有识之士大声疾呼，要回归大学本质，重振本科教育。在高等教育大众化的今天，大学教育代表着一个民族、一个国家的未来和希望。如果十八九岁、二十几岁年轻人的教育出了问题，吞下恶果的终将是整个国家和社会。

人本教育的第二层含义是以人为本。以人为本需要探究“以什么人为本”和“以人的什么为本”这两个基本问题。进一步深究，“以什么人为本”又需要回答：是以学生为本还是以教师为本？是以全体学生为本，还是以某些或某一 (几) 类学生为本？长期以来，大学的焦点从学生转到了教师，学生的主体地位未能得到充分体现，各大学引以为傲的，是拥有世界知名的教授和原创性的科学研究。即便宣称是以学生为本或给予学生足够的关注，教育资源也未能公平惠及所有学生，以牺牲普通学生的正常教育为代价，换取一些所谓优异学生的超常教育和过度教育并非个案。这不仅严重背离了孔子“有教无类”的教育主张，也与马克思、恩格斯在《共产党宣言》中提出的“每一个人的自由发展是一切人自由发展的条件”的著名观点，以及一个更高级的社会形式应“以每个人的全面而自由的发展为基本原则”背道而驰。众所周知，每一个学生都是独有的生命个体，在先天禀赋、家庭背景、成长环境、知识掌握、兴趣爱好、主观努力、学业成绩、专业技能等方面客观存在各种差异，学校要正视并尊重学生的差别，恪守、秉持并践行“一切为了学生，为了一切学生”，“为了每一个学生的终身发展”的理念，让每个学生都拥有成功梦想的机会。

关于“以人的什么为本”，更是见仁见智，莫衷一是。随着商业社会竞争的日益激烈和就业形势的日渐严峻，让学生用最短的时间掌握最多的知识和技能，成为教育活动的不懈追求，以“专业技能”为本，便顺理成章并大行其道。通识教育应以“完善人格”为本，即以“精神成人”而非“专业成才”为本，亦即以人的行为养成、道德认知、情感体验、理想信念、心灵攀登和全面发展为本，着力把学生培养成有个人修养、有社会担当、有人文情怀、有科学精神、有历史眼光、有全球视野的完整人。

其实，早在古罗马时期，思想家西塞罗就认为，教育的目标不仅是培养具有某些专门技能的人，教育的崇高目标，应当是培养使其他德行相形见绌的真正的拥有至善人格的人。1945 年，哈佛委员会在著名红皮书《自由社会中的通识教育》中同样明确地提出，通识教育着眼于学生身体、道德和智力的和谐发展，致力于把学生培养成为知识全面、视野广阔、教养博雅和人格完整的人。我国著名教育家潘光旦一针见血地指出，“教育的理想是在发展整个的人格”。蔡元培先生亦精辟论述到：“教育者，养成人格之事业也。使仅仅为灌注知识、练习技能之作用，而不贯之以理想，则是机械之教育，非所以施于人类也。”可以说，强调教育的本质乃是培养健全的人，是古今中外前辈先贤们深邃的通识教育思想精要所在。

二、 通识教育是自由教育

穷源溯流，通识教育 (General education) 的理论渊源，可以追溯到古希腊的博雅教育或自由教育 (Liberal arts)。亚里士多德最早提出自由教育思想，他认为自由教育既不立足于实用，也不立足于需求，而是为了心灵的自由；通过发展理性，提升智慧及道德水平，实现人的身心和谐发展。当时，博雅指称人类心灵中的成就，同时包括艺术及知识。而博雅教育就是广博知识及洞察力的教育，是真正能抓得住真理及美的教育，是造就博大风雅、博学文雅、博闻儒雅、博古典雅、举止优雅、志趣高雅之谦谦君子的教育。

1828 年，耶鲁大学在其发表的报告中提出，大学的目的在于提供心灵训练和教养，充实具有知识的心灵。英国红衣主教和教育家纽曼进一步发展了这种思想，他在《大学的理想》一书中，不仅系统论述了自由教育思想，而且明确提出，对受教育者而言，大学教育就是自由教育。现代通识教育以适应社会要求、满足学生兴趣和维系文化传承为其内核，其要义是对自由与人文传统的继承。个体藉着知识、智慧、善意与爱，在精神上摆脱物质的束缚，在生活中摆脱各种利害，不为物役，不以物喜，不以己悲，从而获得真正自由。通识教育鼓励反省求真，追求心灵的成长和人性内在的精神解放，在真正的学习和探究中，展现个体的潜能，体悟生命的意义，诠释生活的真谛，实现对功利的超拔，对自我的超越。

从词源角度讲，虽然在不同的历史时期，人们对自由教育中 liberal 一词的认知大相径庭，如将 liberal 理解为文雅的 (genteel)、书面的 (bookish)、解放的 (liberating)、符合绅士身份的 (becoming a gentleman)、高贵的 (noble) 等多种意思，但大多数理解还是关乎自由。其中，最常见的是将 liberal 解释为 “自由的”(free)，如康德、汉娜・阿伦特、汉斯格奥尔格・伽达默尔、罗伯特・赫钦斯等，或解释为 “使人自由的”(make man free)，如古罗马政治家、哲学家塞涅卡等。实际上，自由一直是西方居支配性地位的一种观念。在西方传统中，自由具有最高价值，是一切人文科学和教育的核心。自由不仅是民主、科学、理性、正义、良知、宽容等普遍价值的元价值，也是人文学科最基本的价值支点。裴多菲的诗 “生命诚可贵，爱情价更高；若为自由故，两者皆可抛” 就是对 “不自由毋宁死” 的明证。德国哲学家、诠释学创始人、时任柏林大学校长施莱尔马赫曾言：“大学的目的并不在于教给学生一些知识，而在于为其养成科学的精神，而这种科学精神无法靠强制，只能在自由中产生。”1987 年时任耶鲁大学校长的施密德特，在迎新典礼上慷慨陈词：“一所大学似乎是孕育自由思想并能最终自由表达思想的最糟糕同时又是最理想的场所”；“自由的探求才会及时更正谬误，代替愚昧，才能改变偶尔因我们感情用事而认为世界是分离的、虚构的和骗人的偏见。” 在我国，学术大师陈寅恪的 “独立之精神，自由之思想”，与西方的这种传统和倡导遥相呼应，并日渐成为中国知识分子共同追求的学术精神、价值取向和人生理想。

自由教育作为通识教育的一大鲜明特征，不仅体现为对心灵自由和精神解放的追求，还体现为对批判性思维的崇尚。在新韦氏词典里，批判性思维是指 “以审慎分析判断为特点，并在最严格意义上隐含着客观判断的尝试而定褒贬优劣”。人类的思考有其内在缺陷，经常陷于偏颇、笼统、歧义、自欺、僵化和促狭之中，不自觉地倾向自我 (和社会) 中心主义、人类中心主义、西方中心主义或某某中心主义。既有的知识系统，不管创造它们的先贤圣哲多么睿智，其中的片面、寡陋、扭曲、非理性、傲慢甚至偏见都在所难免。通识教育并非共识教育或认同教育，学生要敢于质疑、反思、检讨、追问、解构乃至颠覆，不仅从学理逻辑的角度审视，还要关切知识理性背后的正义性和善意性，发展各种知性美德。此外，批判性思维还要体现苏格拉底 “未加审视的生活不值一过” 的原则，秉持古希腊“自省生活”的理想，不断提高个体自我感悟和向内反省的智慧。要充分认识到，若放任自流，许多未加审视的生活加在一起，会使这个世界因黑白颠倒、是非混淆、美丑不分、正义不彰而危机四伏。

受教育者主体地位的确立，是自由教育的前提。通识教育作为摆脱各种奴役成为自由自主之人的教育，必须让学生真正成为学习的主人，培养学习兴趣、激发学习动力是“自由教育”的要点。潘光旦认为，人的教育是“自由的教育”，以自我为对象。自由的教育是“自求”的，不是“受”和“施”的，教师只应当有一个责任，就是在学生自求的过程中加以辅助，而不是喧宾夺主。只有这样，教育才能真正进入“自我”状态，学生才能通过“自求”至“自得”进而成为“自由的人”，也就是上面谈及的“至善”境界中的完整人。黎巴嫩著名诗人、艺术家、哲理散文家纪伯伦说得好：“真正有智慧的老师不会仅仅传授知识给任何学生，他会传授更珍贵的东西：信念和热忱。真正的智者不会手把手地带学生进入知识的殿堂，只会带学生走向自身能够理解的那扇门。”

在现实教育中，教育机构和教师的主导作用发挥得很充分，学生的主体地位和主动性却体现得严重不足，这种情况从基础教育一直延续到高等教育。原本应是“养成”教育的通识教育，变成为“开发”教育，被开发、被培养、被教育、被教化、被塑造、被拔尖等不一而足，课业负担重，学习兴趣缺乏，创新意识不足，几成常态，学生只是消极被动地参与其中，体会不到学习的乐趣。针对这些情形，教育要切实承担起责任，注重激发和调动学生内在的激情、兴趣、好奇心和探索冲动，要像中国近代教育家陶行知强调的那样，解放学生的“头脑、双手、眼睛、嘴巴、空间和时间”，使他们能想、能干、能看、能谈，不受任何禁锢地学习和发展。

自由、自在、自觉地阅读经典，是通识教育的良方。芝加哥大学、哈佛大学、哥伦比亚大学、耶鲁大学、斯坦福大学、牛津大学、剑桥大学、香港中文大学等著名学府，十分重视学生对经典文本的研读。深入阅读柏拉图、亚里士多德、莎士比亚、康德等西方经典和儒家等华夏经典，以及《可兰经》《源氏物语》等非西方经典，目的在于培养学生内在的价值尺度、精神品格、独立意识和批判精神，帮助学生养成健全有力的人格。学生自在地徜徉于浩渺的知识海洋，漫步于辉煌的精神家园，穆然深思，精研奥理；悠然遐想，妙悟游心；享受愉悦，怡养性情。通过与先贤对话，与智者神交，从中感悟人类思想的深度、力度、高度和厚度，领略历代硕儒的闳博哲思和学理旨趣，体味铮铮君子的人生情怀和胸襟气象，修得个体生命的丰盈圆融。

三、通识教育的无用之用

“用”可分为“有用之用”和“无用之用”。在很多人看来，所谓有用就是可产生功利的、现实的、物质的、实在的和直接的效用、功用或好处。由于深受经世致用思维和实用主义思潮的影响，特别是市场经济条件下，大学教育过分强调与市场接轨和需求导向，过分追求学以致用和实用理性，过分信奉使用价值而非价值本身，过度渲染只有过得“富有”才有可能“富有价值”，过分注重工具理性，严重忽视价值理性，人被“物化”已是当今不争的事实。

通识教育本身不是一个实用性、专业性、职业性的教育，也不直接以职业作准备为依归。基于功利性的价值取向，通识教育似乎无用，然而，相对于“有用有所难用”的专业教育，通识教育却“无用无所不用”。通识教育充分体现老子“有之以为利，无之以为用”的思想，充分体现罗素“从无用的知识与无私的爱的结合中更能生出智慧”的论断，其“无用之用”主要体现为：

一是彰显人的目的性，回到“人之为人”的根本问题 (essential questions) 上，使人活得更明白、更高贵和更有尊严。如前所述，通识教育是一种人本教育，强调培养的是全人而不是工具人、手段人。康德有句名言“人是目的，不是手段”，这一命题深刻表达了人的价值与尊严。现在经常讲“这个有什么用”，其实就是把自己当手段，谋求市场上能有(效) 用。通识教育不追求“学以致用”，更看重“学以致知”和“学以致省”。大学是理想的存在，是道德高地，是社会的良心，是人类的精神家园，大学教育是知识、能力和价值观三位一体的教育，与专业教育相比，通识教育侧重于价值观的塑造，更突出精神品格和价值诉求，关切所做每件事情背后的动机、价值和意义，思考专业知识层面之上的超越性问题和事关立命安身的终极性问题，对伦理失落、精神颓废、生活浮华和自我自利保持起码的警觉和反省能力；对物质主义、拜金主义、享乐主义和无边消费主义等种种时弊，以及低俗、庸俗和媚俗等现象，保持清醒的认知和足够的张力，自觉抵制浑浑噩噩的市侩生活。通识教育倡导持之以恒地用知识、智慧、美德丰富与涵养自身，力戒见识短浅、视野狭窄和能力空洞，推崇仰望星空，瞭望彼岸，保持一种超越的生活观，像海德格尔所言“诗意地栖居”。

二是有助于打好人生底色，完善人格，滋养成为合格公民的素养。通识教育引导学生形成正确的世界观、人生观和荣辱观，使学生获得对世界与人生的本质意义广泛而全面的理解，形成于己于国都可持续发展的生活方式，培养诚信、善良、质朴、感恩、求真、务实等道德品质，引导学生认识生命，珍惜生命，热爱生活，崇尚自尊、自爱、自信、自立、自强和自律，养成开阔的视野、阳光的心态、健全的心智和完善的人格。通识教育还帮助学生思考生态环境与生命伦理问题，促进学生树立善待环境、敬畏生命、推己及人、服务社会的理念，构建生命与自我、与自然、与他人、与社会的和谐关系。通识教育突出民主法治、公平正义、权利义务的理念，帮助学生树立责任、程序、宪政等意识，培养他们成为合格公民的素质。同时，通识教育有助于学生找到与自身禀赋相匹配的爱好和兴趣，有助于锤炼在多元化社会和全球化环境生活的能力，为即将展开的职业生涯打下坚实的根基。

三是有助于形成知识的整体观和通透感。通识教育是关于人的生活的各个领域知识和所有学科准确的一般性知识的教育，是把有关人类共同生活最深刻、最基本的问题作为教育要素的教育，恰如杜威所言：“教育必须首先是人类的，然后才是专业的。”通识教育致力于破除传统学科领域的壁垒，贯通中西，融会古今，综合全面地了解知识的总体状况，帮助学生建构知识的有机关联，实现整体把握，培养学生贯通科学、人文、艺术与社会之间经络的素养，避免知识的碎片化，避免因过早偏执于某一学科而导致的学术视角狭隘，防止一叶障目的片面，盲人摸象的偏见，鼠目寸光的短视及孤陋寡闻的浅薄，力图博学多识，通情达理，通权达变，融会贯通、思辨精微乃至出神入化，力争“究天人之际，通古今之变，成一家之言”。

《易经》的“君子多识前言往行”、《中庸》的“博学之、审问之、慎思之、明辨之、笃行之”、《老子》的“执大象，天下往”、《淮南子》的“通智得而不劳”、《论衡》的“博览古今为通人”，孔子的“君子不器”、荀子的“学贯古今，博通天人；以浅持博，以古持今，以一持万”、王充的“切忌守信一学，不好广观”、颜之推的“夫学者，贵博闻”，以及陈澹然的“不谋万世者，不足谋一时；不谋全局者，不足谋一域”。这些响彻人间千百年的箴言，无不说明通识教育中“通”(通晓、通解、明白、贯通) 和“识”(智慧、见识、器识) 的极端重要性，“博闻，择其善而从之”，讲的就是越趋于广博、普通的知识，越有助于人的理智、美德的开发及全面修养。需要注意的是，博学不能“杂而无统”(朱熹)，“每件事都知道一点，但有一件事知道得多一些”(约翰·密尔)。通识教育应当将博与专统一起来，各学科专业知识的简单叠加，无助于学生形成通透、系统的知识体系。

四是有助于发展智能素质。教育的目标不仅要“授人以鱼”，更重要的是“授人以渔”。纽曼认为，自由 (通识) 教育之所以胜过任何专业教育，是因为它使科学的、方法的、有序的、原理的和系统的观念进入受教育者的心灵，使他们学会思考、推理、比较和辨析。接受过良好通识教育的学生，其理智水平足以其胜任任何一种职业。通识教育注重弘扬人文精神和科学精神，陶冶性情，崇尚真理，发展学生的理性、良知和美德。通过向学生展示人文、艺术、社会科学、自然科学和工程技术等领域知识及其演化流变、陈述阐发、分析范式和价值表达，帮助学生扩大知识面，构建合理的知识结构，强化思维的批判性和独立性，进而转识成智，提升学生的洞察、选择、整合、迁移和集成创新能力，尤其能提升学生有效思考的能力、清晰沟通的能力、作出明确判断的能力和辨别一般性价值的能力，这些比掌握一门具体的专业技能更本质更重要，并能产生最大的溢出效应。

四、“通”“专”之辨

在教育教学实践中，尽管通识和专业、教育理想和社会需求间存在矛盾和冲突，但在认知理念和培养原则上应该明确，通识教育和专业教育都很重要，不能简单地讲孰重孰轻，更不能将它们对立和割裂。这二者之间应是相辅相成、相得益彰的关系，是体与用、道与术的关系，是传承与创新、坚守与应变的关系。下分述之。

第一，通识教育与专业教育都不可或缺，它们作为一对范畴，共同构成高等教育的全部内容。一方面，专业教育是大学教育之必需。这是因为，从科技演化趋势层面看，当今知识和科技发展表现出两个鲜明的向度：一是各学科领域之间的交叉融合越来越强，综合集成的要求越来越迫切；另一趋势则是学科学术越来越专，专业分工越来越细，尤其是进入网络时代，知识和资讯爆发性增长，客观上要求从“广而泛”转向“专而精”，若术无专攻，则难以立足。从国家和社会发展层面看，中国作为一个后发的新兴经济体，建设与发展任务十分繁重，亟需大批各行各业的专业人才，以服务于富国强民的国家战略。从教育机构义务角度看，当大学接受一名学生时，就当然地负有为学生提升能力的责任。当今高等教育已不再是精英教育，而是大众教育，大众教育需要紧密结合社会实践和市场需求。专业教育可以让学生尽快进入某一专业领域，在较短时间内习得具有胜任力的专业知识，学生将来无论是进职场就业，还是到研究生院某个专业深造，都由此而具备竞争力。从学生最现实的角度考量，通过专业教育学生掌握安身立命的谋生技能和本领。

另一方面，通识教育是大学教育之必然。上文已谈及，现代科技发展两个向度之一，就是知识领域或专业领域间的融会贯通。然而，专业教育容易使人单一片面，甚或成为局限在过于狭窄的专业领域中的工作机器。按米兰·昆德拉的说法，“专门化训练的发展，容易使人进入一个隧道，越往里走就越不能了解外面的世界，甚至也不了解他自己”。更糟糕的是，一直以来专业教育深受工具理性支配，在很大程度上已经沦为一种封闭性的科学教条，成为现代工业生产体系的一个环节，促进人心灵成长的价值几近泯灭。通识教育强调价值性、广博性与贯通性，正好可以纠偏矫正，观照专业教育。尽管在不同时代、不同国家和地区通识教育产生的具体社会背景不尽相同，但相同之处都是对过分专业化的一种反动，其指向是革一味偏重专业之弊。此外，如前所述，通识教育的“通”不仅指称在学科领域和专业领域的“通”，更是为人和为学的“通”。为此，恰如“寻找灵性教育”的小威廉姆·多尔所言，就是要确立科学（逻辑、推理）、艺术（文化、人文）和精神（伦理、价值观、生命、情感等）三大基石，并在科学、艺术和精神之间进行关键性整合互动，还要在更大的时空和更广泛的社会实践中，不断提升“每个人全面而自由发展”的生命价值。为人为学之通，既是通识教育的题中之义，更是大学教育的灵魂。

第二，通识教育和专业教育是相辅相成、相得益彰的关系。通识与专业，或广博与专精，抑或古人眼里的“博”与“约”是辩证关系，专而不通则盲，通而不专则空。它们密不可分，互为前提，相互依存，相互促进。不通，则知识狭窄，胸襟狭隘，思路不广，头脑闭塞，往往就事论事，盲目不知其所以。同时，缺乏多学科、多领域知识的启迪与支撑，“专”也没有基础；反之，不专，则博杂不精，一知半解，浮光掠影，空泛浅薄。何况知识浩如烟海，汗牛充栋，且人生有涯，知识无限，若滥学无方，将一事无成。所以，需在专中求通，通中求专，专通结合，博约互补。既要遵循学术自有的分类和流变，又要注重整体关联和宏观把握，在掌握各种专门技能和领域知识的同时，拥有宽厚的基础和综合的素质。在培养学生上，宜采用“通—专—通”的动态模式，即学生刚入学时不分专业，先进入文理学院或书院接受通识教育；接下来，高年级本科生和研究生在此基础上进行宽口径的专业教育。之后，他们接受更高一个层次的通识教育，在新的起点和更厚实的基础上再进一步聚焦专业学习，如此循环往复，螺旋推进。

第三，通识教育与专业教育是体与用、道与术的关系。前面已经指出，通识教育是关乎人的根本问题的教育，旨在引导学生形成正确的世界观、人生观和价值观，在有限的人生中充分发挥天赋良能和生命潜能。有鉴于此，通识教育具有基础性、本体性和深刻性，故应以通识为体，专业为用。同时，通识教育又是人格养成和悟道的教育，涵养人格知、情、志三维度中的“情”和“志”，以及领悟万术之源、众妙之门的“道”，要仰仗生活底蕴和文化自觉的培植，而通识教育正是培植这种底蕴和自觉的重要手段之一。其实，孔子早就提出“君子不器”的重要思想。他认为，君子无论是做学问还是从政，都应该博学多识，才能统揽全局，领袖群伦；才不会像器物一样，只能作有限目的之用。陶行知亦提出“生活即教育”的生活教育理论，并毕生践行。梅贻琦在他《大学一解》一文中更是明确表达“通识，一般生活之准备也；专识，特种事业之准备也。通识之用，不止润身而已，亦所以自通于人也。信如此论，则通识为本，而专识为末”，“大学教育应在通而不在专，社会所需要者，通才为大，而专家次之”。他掷地有声地指出：“以无通才为基础之专家临民，其结果不为新民，而为扰民。”孔子的思想、梅贻琦的观点和陶行知践行的理论意义深远，至今仍闪烁着智慧的光芒，照亮通识教育的复兴之路。

第四，通识教育与专业教育是传承与创新的关系，是坚守与应变（或罗盘与地图）的关系。统计研究揭示，最近十年内科学技术的成就，超过了人类历史上以往所有成就的总和，十年间知识已翻了一番。抽样调查表明，一个大学毕业生离校五年以后，其所学知识一半已经陈旧，十年以后可能大部分陈旧。文献计量研究亦表明，一些基础学科文献的半衰期为 8—10 年，而工程技术和新兴学科的半衰期约 3—5 年。实际上，早在科学技术还不十分发达的 1949—1965 年间，美国已有八千种职业消失，同时又出现了六千种新的职业。诚然，当今知识更新的周期越来越短，科技升级换代的频率越来越快，专业教育必须不断创新，以变应变，才能应对迅速变化的世界，才能因应“今天的教师，用昨天的知识，教明天的学生”的悖论。

在这个日新月异的时代，通识教育却要传承亘古不变的真善美，坚守世世代代本色生活的价值与意义，追问世界根底的本原和终极，反省历久弥新的伦理和人生。通过通识教育，保证千百年来的文明薪火相传，永恒绵延；同时，守望人类文明共同体，确立代际“最大公约数”。因此，通识教育不是什么新、什么前沿就学什么，恰恰相反，通识教育课程中没有流行或时尚的东西，不包含那些尚未经过岁月涤荡和历史检验的材料。芝加哥大学就明确规定，凡是活着的人的言论，不得放进通识教育课程。通识教育深谙罗曼·罗兰那句“很快就不流行的叫流行，很快就不时尚的叫时尚”的名言，以及与时俱进必与时俱迁的道理，在开放、多元、多样和多变中，保持坚守传承的品格和追问反省的本性，以惯看秋月春风的淡定和浪花淘尽英雄的从容，确保不在滚滚红尘中迷失，不被汹涌潮流所裹挟，就像罗盘，永远锁定方向，指针北斗。

以上是对通识教育的一些粗浅认识。近年来，上海交通大学在新一轮教育思想大讨论的推动下，不断深化对通识教育理念的认识，成立了校通识教育指导委员会与通识教育教材建设委员会，依据人文学科、社会科学、自然科学与工程技术、数学与逻辑这四个模块，初步形成了通识核心课程体系，并明确将出版通识教育系列丛书，作为加快推进通识教育的重要抓手。在最近两年多的时间里，交大通识教育指导委员会的多位专家和丛书的作者与交大出版社和北大出版社保持密切接触和沟通，其间，北大出版社社长、总编等多次赴交大沟通出版事宜，交大出版社领导和编辑也多次赴北大出版社进行接洽。众所周知，交大出版社以理工科著作和教材出版见长，北大出版社在人文、社科方面实力超群，两家优秀出版社强强联合，联袂推出这套丛书，可谓珠联璧合。衷心希望这套丛书能得到广大读者的认可和喜爱。

徐飞　博士
上海交通大学战略学教授、博导
上海交通大学通识教育指导委员会主任
2011 年 3 月

前　言

一般来讲，人们所面临的大量实际问题都存在不确定性：从天气到交通状况、从商品库存到金融市场、从动物种群生存到基因遗传、从分子运动到材料裂损、从服务排队到彩票中奖等等。这些问题涉及物理、生物、工程技术、经济与金融乃至社会等各个学科领域，它们的共同特点是需要采用刻画随机性特征的数学方法——概率论来进行具体的建模描述，并分析这些系统的行为特征。然而为这些所建立的随机模型求解却十分困难，除极少数简单情形之外都无法获得数学的解析解或者一般结果。因此，随机模拟方法也就应运而生。它是通过简单的手段仿真随机系统的运行来获得系统的状态变化与输出结果的大量数据，即对系统进行大量的随机试验，进而对所得数据进行统计分析，估算出所需了解的系统行为的特征量，并将估计误差控制在可接受的范围之内。这里的简单手段现在是指计算机，而仿真则是借助于现在方便易用的数学软件或者高级编程语言写出对所研究系统运行逻辑关系的程序，再交给计算机运行。简而言之，**随机模拟是运用计算机对随机系统进行的一种仿真研究方法**。它不但简单实用，而且适用面非常宽广，是当今科学与技术各领域的有力的研究手段。

随机模拟方法的另一个优点是对研究者的数学知识要求低，只要求研究者具有基本的概率论与随机过程的基本概念以及最基本的编程能力，并不要求其具备数学的分析能力与求解技巧。当然研究者应该具有一定的数学建模能力，本教程也将同时致力于培养读者关于随机问题的建模能力。

事实上，相对于为能够数学求解所建立的数学模型而言，为计算机模拟而写的数学模型相当直观且不拘形式，它们可能只是一段程序形式的描述。这样的描述能更接近系统的实际情况，也可以更灵活多样地考察系统在不同条件下的变化情形。进一步说，许多复杂的实际生活问题不可能写出可求解的数学模型，只能够写出描述其逻辑过程的逻辑模型 (我们也将其称为数学模型)，所以，研究它们的唯一途径就是应用随机模拟方法。这点正是采用随机模拟方法研究的优势之一。

随机模拟方法的另一称呼是所谓的蒙特卡罗 (Monte Carlo) 方法，它源于上世纪 40 年代美国原子弹研制的“曼哈顿计划”中的成员乌拉姆 (S. Ulam) 和冯·诺伊曼 (von Neumann) 的发明，因为它的实用和有效而大获成功。当时出于保密的原因将该方法以著名的摩纳哥赌城来命名。这是随机模拟方法发展的里程碑，虽然随机模拟方法的历史可以追溯到更久远的 1777 年法国人蒲丰 (Buffon) 的投针试验，但在没有计算机时代的这种人工试验方法显然无法被推广发展。随机模拟方法或者蒙特卡罗方法的灵魂就在于由计算机生成随机数序列，从而使得人们可以由此模拟出各种随机事件。

随机模拟方法的重要性无需赘言强调，因为我们已处在计算机如此发达和普及的时代。借助于先进的数学软件，随机模拟方法的运用已相当方便。因此作为一种科学素养的培养，随机模拟方法应该是当今所有理工类、经管类大学生及部分社会科学的研究生都能够掌握的一门知识和技能，可以作为大学通识类课程加以普及。

学习本课程的基本要求和学习方式

一、基础知识要求

学习本教程对读者的数学要求是很低的，因为我们用到的数学仅限于基本的概念和公式，主要的知识如下所列。

1. 数学基础

读者需要基本掌握大学微积分和线性代数的知识，尤其要求读者具有概率论的基本知识，例如，独立性、相关系数、条件概率、随机变量、期望与方差、大数定理和中心极限定理、以概率收敛、常用的概率分布函数 (CDF) 和概率密度函数 (PDF)、联合分布等概念；还需要一些基本的随机过程概念，如：平稳性、随机游走、马尔可夫过程、布朗运动等概念。懂得初步的数理统计概念对理解随机模拟方法也有所帮助。

学过大学本科理工类或者经管类专业二年级数学课程的读者基本都能顺利地阅读和学懂本教程。考虑到读者数学知识方面的差异，也因为概率论是随机模拟的理论基础，所以为了本教程的自封性，我们特设一章以简明地讲述概率论方面的相关概念和知识，并另辟一定的篇幅介绍基本的随机过程知识。读者在后面的学习过程中还可以直观地体会这些数学概念的意义。

2. Matlab 基础

本教程主要使用 Matlab 数学软件进行模拟，为了方便读者，我们将用专门的篇幅简要地讲解与概率统计相关的 Matlab 的基本函数和编程知识，使读者能读懂书中的程序并开始模拟编程。

3. 数学建模方法

不熟悉数学建模方法的读者并不妨碍其学习本教程。虽然本教程不讲述数学建模方法，但是书中的各个具体例子展示了建模过程，通过这些例子读者也能学到数学建模的具体方法。当然，熟悉数学建模的读者学习本教程会更游刃有余。另外，如果例子涉及相关的专业知识或者有上面未提及的数学知识，那么我们将会简要地介绍一下这些知识。

二、学习方式

我们希望读者密切结合 Matlab 软件或者其他类似软件来学习教程上的例子，并对它们作可能的推广讨论。同时尝试研究书上所附的练习，锻炼自己模拟编程的动手能力以及创新能力，并撰写研究报告或小论文。希望读者通过这样的学习方式能培养起自己的研究能力。

致谢

作者首先感谢上海交通大学教务处将随机模拟方法与应用纳入学校通识课程并给予教材出版的资助，同时感谢数学系领导对本书写作的鼓励与支持。另外，本书的出版还得到了上海交通大学新增统计学科博士点建设经费给予的部分资助，在此深表谢意。还要特别感谢本书的责任编辑潘丽娜女士，她仔细审阅了原稿，并提出了许多有益的修改意见。对北京大学出版社其他所有为本书出版付出辛劳的人员也一并表示感谢。

最后赋诗一首致亲爱的读者：

一道美丽的彩虹、一个优美的方程、一缕真理，
就像音乐一样美妙，就像美食一样诱人！
你要把一生奉献给知识？
是的，要将倾注我的心血！
那么，知识将会给你带来什么回报？
知识将会给你带来绚丽多彩的一生！

作者谨识
2014 年于上海

目　录

第一章　初识随机模拟方法

导读：

本章从几个实际问题的分析解决引出随机模拟方法的雏形，并介绍该方法的基本思想和相应概念。本章同时也揭示出随机模拟方法的特征及其应用潜力。

不论在实际生活中还是科学研究中，人们都会面临对某些系统运行的性能进行评价，得出的评价结果对人们怎样妥善使用系统或者如何改进系统是至关重要的。这些系统运行的性能却取决于其输入或者环境的变化情况，然而那些变化情况并不是确定性的而是随机的，我们称这样的系统是**随机系统**。即使是人们在日常生活中常遇到的随机系统，其运行的逻辑很简单，但要通过建立可解数学模型并求解来评估其性能也极不是一件易事，甚至不可行。可解数学模型虽然美好，但局限性很大，更主要的是不能要求大多数读者都具有良好的数学技能，他们只能对此望而生畏，敬而远之。而随机模拟只是虚拟地复制一个随机系统的运行，其中包括生成随机变化的输入。这种建模方式有时简单得好似做一个小游戏。然后对该虚拟的系统做大量重复的随机试验，进而对所观察得到的数据进行统计以获得系统性能指标的估计值。

需要指出，这里所说的系统是广义的，譬如某个自然系统、一个技术装置，一个服务系统、一个经济系统、一个投资项目、一个金融产品等，而运行指的是它们状态的演化或者变化的情况。下面我们就用一个简单的例子来展示随机模拟的基本概念。

1.1　一个简单例子

第一个要举的例子是非常简单直观的，人们能够透过它来窥视随机模拟方法的本质。

例 1.1 (电池问题)　让我们考虑一个由充电电池构成的供电系统，它是某种便携电子设备 (如照相机) 的电源。假设共有两个电池和一个充电器，其中仅一个电池被用来给设备供电，另一个电池备用。由于设备使用的频繁性不确定导致耗电量是随机的：设电池的耗尽时间等可能的是 1，2，3，4，5 或者 6 个小时这六种情况之一，即是随机的；而用完电的电池从被换下到充满电待用的时间是 2.5 个小时 (为了保护电池的使用性能和寿命，每次电池充电需充满)。我们要问该设备能够持续工作的时间是多少？

很显然这是一个随机系统，它的输入是电池的随机耗尽时间。系统的运行逻辑很简单，一旦电池的电被用尽后即换一个备用的，只要备用的已被充好电；这样一直到身边无备用电池可换时设备才停止使用。我们要评估的系统性能指标是设备的持续工作时间或者停止时间有多长。

1.1.1 简单的模拟方法

为了建立上面系统的数学模型，我们需要设一些变量来刻画该系统的变化情况。首先应该注意到：可用的电池数 (包括正在使用的) 是系统最需要被关注的状态，我们以变量 s 记这个数 ($s=0,1,2$)，称它为系统的**状态变量**。其次应看到：随机发生的事件是状态的变化，它们发生在更换电池的时间点或者备用电池被充好电的时间点；我们用 t 来表示时间，并以 t_i 表示第 i 次随机事件发生的时间点。设当第 m 次随机事件发生使得系统状态 s 变成 0，则此刻的时间点 t_m 就是系统的持续工作时间或者停止时间，这是我们所关心的系统输出值，记它为 T。显然，系统在初始时为：$t_0=0,\ s_0=2$。

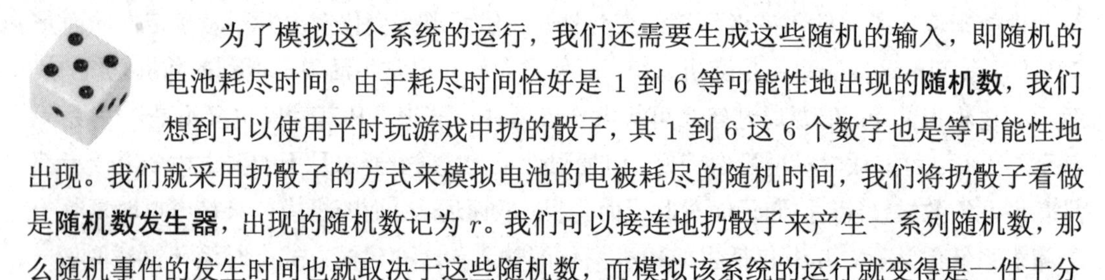

为了模拟这个系统的运行，我们还需要生成这些随机的输入，即随机的电池耗尽时间。由于耗尽时间恰好是 1 到 6 等可能性地出现的**随机数**，我们想到可以使用平时玩游戏中扔的骰子，其 1 到 6 这 6 个数字也是等可能性地出现。我们就采用扔骰子的方式来模拟电池的电被耗尽的随机时间，我们将扔骰子看做是**随机数发生器**，出现的随机数记为 r。我们可以接连地扔骰子来产生一系列随机数，那么随机事件的发生时间也就取决于这些随机数，而模拟该系统的运行就变得是一件十分容易的事情。表 1.1 给出了对该系统进行的一轮模拟的情况，扔骰子产生的随机数序列是：5，3，6，1，模拟结果给出设备的持续工作时间可达 15 小时。

表 1.1 设备持续工作时间的模拟

事件次序 i	时间 t_i	系统状态 s_i	随机数 r	下次事件发生的时间/h		说 明
				备用电池充满电的时间	电池电能被耗尽的时间	
0	0	2	5	∞	0+5=5	初始情况
1	5	1	3	5+2.5=7.5	5+3=8	电池没电
2	7.5	2	–	∞	8	充电完成
3	8	1	6	8+2.5=10.5	8+6=14	电池没电
4	10.5	2	–	∞	14	充电完成
5	14	1	1	14+2.5=16.5	14+1=15	电池没电
6	15	0	–	16.5	–	设备停止
持续工作时间：$T=15$h						

上面仅仅是做了一轮的模拟结果，即做了一次随机试验，这明显是缺乏说服力的，我们应该大量地重复做随机试验，这样得到的输出的数据序列当然也是随机的。并且我们还必须要求每次试验是**独立的**，即它不受前面试验结果的任何影响，否则结果将存在偏颇，初始试验情况将影响将来结果。我们的重复试验显然是独立的，因为每次试验都是让系统重新开始运行，其中扔骰子产生的随机数序列与前面的试验情况完全无关，是独立生成的。那么，这样多轮试验的平均情况应该更适合于反映这个随机系统的性能，于是我们采用输出序列的平均值作为系统性能的评估值。这里，我们将总的试验轮数称为**样本容量**，记为 N。当然 N 应该充分大直至无穷大，由此可观察系统的所有结果情况，统计学上称这样的全体情况的集合为**总体**。但我们实际能做的只可能是有限的 N，所以统计学上称这是做了样本容量为 N 的一个**随机抽样**，即它们是从总体中随机地选取的一部分。这其中每一轮试验的输出被称为一个 (或一组)**观察数据**，而其中那些随时间变化的系统状态序列 $\{s_1, s_2, \cdots\}$ 被称为一条**样本路径**。对上面系统进行一次样本容量为 N 的抽样将给出 N 个观测数据：$T_1, T_2, \cdots, T_N$，而它们的**样本平均**是

$$\overline{T} = \frac{1}{N}\sum_{j=1}^{N} T_j, \tag{1.1}$$

这就是我们对该系统性能的评估值。

上面的例子引出了多个重要的概念，并从中可以归纳出随机模拟方法的基本步骤：

(1) 描述系统 (简化)：分析并说明清楚被模拟的系统，包括：系统的输入、状态和输出，发生的随机事件是什么？这里有必要对实际系统作一些简化；

(2) 设置变量 (定量化)：为系统的输入、状态和输出设置相应的变量，并设定某种类型的随机数对应于随机事件；

(3) 运行规则：写出系统运行的基本逻辑：系统状态是如何变化的，即状态是如何更新的，那种类型的随机数如何产生的；

(4) 模拟系统：给定系统的初始状况，开始模拟系统的运行，并给出系统的输出；

(5) 抽样与统计：大量地重复上面的模拟试验，对结果进行统计，如求输出的样本平均；

(6) 解释结果：解释所得到的模拟结果；必要时改变前面的某些设定重新进行模拟试验，并比较结果。

模拟建模是运用随机数方法来解决实际问题的过程，这意味着它不是应用数学方法去求解一个问题，而是运用随机模拟方法来实验性地解决实际问题，是在计算机上做实验。

1.1.2　模拟结果的简单分析

根据上述概念，表 1.1 给出了设备持续工作时间的一条样本路径。一条样本路径提

供了对一次试验的观察结果：设备持续工作时间 T，在整个持续工作期间内设备拥有可用电池数 (即系统状态) 的变化情况。由于可用电池数的变化是随时间变化的阶跃函数，我们得到的是在各时刻 t_i 拥有的可用电池数 s_i。如果我们感兴趣的是在整个持续工作时间 T 范围内，拥有可用电池数的平均数，记为 $\bar{s}$，那么它是关于时间的平均。因为 s_i 的值在时间 $[t_i,\ t_{i+1})$ 内维持不变，所以有

$$\bar{s} = \frac{1}{T}\sum_{i=1}^{m} s_{i-1}(t_i - t_{i-1}), \tag{1.2}$$

其中 $0 = t_0 \leqslant t_1 \leqslant t_2 \leqslant \cdots \leqslant t_m = T$ 分别是样本路径中各事件依次发生的时间。

按照表 1.1 的模拟结果，T 的观测值是 15，并且平均可用电池数 $\bar{s}$ 是

$$\begin{aligned}\bar{s} =& \frac{1}{15}[2\times(5-0) + 1\times(7.5-5) + 2\times(8-7.5) + 1\times(10.5-8) \\ &+ 2\times(14-10.5) + 1\times(15-14)] = 1.6。\end{aligned}$$

当然，上面得出的一系列数值仅仅是一次试验的观测结果。重复试验是指在相同条件下独立重复地进行同一试验 (模拟)。我们通常必须进行大量次数的重复试验，以获得尽可能可靠的样本平均的结果，从而使我们有把握做出关于系统性能的评估。这就是随机模拟方法的特点。

这里我们提醒读者，要注意区分样本平均和时间平均的差别。将多次重复试验结果平均是样本平均，如 (1.1) 式的 $\overline{T}$；而在一次试验里将某一结果关于时间做平均是时间平均，如 (1.2) 式的 $\bar{s}$。当然，我们也可以对时间平均再做样本平均，即对重复试验中各次试验算得的 $\bar{s}$ 的序列 $\{\bar{s}_1, \bar{s}_2, \cdots, \bar{s}_N\}$ 求平均。

随着重复试验次数的不断增加，模拟的样本平均是否收敛的问题是十分有意义的理论问题。另外，通过一定量重复试验所得出的结果与系统的真实结果之间的偏差有多大也是一个重要问题。这方面问题的解决非常艰深，但令人欣慰的是，目前人们已经获得了许多可喜的成果。

1.2 趣味性的蒙提霍尔问题

1.2.1 问题描述

蒙提霍尔问题(Monty Hall problem)，也称为三门问题，是一个源自博弈论的数学游戏问题。问题的名字来自美国的一档电视游戏节目：Let's Make a Deal，该节目的主持人名叫蒙提 • 霍尔 (Monty Hall)。

例 1.2 (蒙提霍尔问题) 这个游戏的玩法是：参赛者面前有三扇关闭的门，其中一扇门的后面藏有一辆汽车，而另外两扇门的后面则各藏有一只山羊。参赛者从三扇门中

随机选取一扇，若选中后面有车的那扇门就可以赢得该汽车。当参赛者选定了一扇门，但尚未开启它的时候，节目主持人会从剩下两扇门中打开一扇藏有山羊的门，然后问参赛者要不要更换自己的选择，选取另一扇仍然关上的门。这个游戏涉及的问题是：参赛者更换自己的选择是否会增加赢得汽车的概率？

1.2.2　问题分析

假设参赛者采取这样的两种策略之一：坚持不更换、坚持更换。我们来分析参赛者采用哪种策略将会使得赢得汽车的机会变大。

一方面，由于游戏开始是参赛者从三扇门中随机地选取一扇门，所以在更换选择之前，参赛者赢得汽车的机会为 1/3。这也就是说，参赛者采取坚持不更换的策略，则赢得汽车的机会只有 1/3。

另一方面，我们简单地分析一下就可知：若参赛者一开始选中汽车，则更换选择后一定选不到汽车；若参赛者一开始没有选中汽车，则更换选择后一定能选到汽车 (因为主持人已打开一扇有山羊的门)。现在我们来计算参赛者更换选择之后赢得汽车的机会有多大，显然，一开始没有选中有汽车的那扇门的机会是 2/3，那么如果参赛者坚持采用更换选择的策略就一定赢得该辆汽车，所以参赛者更换选择之后赢得汽车的机会就是 2/3。

分析结果表明，参赛者更换选择后赢得汽车的概率增大了一倍，从最初的 1/3 变为 2/3 了，显然参赛者应该采取更换自己选择的策略。

1.2.3　用随机模拟方法求解

我们引入这个例子的目的是演示如何通过随机模拟方法来研究参赛者采用更换选择的策略是否有利？在该策略下赢得汽车的机会有多大？为方便于模拟，我们将两只山羊分别编号为“1”和“2”，将汽车编号为“3”。现在，我们可以使用掷骰子的方法从数字 1、2、3 中随机选取一个数字。我们规定骰子的点数为 1 和 2 的面对应于这里的数字“1”，骰子的点数为 3 和 4 的面对应于这里的数字“2”，骰子的点数为 5 和 6 的面对应于这里的数字“3”。

每次试验如此进行：掷一次骰子，若掷出的骰子是点数为 1 到 4 的面之一，这表明参赛者选中了 1 或 2，则采取更换选择的策略就必选中 3，即赢得汽车；若掷出的骰子是点数为 5 或 6 的面之一，这表示他选中了 3，则采取更换选择的策略使得他失去了赢得汽车的可能。将这样的试验重复进行 n 次，记录下在这些试验中掷出的骰子是点数为 1 到 4 的面的次数 m(即采取更换选择策略而赢得汽车的次数)。因此我们看到，在采用更换选择策略下重复进行这种游戏而赢得汽车的次数占总游戏次数的比例是 m/n(赢的频率)。随着试验次数的不断增大，这个比例就近似地反映了在这种策略下玩该游戏而能赢得汽车的机会大小。

我们可以轻而易举地用掷骰子来进行上述的模拟试验，结果显示在表 1.2 中。

表 1.2　蒙提霍尔问题的模拟结果

试验次数	10	100	1000	10000	100000	1000000
机会 (m/n)	0.7000	0.6600	0.6650	0.6600	0.6663	0.6666

由试验结果可以看到，随着随机模拟次数的增大，模拟所得的这种赢车机会逐渐接近于理论计算值 2/3。

从上面这个游戏的模拟结果可以看出，我们必须进行大量重复试验才能获得接近于正确值的结果。如果只进行少量的试验，其结果一定会是偏颇的。其实，抛硬币或者掷骰子的情况也都是如此，读者不妨亲自试一下看看。因此，随机模拟方法的最基本要求是：做大量重复试验。那么，要做多少次才算可以呢？一般的判断标准是看结果的数值是否趋于了稳定。

1.3　商品优惠券

我们在生活中常常会遇到某些食品商家采用一种游戏方式来提供商品的优惠券。商家在每件商品中附有一张优惠券，每张券上只印有一个字，商家要求消费者筹齐所有的字即可享受优惠。通常这些字可拼出一句话，那句话往往是商家的广告语或品牌名称。

例 1.3 (商品优惠券)　现在我们以六个字为例，假如它们是“哥伦比亚咖啡”，并且这六个字的商品是相等数量的。那么，消费者享受到此优惠的可能性有多大呢？显然，买得越多获得优惠的机会就越大。我们问：如果消费者购买了 12 件商品后能获得优惠的可能性有多大？随机模拟方法就可以帮助我们回答这个问题。

我们将这 6 个字依次编号为 1 到 6 的数字，即与骰子的点数相对应。消费者每购买一次商品，他得到的优惠券上是哪个字就相当于掷一次骰子出现哪个面。这样，我们可以用掷骰子的方式方便地模拟获得优惠券的情况。我们做 1000 次试验，在每一次试验中消费者连续购买商品直到筹齐 6 个字为止，记下每次试验的购买数。我们统计出这 1000 次试验中筹齐的购买数不超过 12 的次数是 465，即占总数的比例为 0.465，这表明购买了 12 件商品后获得优惠的可能性大约是 46.5%。模拟结果还告诉我们，购买到 36 件商品后获得优惠的可能性已高达 99%，图 1.1 给出了整个模拟结果的直方图，这个直方图给出了在总共 1000 次试验中各个购买数下获得优惠的发生次数，即频数的分布图。

直方图是统计随机模拟试验结果的最重要的手段之一，它能展示出大量重复试验结果的经验分布情况。

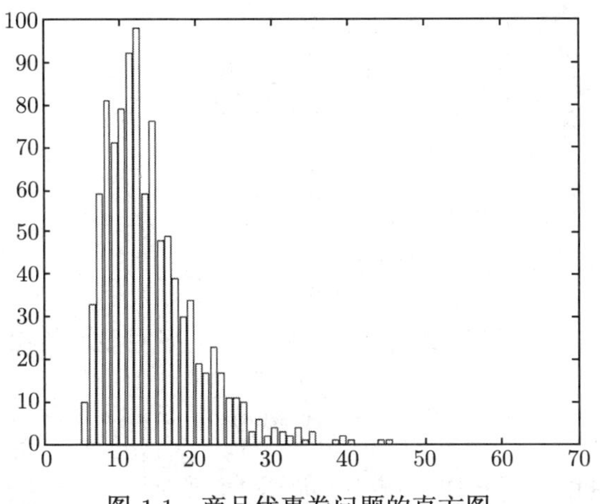

图 1.1　商品优惠券问题的直方图

当然我们附带指出，实际的情况往往是六个字的商品数量并不是相等的，常常是某个字的商品数量要少得多，这样获得优惠的可能性就大大降低了。例如，假设最后那个字的商品数量少了一半。对此，我们可以自己制作一个刻有扇形区域的小转盘来模拟这种情况，这里不再赘述了。

1.4　用蒲丰投针法求圆周率

随机模拟思想的雏形可以追溯到 1777 年法国人蒲丰 (Buffon) 用投针试验方法来计算圆周率 π 的值，这就是历史上著名的**蒲丰问题**。

例 1.4 (蒲丰问题)　这个问题是通过将针投到画有一组等间隔平行线的地面来统计针与线条相交的频率，并运用已知的数学关系式计算出圆周率 π 的值。历史上曾经做过的一些实验结果如表 1.3 所示。

表 1.3　蒲丰投针的实验结果

实验者	年　份	投针次数	π 的实验值
沃尔弗 (Wolf)	1850	5000	3.1596
斯密思 (Smith)	1855	3204	3.1553
福克斯 (Fox)	1894	1120	3.1419
拉查里尼 (Lazzarini)	1901	3408	3.1415929

如图 1.2 所示，平面上画有间隔为 $d(d>0)$ 的等距平行线，向平面内任意投掷一枚长为 $h(h<d)$ 的针，统计针与任一平行线发生相交的频率。

用 y 表示针的中点与最近的一条线的距离，用 x 表示针与此直线间的夹角，则 (x,y) 就可以被看成在矩形区域 $A=\{0\leqslant x\leqslant \pi,\ 0\leqslant y\leqslant d/2\}$ 中的任意点。这样，一次投针试验的结果就是随机选中该区域中的某一点。

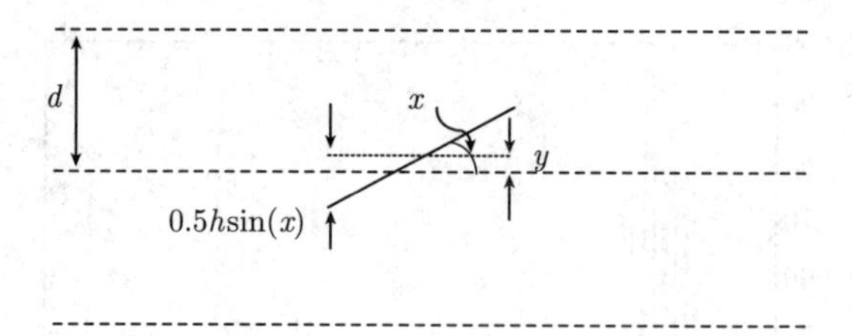

图 1.2　蒲丰投针试验

我们关心的是针与平行线相交的情形，从图 1.2 很明显地看出，相交的条件是

$$y < \frac{h}{2}\sin(x)。$$

这个条件在矩形 A 中划出了一块区域 B，如图 1.3 所示。

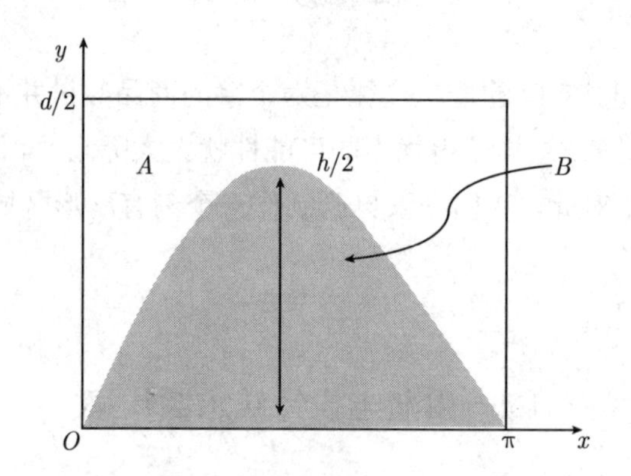

图 1.3　区域面积的示意图

那么只要所述的点 (x, y) 落入区域 B，则针就必与某一平行线相交，否则就不相交。我们将一次试验看成是在矩形 A 中的一次随机落点，而落点恰好位于区域 A 之内的可能性就是区域 B 的面积与矩形 A 的面积之比，即发生频率 (记为R)

$$R = \frac{S_B}{S_A} = \frac{\displaystyle\int_0^{\pi} \frac{h}{2}\sin(x)\mathrm{d}x}{d\pi/2} = \frac{2h}{d\pi}。$$

于是，我们进行大量随机投针的模拟试验，统计针与任一平行线发生相交的频率 m/N(其中 m 为针与水平线相交的次数，N 为投针的总次数)，即 $R = m/N$。由上面公式，我们可以计算圆周率的近似值为

$$\pi \approx \frac{2h}{dR} = \frac{2hN}{dm}。$$

特别地，如果取 $d = 2h$，则上面公式变成为

$$\pi \approx \frac{N}{m} = \frac{1}{R}。$$

这就是那些先辈们曾经做蒲丰实验的公式。

虽然投针的实验很容易做，但我们看到这种方法与圆周率的朴素定义相去甚远。其原因是推导区域 B 的面积公式时需要用到函数在某个区间上的定积分，而这并不是初等数学所能做到的。下面我们来介绍另一种直观的计算圆周率的方法，同时也引出一种计算定积分的数值方法。

1.5　用随机模拟方法计算定积分

1.5.1　从“方圆鱼缸”法求圆周率说起

我们知道单位圆的面积是 π，但是它的外切正方形的面积是 4。我们设想做两个鱼缸，一个是以单位圆为底的圆柱形鱼缸，而另一个是以边长为 2 的正方形为底的方柱形鱼缸，且两鱼缸高度相同。因此，将两个鱼缸注满水，则圆柱形鱼缸中水的重量是方柱形鱼缸中水的重量的 $\pi/4$ 倍，将这个比例记为 p，于是就有 $\pi = 4p$。因此，我们接下来的实验就是秤一下这两个鱼缸中水的重量就可计算出圆周率 π。

当然，读者可能会纳闷，这里好像没有涉及随机性啊！虽然我们可以说，每次注水和秤重量都会有误差，但这样的回答很勉强。实际上，我们要做的是仿照上面的思路，采用向如图 1.4 所示的平面进行随机投点的方法 (例如可以用一个小沙粒)。在这个平面上画有一个单位圆和一个外切该圆的正方形。注意，只有当点落在正方形内才算一次试验，而落在它之外的均不以计数。因为投点落在图形中的哪一点上是完全随机的，由前面的分析知道，在一次试验中投出的点能落在单位圆内的机会是这个单位圆与正方形的面积之比。我们做的实验是：投足够多的点，统计一下在整个实验中有多少次试验的投点落在了单位圆内。我们记总的试验次数为 N，而落入单位圆内的次数为 m。于是，我们就可得到圆周率的模拟值：$\pi \approx 4m/N$。

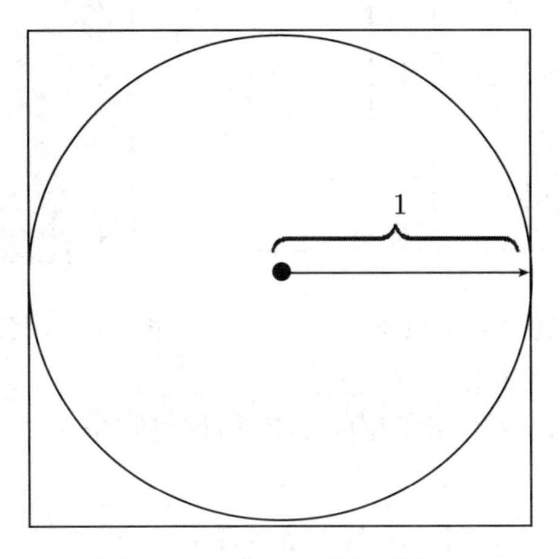

图 1.4　单位圆与外切正方形

1.5.2 用随机投点法计算定积分

随机投点法的英文名称“Hit or Miss method”显得更为有趣，翻译过来是“命中或未命中法”，也有“无的放矢”的意思。我们知道，定积分的几何意义是计算面积或者体积。由此可知，上面的随机投点法可以被应用来计算定积分。

考虑定积分的计算问题：

$$I = \int_a^b f(x)\mathrm{d}x,$$

其中被积函数满足：$0 \leqslant f(x) \leqslant M,\ \forall x \in [a,b]$。

为计算上面的积分 I，我们取一个矩形区域 A：

$$A = \{(x,y)|a \leqslant x \leqslant b, 0 \leqslant y \leqslant M\}。$$

那么，由被积函数 $f(x)$ 的曲线与 x 坐标轴所围出的区域 B(见图 1.5) 为

$$B = \{(x,y)|a \leqslant x \leqslant b,\ y \leqslant f(x)\},$$

该区域的面积就是这个定积分的值 I。

考虑随机地向矩形 A 投点 (x,y)，则点 (x,y) 落入 B 的机会 (频率) p 就是

$$p = \frac{B}{A} = \frac{I}{(b-a)M},$$

即

$$I = (b-a)Mp。$$

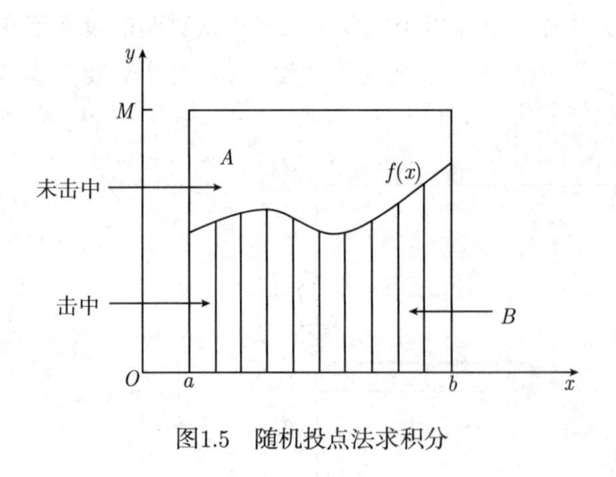

图1.5 随机投点法求积分

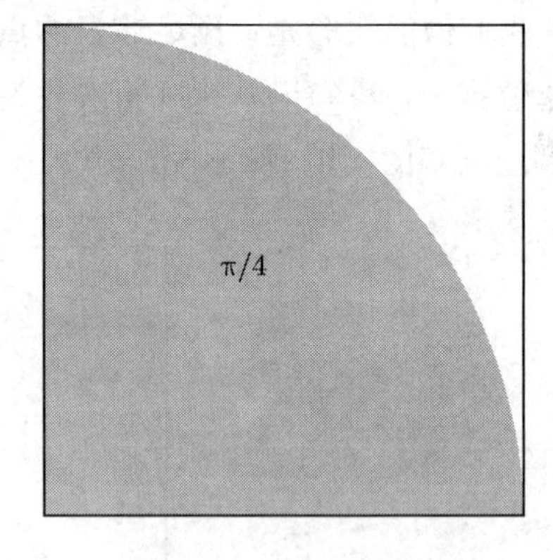

图1.6 计算积分$I=\int_0^1\sqrt{1-x^2}\mathrm{d}x$的图示

那么，我们只要投出足够多次的点，就能估计出频率 p，从而就可计算出 I 的近似值。

例 1.5 (定积分计算) 试用随机投点法计算积分 $I = \displaystyle\int_0^1 \sqrt{1-x^2}\mathrm{d}x$。很显然，这个积分就是计算单位圆的四分之一面积 (见图 1.6)，即为 $\pi/4$。所以，采用随机投点法能够

计算出该积分的近似值，继而就可以计算出圆周率的近似值。这就是计算圆周率的又一种方法，相比于蒲丰投针来看，它就显得既直观又简单了。

上面这两个问题让我们看到，随机模拟方法不但能够解决不确定性的问题，同时又能够用来求解确定性的问题。应用随机模拟方法到确定性问题上似乎不像仿真一个实际系统那样直观，需要研究者对问题有敏锐的直觉和发散性的思维，能够将问题转化成一种简单的随机试验问题。所以，读者应该认识到拓展知识面的重要性。

最后需要指出的是，不论是投针还是随机投点法，人们如果真的那样去实施这种实验的话，那将是一件既耗时又累人的工作，所得结果的精确度一般也有限。有幸的是，现代人们是借助于计算机来做实验，模拟成了一件十分便利且高效的实验方法，成本也极低。事实上，随机模拟方法有着无尽的应用之地。

1.6　应用随机模拟方法的一般思路

从上面一些例子看到，随机模拟是一个过程，我们可以将这种过程看成是一个系统的运行，即随机模拟系统。系统的状态在每一时刻将发生变化，其状态变化是随机的，它受到某随机因素的影响。我们将系统的运行性能指标设计成问题所需要求解或考察的量，由此通过大量的重复试验，即系统的重复运行，我们就能够获知所考察问题的解。事实上，前面第一个电池的例子就是以这样的方式展开分析的。

在这样的分析方式中，针对每个所要研究的问题，应用随机模拟方法的关键步骤就是构造该问题的模拟系统。具体地说，我们需要确定该模拟系统的状态是什么？存在什么随机因素？系统会出现哪些可能的结果？需要计算的系统的性能指标是什么？确定了这些方面之后，我们就可以进行具体的模拟了。做大量重复运行，收集每次试验的结果。最后，通过对这些结果数据的统计计算来得出结论。下面就让我们以这种思维方式再来考察前面的那些例子。

关于例 1.2 的蒙提霍尔问题。其模拟系统的状态是“猜哪扇门后有车”，由于车是被随机地藏在某扇门后，发生的可能结果是“猜中”或者“未猜中”。要研究的问题是:“更换选择的策略”是否比“不更换选择的策略”好？如答案是肯定的，则相比而言会好多少？那么，我们将系统的性能指标设计为“各策略的猜中比例”。在大量重复试验之后，人们只需要简单地统计一下试验的结果数据，即可获得所关心问题的结论。

关于例 1.3 的商品优惠券问题。这个模拟系统的状态是“已收集到那几个字”，由于购入商品中所含的字是随机的，发生的可能结果是“凑齐了所有字”或者“未凑齐”。要研究的问题是:“购买数量与获得优惠券可能性的关系。”由此，我们将系统的性能指标设计为“在每一购买量下获得优惠券的可能性 (比例)”。在大量重复试验之后，同样，人们通过统计一定量的试验结果数据即可获得我们要的结论。

关于例 1.4 的蒲丰投针问题。该模拟系统的状态是“针的落地位置”，由于针的落地位置是随机的，发生的可能结果是“与线相交”或者“与线不相交”。要研究的问题是:“通过统计投针与线发生相交的比例来计算圆周率。”这样，我们就将系统的性能指标设计为“总的投针次数中针与线发生相交的比例”。人们通过统计大量重复试验的结果即可获得圆周率的估计值。

关于例 1.5 的投点法计算定积分问题。此模拟系统的状态是“投点落在哪个位置”，由于落点的位置是随机的，发生的可能结果是“落入所围区域”或者“未落入所围区域”。要研究的问题是:“通过统计落入所围区域的点数占总投点数的比例来计算所围区域的面积 (定积分值)。”同上类似，我们将系统的性能指标设计为“落入所围区域的点数占总投点数的比例”。于是，人们通过统计大量重复投点试验的结果即可获得积分问题的解。

虽然上面这些例子并不复杂，但却有助于读者学会用随机模拟的方法来思考问题。本书随后将要介绍的许多模拟问题可以进一步拓展随机模拟的应用，希望读者能够以这样的思考方式去看问题。事实上，即使是复杂的实际问题，只要人们遵循上述的基本思维方式，通过不断的练习和实践就能够灵活地运用随机模拟的方法来研究问题。

✎ 练　习

1. 假如在本章列举的例 1.1 电池系统中，系统由三个电池 (一个正常，两个备用) 组件组成，其他条件不变，即当工作电池的电耗尽时，有两个备用电池，而不是 1 个，试列表手工模拟一次这一系统的工作时间。

2. 假如在本章列举的例 1.1 电池系统中，其电池充电时间不是确定的 2.5 小时，而是随机的，例如充电时间是 1 小时的概率为 1/2，3 小时的概率是 1/2，使用一个均匀的硬币来生成其充电时间。其他条件不变，同时考虑选取一个终止规则，试列表手工模拟一次直到系统缺电停止的第一时间。

3. 假如在本章列举的例 1.1 电池系统中，考虑修正的电池系统的工作原理如下:

(1) 由三个电池元件组成 (一个工作，两个备用，但充电器只有一个)，充电时间为 3.5 小时;

(2) 此外，每个系统实际上是由两个子电池系统组成，每个子电池系统的耗尽电量的时间是随机的，假设同样可能是 1，2，$\cdots$，6 小时;

(3) 当子电池系统第一次耗尽电量时，则整个系统运行停止。换句话说，投掷两次骰子，以取较小数来模拟。

试通过手工 (使用骰子) 模拟这种系统，直到整个系统因缺电停止的第一时间。

4. 发挥你的想象，设计不同背景下的类似例 1.1 电池系统的模拟例子，并列表手工模拟一次直到系统运行第一次停止的时间；再说明其实际意义。

5. 帮助超市做订购杂志数量的决策。在你附近的一家百利小超市提供售卖娱乐周刊的服务。因为杂志的需求每周都在变动，超市很难决定向供货商订购的数量。能够参考的只是历史记录的统计数据 (如右表所示)。每本周刊的成本为 5.00 元，售价为 10.00 元。在周末剩余的所有周刊都捐给本地社区的孤老家庭。试利用投掷两颗骰子来模拟周需求量，并列表手工模拟，以确定最优订购量。(提示：投掷两颗骰子点数之和。)

周刊数目	概　率
12	3/36
13	12/36
14	11/36
15	7/36
16	3/36

6. (双骰子游戏 (Craps))　有一种游戏是用两个骰子玩的。参加的人掷两个骰子，如果结果 (两个骰子面上的点数和) 是 7 或 11 他就赢了。如果结果是 2，3 或者 12，他就输了。假如是其他的结果，他必须继续掷，如果掷出和他第一次掷出的一样结果就赢了，但若是掷出 7，就输了，否则再继续直到掷满规定的游戏次数后结束。

(1) 先说明怎样用掷一个均匀骰子来模拟游戏；再说明怎样来模拟那两颗骰子的游戏。

(2) 画出玩一次上述掷骰子游戏的树状图。理论上来说，这个游戏可能永远玩不完，不过你的图只要画到掷 4 次为止。试着玩这个游戏，并且估计玩赢的可能性有多少？

7. 假定要求你建立一个模拟模型以改善本地一家快餐店的经营，你将如何处理这个问题？你需要何种类型的数据？何种类型的模拟输出会是有用的？你会将何种信息纳入模型？你可能考虑哪些备选策略？请画出现有系统运作的简单流程图。回顾你购买食杂品的体验，建立描述你所经历的过程的流程图。假如你要模拟这个系统，你可能计算哪些输出量？

8. 描述一个采用模拟模型比采用分析模型更为合适的决策问题，譬如日常生活中的问题。

第二章　懂点概率论：领会描述随机性的数学语言

导读：

本章带领读者走进概率论的知识殿堂，它是学习本教程的必备知识，也是研究与分析一切不确定性问题的理论基础。本章的讲述将尽可能从直观例子出发引出相应的概念，内容涵盖了概率论的最重要和最基础的部分。

上面一章的例子引出了随机数的概念，人们并不知道每次试验随机数将会出现什么值，而只能说它出现某个值的可能性有多大。直观上，人们将这种可能性大小与大量重复试验中该值出现的频率相联系。例如，在抛硬币试验中，只要硬币是均匀的，人们都会说抛一次出现正面的可能性是 50%，即有一半的可能性出现正面。下面我们用掷骰子的实验来引入概率的概念。

2.1　直观的概率

假设骰子是均匀的，现在我们来考察一个掷 N 次骰子的实验。我们感兴趣的事件是掷一次骰子出现“1 点的面”的可能性有多大，数学上将这种可能性程度的大小称为**概率**。为此，我们用字母 A 来表示该事件，记录该事件 A 发生的次数，并用 $n(A)$ 表示，这个数是事件 A 发生的**频数**。直观上，我们会将事件 A 发生的可能性用事件 A 发生的频数 $n(A)$ 除以掷的总次数 N 所得的频率 $n(A)/N$ 来度量。假如在第一个实验中，我们掷 N 次骰子所得到的结果是 $n_1(A)$，如果我们再次重复进行掷 N 次骰子的实验，我们得到的结果是 $n_2(A)$，这时很可能 $n_1(A)$ 和

$n_2(A)$ 是不同的。所以，这两个频率 $n_1(A)/N$ 和 $n_2(A)/N$ 一般是不同的。我们怎么样才能说这个频率度量了事件 A 发生的概率呢？我们需要继续实验来寻求答案。可以看到，当掷数 N 变得非常大时，这两个频率将收敛到相同的极限值 1/6。

由此可见，当 N 很大时，这个极限值 1/6 就度量了事件 A 发生的可能性。因此，很自然地，我们把这个极限值定义为掷骰子时事件 A 发生的概率，记为 $P(A)$。稍后，大数定律将告诉我们：

$$P(A) = \lim_{N \to \infty} \frac{n(A)}{N}。$$

这是一种普遍的性质，即事件的概率可以定义为频率的极限。

但是这种概率的定义却难以用于实际，因为人们不可能对每个问题都通过非常大量次数的实验来确定概率。因此，概率的计算确定就成为了一个数学问题。仍然以掷骰子实验为例，如果我们感兴趣的事件是"所出现的面是偶数"，那么其概率是多少呢？事实上，当我们掷一次骰子时，会出现 6 种可能的结果，这 6 种结果是等可能地出现其中之一，而其中属于偶数点面的是 2，4 或 6，即有 3 种，它们占总数的比例是 $3/6 = 1/2$。因此可以断定，出现偶数点面的概率是 1/2。这种概率的确定方法是计算比例数，人们需要计数所有可能出现结果的总数，其中属于所关心事件的结果又有多少，那么后者与前者之比就是该事件发生的概率。事实上，概率论的一套公理体系也就是建立在这样的考虑之上的，其中采用了集合来表示一系列可能发生的结果。

2.2　理解概率的公理

虽然随机实验是一种人们在事先无法确切预料将出现哪个结果的实验，但人们能够知道所有可能的直接结果是哪些，我们称这些可能的直接结果为基本事件。我们用集合 Ω 来表示实验中可能出现的直接结果的全体，称为**全空间**(又称**样本空间**)。那么，人们关心的事件就可用集合 Ω 的一个子集来表达。1934 年，苏联数学家柯尔莫哥洛夫 (A.N. Kolmogorov，见右图) 在集合论的基础上建立了概率论的严密公理体系，成为概率论发展史上的里程碑。例如，在上面掷骰子的实验里，全空间是 $\Omega = \{1,2,3,4,5,6\}$，出现"1 点的面"的事件是 $A_1 = \{1\}$，而出现"偶数点"的事件是 $A_2 = \{2,4,6\}$。另外，我们也可以关心出现"奇数点"的事件 $A_3 = \Omega \backslash A_1 = \{1,3,5\}$，还有或者出现"1 点的面"或者"偶数点"的事件 $A_4 = A_1 \bigcup A_2 = \{1,2,4,6\}$，等等。显然存在许多种不同的事件，我们用 $\mathcal{F}$ 来表示这些事件的集合，称之为**事件空间**。

2.2.1 概率的公理

我们知道：全空间 Ω 对应于必然事件，空集 $\varnothing$ 对应于不可能事件，一个 $\mathcal{F}$ 中的事件 A 的补集 A^c 对应于非 A 的事件，$\mathcal{F}$ 中任意两个集合 A 和 B 的并集 $A\bigcup B$ 和交集 $A\bigcap B$ 分别对应于两事件的或事件和与事件；故自然要求它们都属于 $\mathcal{F}$ 之中。那么这也就是说，事件空间应该拥有如下的关于集合代数运算的公理：

公理 2.1　$\Omega \in \mathcal{F}$；

公理 2.2　如果 $A \in \mathcal{F}$，则补集 $A^c = \Omega \backslash A \in \mathcal{F}$；

公理 2.3　如果 $A_i \in \mathcal{F},\quad i=1,2,\cdots$，则 $\bigcup\limits_{i=1}^{\infty} A_i \in \mathcal{F}$。

由代数运算人们就可以构造出各种事件 (相应的子集)，上面的公理事实上是要求事件空间 $\mathcal{F}$ 对于集合的运算是封闭的，即各种事件都包含在事件空间之中。具体地看，公理 2.1 的要求是非常自然的。而公理 2.2 说明了：空集 $\varnothing = \Omega^c \in \mathcal{F}$，任意两个集合 A_1，$A_2(\in \mathcal{F})$ 的交 $A_1 \bigcap A_2 = (A_1^c \bigcup A_2^c)^c \in \mathcal{F}$。一般而言，全空间 Ω 包含无限多的元素，公理 2.3 要求具有可列多个集合的并运算是必须的，这样不但能够允许极限运算，而且也保证了理论上可以考虑无限次地做随机试验的情形；当然对于有限多个集合的并运算，公理 2.3 的要求显然成立。

在前面的掷骰子实验里，样本空间 Ω 是有限集，集合的大小就自然定义为其元素的个数。此时，事件 A 发生的概率

$$P(A) = \frac{\#(A)}{\#(\Omega)},$$

其中 $\#(\cdot)$ 表示求集合个数大小的算符。但是，一般地全空间 Ω 有无限多的元素，如一条直线上点的全体，一个平面区域里点的全体等；这时用集合元素的多少来定义集合的大小也就失去了意义。有幸的是，我们可以比较两个集合的相对大小，即一个比另一个大几倍。具体来说，人们必须选定一个特定的集合作为基准，在概率论里人们就选择全空间 Ω，并规定它的大小为 1，即 Ω 的大小是度量其他集合大小的基准单位。那么，度量 $\mathcal{F}$ 中元素 A 的大小就成为比较它是 Ω 的几倍的问题，这样所确定的大小就可以用来定义事件 A 的概率，所以我们也记为 $P(A)$，这就是**概率度量**。直观上，必须要求这种概率度量应该具有如下的性质：

公理 2.4 (非负性和有界性)　对于属于事件空间 $\mathcal{F}$ 的 Ω 中任意一个子集 $A \in \mathcal{F}$，必有

$$0 \leqslant P(A) \leqslant 1,\quad 且\ P(\Omega) = 1。$$

公理 2.5 (可加性)　对于属于事件空间 $\mathcal{F}$ 的 Ω 中任意一组子集 $A_i \in \mathcal{F},\quad i = 1,2,\cdots$，且它们两两不相交 $A_i \bigcap A_j = \varnothing,\quad \forall i \neq j$，则有

$$P\left(\bigcup_{i=1}^{\infty} A_i\right) = \sum_{i=1}^{\infty} P(A_i)。$$

下面的结论是显而易见的。

命题 2.1　对于属于事件空间 $\mathcal{F}$ 的 Ω 中任意子集 $A,B \in \mathcal{F}$，且两集合不相交 $A\bigcap B=\varnothing$，它们称之为**互斥事件**，则有

(1) **互补性**：$P(A^c)=1-P(A)$，特别地 $P(\varnothing)=0$；

(2) **相加性**：$P(A\bigcup B)=P(A)+P(B)$。

如果对于一个特定的随机实验，人们给出了满足上面这些公理的 Ω，$\mathcal{F}$ 和 P，那么事实上就完全确定了这个随机实验的所有概率性质，所以我们把 $(\Omega,\mathcal{F},P)$ 称为一个**概率模型**。

2.2.2　概率的相加性

由上面这些性质，我们很容易推出概率的**相加性公式**：

$$P(A\bigcup B)=P(A)+P(B)-P(A\bigcap B)。\tag{2.1}$$

事实上，因为 $A=(A\backslash C)\bigcup C$ 和 $B=(B\backslash C)\bigcup C$，其中 $C=A\bigcap B$，则

$$P(A)=P(A\backslash C)+P(C),\quad P(B)=P(B\backslash C)+P(C)。\tag{2.2}$$

另外，$A\bigcup B=(A\backslash C)\bigcup(B\backslash C)\bigcup C$，故有

$$P(A\bigcup B)=P(A\backslash C)+P(B\backslash C)+P(C)=P(A)+A(B)-P(C)。\tag{2.3}$$

公式 (2.1) 的几何解释是非常直观的，如图 2.1 所示。

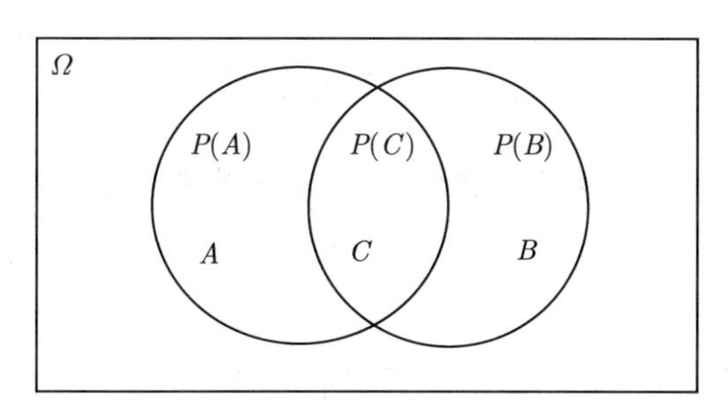

图 2.1　概率的相加性

例 2.1　让我们再回到掷骰子实验，用字母 A，B，C，D，E 和 F 分别表示掷出骰子的点是 1，2，3，4，5 和 6 的基本事件，即全空间是 $\Omega=\{A,B,C,D,F,F\}$。那么，显然 $P(A)=P(B)=\cdots=P(F)=1/6$ 满足概率公理的要求。然而，骰子被掷出偶数点面的事件是 $E_0=B\bigcup D\bigcup F$，注意到，直接事件 B，D 和 F 必然都是两两互斥的，则有

$$P(E_0)=P(B)+P(D)+P(F)=\frac{1}{6}+\frac{1}{6}+\frac{1}{6}=\frac{1}{2}。$$

骰子被掷出奇数点的事件是 $E_1=\Omega\backslash E_0$，故有 $P(E_1)=1-P(E_0)=\dfrac{1}{2}$。另外，对于事件 $A\bigcup E_0$，由于 A 和 E_0 是互斥事件，故有

$$P(A\bigcup E_0) = P(A) + P(E_0) = \frac{1}{6} + \frac{1}{2} = \frac{2}{3}。$$

另外，对于事件 $A^c \bigcup E_0$，有

$$\begin{aligned}P(A^c\bigcup E_0) &= P(A^c) + P(E_0) - P(A^c\bigcap E_0)\\ &= (1 - P(A)) + P(E_0) - P(E_0)\\ &= (1-\frac{1}{6}) + \frac{1}{2} - \frac{1}{2} = \frac{5}{6}。\end{aligned}$$

2.2.3 条件概率、概率乘积与贝叶斯公式

现在，我们来给出条件概率的概念。考察两个事件 A 和 B，如果在已知事件 B 发生的条件下，问事件 A 发生的概率是多少？这个概率称为**条件概率**，记为 $P(A|B)$。显然我们应该有

$$P(A|B) + P(A^c|B) = 1 \tag{2.4}$$

成立。然而 $P(A\bigcap B) + P(A^c\bigcap B) = P(B)$，即有

$$\frac{P(A\bigcap B)}{P(B)} + \frac{P(A^c\bigcap B)}{P(B)} = 1。 \tag{2.5}$$

比较两式可得

$$P(A|B) = \frac{P(A\bigcap B)}{P(B)} \tag{2.6}$$

和

$$P(A^c|B) = \frac{P(A^c\bigcap B)}{P(B)}。 \tag{2.7}$$

(2.6) 和 (2.7) 两式就是条件概率的计算公式 (又称**贝叶斯法则**)。这里实际上是将 B 看成了全空间，条件概率 $P(A|B)$ 是指集合 $A\bigcap B$ 的大小在 B 中所占的比例大小，其几何解释见图 2.2 所示。

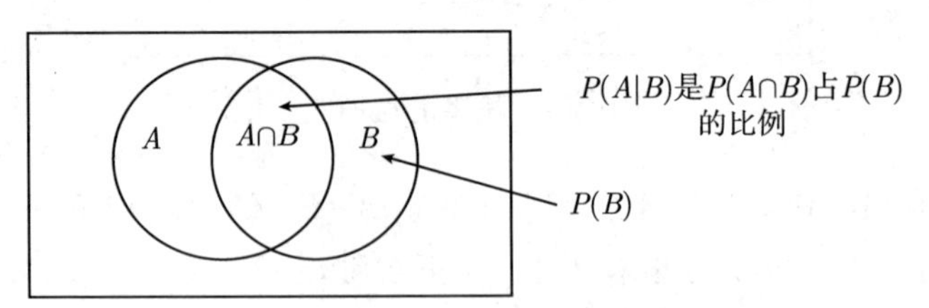

图 2.2 条件概率计算的图示

例 2.2 再次考虑掷骰子实验，事件 A 是“小于 5 的点”，事件 B 是“偶数点的面”，则有 $A\bigcap B = \{1,2,3,4\}\bigcap\{2,4,6\} = \{2,4\}$，故 $P(A\bigcap B) = \frac{2}{6}$ 和 $P(B) = \frac{3}{6}$。根据贝叶斯法则，可得

$$P(A|B) = \frac{P(A\bigcap B)}{P(B)} = \frac{2/6}{3/6} = \frac{2}{3},$$

这是在已知掷出的面为偶数点的条件下且此点小于 5 的概率。类似地，在掷出的点小于 5 的条件下，此面是偶数点的概率则为

$$P(B|A)=\frac{P(A\bigcap B)}{P(A)}=\frac{2/6}{4/6}=\frac{1}{2}。$$

注意，这个公式也给出了关于两个事件同时发生的概率计算公式——**乘积公式**：

$$P(A\bigcap B)=P(A|B)P(B)。\tag{2.8}$$

显然，我们也有：$P(A\bigcap B)=P(B|A)P(A)$。于是，上面的条件概率公式也可写成

$$P(A|B)=\frac{P(B|A)P(A)}{P(B)},\tag{2.9}$$

这就是著名的**贝叶斯公式**，它是由英国数学家托马斯 • 贝叶斯 (Thomas Bayes) 给出，用来描述两个条件概率之间的关系，比如 $P(A|B)$ 和 $P(B|A)$。贝叶斯将 $P(A)$ 称为事件 A 的**"先验概率"**，$P(A|B)$ 被称为已知事件 B 发生后事件 A 的**"后验概率"**。同样对事件 B 也类似，所以贝叶斯认为事件发生的后验概率与先验概率之比有如下的等式：

$$\frac{P(A|B)}{P(A)}=\frac{P(B|A)}{P(B)}。\tag{2.10}$$

上式的比值被称为这两个事件发生的**"标准化相似度"** (likelihood)。

2.2.4　全概率公式

考虑全空间的一个划分 $\{B_1,B_2,\cdots,B_n\}$，即 $\bigcup\limits_{i=1}^{n}B_i=\Omega$ 且 $B_i\bigcap B_j=\varnothing$, $\forall i\neq j$。因为

$$A=A\bigcap\Omega=\bigcup_{i=1}^{n}(A\bigcap B_i),\tag{2.11}$$

且这组集合 $\{A\bigcap B_i\}$ 之间两两不相交，由概率可加性公式可得

$$P(A)=\sum_{i=1}^{n}P(A|B_i)P(B_i),\tag{2.12}$$

上式就是所谓的**全概率公式**。特别地，我们有

$$P(B)=P(B|A)P(A)+P(B|A^{\mathrm{c}})P(A^{\mathrm{c}})。\tag{2.13}$$

由此，贝叶斯公式还有下面的形式：

$$P(A|B)=\frac{P(B|A)P(A)}{P(B|A)P(A)+P(B|A^{\mathrm{c}})P(A^{\mathrm{c}})}。\tag{2.14}$$

例 2.3　一座别墅在过去的 20 年里一共发生过 2 次被盗，别墅的主人有一条狗，狗平均每周晚上叫 3 次，在盗贼入侵时狗叫的概率被估计为 0.9。问题是：在狗叫的时候发生盗贼入侵的概率是多少？

解 我们假设事件 A 为“狗在晚上叫”, B 为“盗贼入侵”, 则有 $P(A) = 3/7$, $P(B) = 2/(20 \times 365.25) = 2/7305$, $P(A|B) = 0.9$。按照贝叶斯公式, 很容易算出结果:

$$P(B|A) = \frac{P(A|B)P(B)}{P(A)} = \frac{0.9 \times 2/7305}{3/7} = 0.000574948665\cdots$$

这表明, 主人家不能指望靠狗叫来防盗。

例 2.4 现分别有甲、乙两个箱子, 在箱子甲里分别有 7 个红球和 3 个白球, 在箱子乙里有 1 个红球和 9 个白球。现已知从这两个箱子里任意抽出了一个球, 且是红球, 问这个红球是来自箱子甲的概率是多少?

解 假设已经“抽出红球”为事件 B, “从箱子甲里抽出球”为事件 A, 则有

$$P(B) = 8/20, \quad P(A) = 1/2, \quad P(B|A) = 7/10。$$

按照贝叶斯公式, 则得

$$P(A|B) = \frac{P(B|A)P(A)}{P(B)} = \frac{(7/10) \times (1/2)}{8/20} = \frac{7}{8}。$$

2.2.5 独立性

如果 $P(A|B) = P(A)$, 这表明事件 A 的发生不受事件 B 的影响, 称它们是**独立的**。此时由贝叶斯公式得

$$P(A \bigcap B) = P(A)P(B), \tag{2.15}$$

即两个独立的事件同时发生的概率是这两个事件分别发生概率的乘积。这可以推广到一组两两独立的事件 $\{A_1, A_2, \cdots, A_n\}$ 的情形:

$$P\left(\bigcap_{i=1}^{n} A_i\right) = \prod_{i=1}^{n} P(A_i)。 \tag{2.16}$$

例 2.5 还是以掷骰子为例, 我们连续掷两次骰子为一轮试验。设 E_1 和 E_2 分别代表第一次和第二次掷出的结果, 则每一轮试验的结果为 (E_1, E_2), 它们的全空间是

$$\Omega = \{1,2,3,4,5,6\} \times \{1,2,3,4,5,6\}。$$

所以, 我们有

$$P(E_1 = m,\ E_2 = n) = \frac{\#\{(m,n)\}}{\#\Omega} = \frac{1}{36}, \quad \forall n, m \in \{1,2,3,4,5,6\}。$$

我们问第二次掷骰子事件是否独立于第一次事件呢?

解 事实上, 因为 $P(E_1, E_2) = P(E_1 \bigcap E_2)$, 根据贝叶斯公式有

$$P(E_2|E_1) = \frac{P(E_1 \bigcap E_2)}{P(E_2)} = \frac{1/36}{1/6} = \frac{1}{6} = P(E_2)。$$

因此, 正如直觉所知, 它们是独立的。

必须指出, 两个事件的独立性与两个事件之间是否是互斥的没有直接关系, 因为从例 2.2 中可以看到: $P(A|B) = 2/3 = P(A)$, 但 $A \bigcap B = \{2,4\} \neq \varnothing$。

2.3　随机变量与概率分布

在前面我们介绍了事件和概率定义的一些概念。现在，我们介绍随机变量及其描述随机变量特征的概率密度函数、累积分布函数和数字特征。我们给出最常遇到的随机变量的例子，同时还将介绍随机变量变换的概念。这些概念是随机模拟的基础，将用于后续章节。

2.3.1　随机变量

我们已经定义了随机事件，以及与这些事件相关联的概率。在各个科学应用领域，随机事件总是与数量相联系。例如在经济中，股票价格、汇率、利率和成本等就是那些人们关心的随机变化事件。这意味着我们可以将随机实验的基本事件集映射到实数轴上，换句话说，实验的随机事件将与实数轴上某些点的集合相关联。实际上，前面使用的随机数也是一种随机变量。

如果 X 给全空间 Ω 中每一个直接事件 e 指定了一个实数 $X(e)$，如图 2.3 所示，此即定义了一个函数：

$$X:\Omega\to\mathbb{R}。\tag{2.17}$$

同时针对每一个实数 r 都有一个集合 $A_r=\{e|X(e)\leqslant r\}$ 与事件空间 $\mathcal{F}$ 中的某个事件相对应，也就是说 $A_r\in\mathcal{F}$，那么 X 被称做**随机变量**[①]。随机变量一般用大写拉丁字母或小写希腊字母 (比如 X,Y,Z,ξ,η) 来表示，从上面的定义注意到，随机变量实质上是函数，但不能把它的定义与变量的定义相混淆，另外也没有考虑到它的概率度量 P。

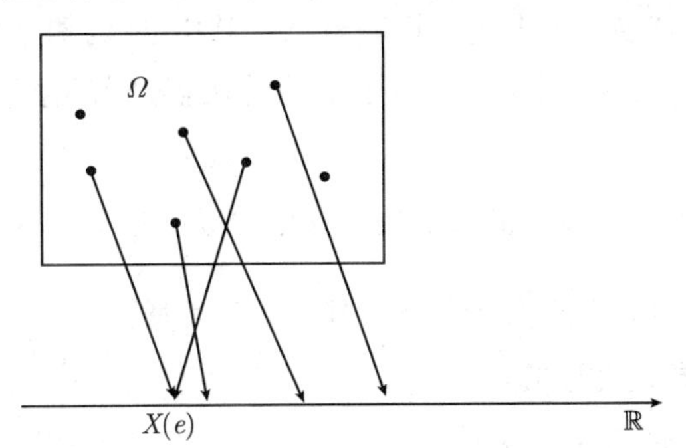

图 2.3　实数坐标轴上的随机变量示意图

例 2.6　再来看例子 2.5。随机掷两个骰子，其全空间 Ω 可以由 36 个元素组成：

$$\Omega=\{(i,j)|i=1,\cdots,6;\ j=1,\cdots,6\}。$$

① 具有这样性质的函数在数学上称为 $\mathcal{F}$ 的可测函数。

这里可以构成多个随机变量，比如随机变量 X(获得的两个骰子的点数之和) 或者随机变量 Y(获得的两个骰子的点数之差)，随机变量 X 可以有 11 个整数值 (2~12)，而随机变量 Y 只有 6 个 (0~5)。这里规定随机变量的取值用相应的小写字母来表示，即

$$X(i,j)=i+j, \quad x=2,3,\cdots,12,$$
$$Y(i,j)=|\,i-j\,|, \quad y=0,1,2,3,4,5。$$

例 2.7 在一次掷硬币事件中，如果把获得的正面的次数作为随机变量 X，则 X 可以取两个值，分别是 0 和 1。

如果随机变量 X 的取值是有限个或者是可数的无穷多个值

$$X=\{x_1,x_2,x_3,\cdots\},$$

则称 X 为**离散 (型) 随机变量**。

如果 X 取值域是整个实数轴 $(-\infty,+\infty)$ 或者有界区间 $[a,b]$，则称 X 为**连续 (型) 随机变量**，连续随机变量的取值个数是不可数的无穷多的。

通常，随机变量的取值范围是整个实数轴或者是其上的一个子集。例如，离散随机变量的值域往往是 $\{0,1\}$、有限多个非负整数、或者全部非负整数；而连续随机变量的值域往往是整个直线、半直线、或者有界的区间 (包括闭、开和半开的区间)。下面我们来阐述随机变量的概率分布。

2.3.2 概率分布

概率分布或简称**分布**，是用来描述随机变量的概率性质，它涉及概率 P 的度量。具体说：对于概率空间 $(\Omega,\mathcal{F},P)$ 上的随机变量 X，其中 P 为概率度量，则称如下定义的函数是 X 的**分布函数**(distribution function)，或称**累积分布函数**(cumulative distribution function，简称 CDF)：

$$F_X(a)=P(X\leqslant a), \quad \forall a\in\mathbb{R}。 \tag{2.18}$$

一个随机变量 X 的分布函数 F_X 必须具有如下性质：

(1) F_X 是单调不减及右连续；

(2) $F_X(-\infty)=0$，$F_X(\infty)=1$。

这些性质反过来也描述了所有可能成为分布函数的函数。

定理 2.1 设 $F:[-\infty,\infty]\to[0,1], F(-\infty)=0, F(\infty)=1$，且单调不减、右连续，则存在概率空间 $(\Omega,\mathcal{F},P)$ 及其上的随机变量 X，使得 F 是 X 的分布函数，即 $F_X=F$。

更常用的描述手段是**概率密度函数**(probability density function，常被简记为 PDF)。我们按随机变量是离散的还是连续的，将它们分为离散型和连续型概率分布。

2.3.3　离散型概率分布

前面所举的随机变量例子都属于离散的，这些分布函数的值域也是离散的点集。概率分布函数 $F_X(x)$ 表示随机变量 $X \leqslant x$ 的概率值，即

$$F_X(x) = P\{X \leqslant x\}。$$

如果 X 的取值只有有限的 $x_1 < x_2 < \cdots < x_n$，则分布函数是

$$F_X(x) = \begin{cases} 0, & -\infty < x < x_1, \\ \sum_{j=1}^{i} P(x_j), & x_i \leqslant x < x_{i+1}, \\ 1, & x_n \leqslant x < +\infty, \end{cases} \tag{2.19}$$

这是一个分段右连续的有界函数。显然分布函数取决于随机变量每个取值点的概率 $P(x_i)$，对于离散随机变量，我们一般只需要给出这组概率值：$\{P(x_i)\}$，它们满足 $\sum_i P(x_i) = 1$；为了应用上的方便，我们将这组概率值称为离散随机变量的**概率密度函数**。

一、离散型均匀分布

如果随机变量 X 只有有限的取值 $x_1 < x_2 < \cdots < x_n$，并且各个取值的概率都相同，即 $P(x_i) = 1/n$，$i = 1, \cdots, n$，那么它的分布就是一个**离散型均匀分布**，有

$$F_X(x) = \begin{cases} 0, & -\infty < x < x_1, \\ i/n, & x_i \leqslant x < x_{i+1}, \\ 1, & x_n \leqslant x < +\infty。 \end{cases} \tag{2.20}$$

显然，我们前面掷骰子出现的哪个面的概率分布就是上面当 $n = 6$ 的情形。

二、二项分布

二项分布是最重要的离散概率分布之一，由瑞士数学家雅各布 • 贝努利 (Jacob Bernoulli) 所发展。

一般用二项分布来计算概率的前提是，每次抽出样品后再放回去，并且只能有两种试验结果，比如正品或次品、红球或黑球、成功或失败等。二项分布指出，一次随机试验成功的概率如果为 p，那么在 n 次试验中出现 k 次的概率为

$$P(k; n, p) = \mathrm{C}_n^k p^k (1-p)^{n-k}, \quad 0 \leqslant k \leqslant n。 \tag{2.21}$$

二项分布记为 $B(n, p)$。特别当 $n = 1$ 的情形，这是一次试验中成功或失败的事件，其分布被称为**贝努利分布**，即 $B(1, p)$(也记为 $B(p)$)。

二项分布在 $p = 0.5$ 时表现出图像的对称性，而在 p 取其他值时是非对称的，如图 2.4 所示。

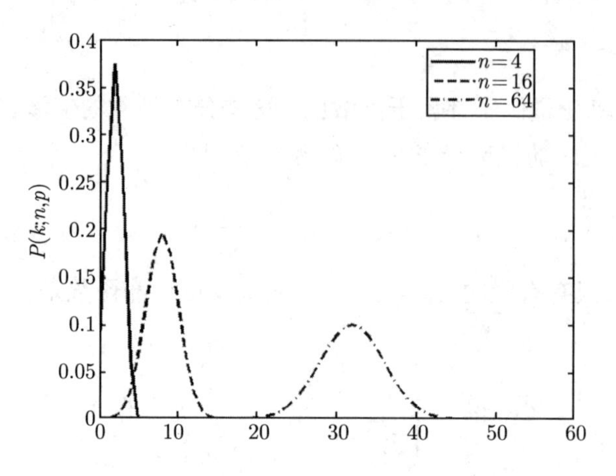

图 2.4　二项分布 (它在 $p=0.5$ 时有对称性)

例 2.8　在掷 3 次骰子中，不出现 6 点的概率是：

$$P\left(0;3,\frac{1}{6}\right)=\mathrm{C}_3^0\left(\frac{1}{6}\right)^0\left(\frac{5}{6}\right)^3=0.579。$$

三、 泊松分布

泊松分布适合于描述单位时间内随机事件发生的次数的概率分布。如某一服务设施在一定时间内受到的服务请求的次数，如办事窗口到达的顾客数、车站的候客人数、电话交换机接到呼叫的次数、机器出现的故障数、自然灾害发生的次数、DNA 序列的变异数、放射性原子核的衰变数等等。

近似地看，泊松分布是二项分布的一种极限形式。其强调如下的试验前提：一次抽样的概率值 p 相对很小，而抽取次数 n 值又相对很大。因此泊松分布又被称之为罕有事件分布。泊松分布指出，如果一次随机试验出现的概率为 p，那么在 n 次试验中出现 k 次的概率按照泊松分布应该为 (通过展开二项分布，并利用 Sterling 近似公式化简泊松分布后，再取极限即可得出)：

$$P(k;n,p)=\mathrm{e}^{-n\cdot p}\frac{(n\cdot p)^k}{k!},\tag{2.22}$$

其中 $\mathrm{e}=2.71828\cdots$ 是自然常数。

在实践中，如果遇到 n 值很大导致二项分布难于计算时，可以考虑使用泊松分布，但前提是 $n\cdot p$ 必须趋于一个有限极限。采用泊松分布的一个不太严格的规则是：

$$p\leqslant 0.1。$$

我们将常量 $n\cdot p$ 记为 λ，$\lambda>0$，它是泊松分布的一个重要参数。于是**泊松分布**写为

$$P(k;\lambda)=\mathrm{e}^{-\lambda}\frac{\lambda^k}{k!},\quad k=0,1,2,\cdots,\tag{2.23}$$

其中泊松分布的参数 λ 是单位时间 (或单位面积) 内随机事件的平均发生率。若 X 服从参数为 λ 的泊松分布，记为 $X\sim\pi(\lambda)$，如图 2.5 所示。

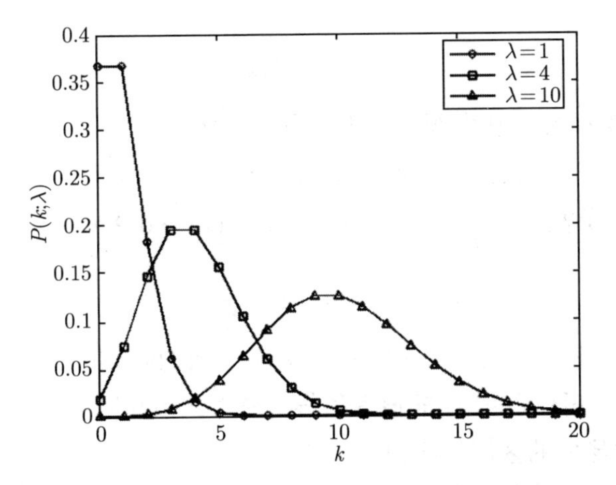

图 2.5　泊松分布的概率密度函数的曲线

显然，泊松概率具有随变量增大而迅速降为零的特征。

例 2.9　某工厂在生产零件时，每 200 个成品中会有 1 个次品，那么在 100 个零件中最多出现 2 个次品的概率按照泊松分布应该是 $\lambda = 100 \times \dfrac{1}{200} = 0.5$，则

$$P(0;0.5) + P(1;0.5) + P(2;0.5) = 0.986。$$

例 2.10　我们来看美国枪击案。假定它们满足成为泊松分布的三个条件：

(1) 枪击案是小概率事件；

(2) 枪击案是独立的，不会互相影响；

(3) 枪击案的发生概率是稳定的。

根据资料，1982 — 2012 年枪击案的分布情况如表 2.1 所示。

表 2.1　美国枪击案的观测值

一年中发生枪击案的次数	0	1	2	3	4	5	6	7
年　数	4	10	7	5	4	0	0	1

由统计计算可得：平均每年发生 2 起枪击案，则 $\lambda = 2$，所以年枪击案次数 $X \sim \pi(2)$。从表 2.2 中可以看到，观察值与由泊松分布计算的期望值还是基本接近的。

表 2.2　枪击案的实际观测值与泊松分布计算的预期值

一年中发生枪击案的次数	0	1	2	3	4	5	6	7
观察值	4	10	7	5	4	0	0	1
泊松分布的期望值	4.2	8.39	8.39	5.59	2.8	1.12	0.37	0.11

其他常用的离散分布还有几何分布、超几何分布。

2.3.4　连续型概率分布

设 X 是具有分布函数 F 的连续随机变量，且 F 的一阶导数处处存在，则其导函数

$$f(x)=\frac{\mathrm{d}\,F(x)}{\mathrm{d}\,x} \tag{2.24}$$

称为 X 的**概率密度函数**。它表明，随机变量处于区间 $[x,\ x+\Delta x]$ 里的事件的概率是 $f(x)\Delta x$。每个概率密度函数必须都满足如下两个性质：

(1) 归一性和非负性，即 $\displaystyle\int_{-\infty}^{\infty} f(x)\,\mathrm{d}x=1$ 和 $f(x)\geqslant 0,\ \forall x$；

(2) $\displaystyle\int_a^b f(x)\,\mathrm{d}x=P(a\leqslant X\leqslant b)=F(b)-F(a)$。

上面第一个性质表明，概率密度函数与 x 轴形成的区域的面积等于 1；第二个性质表明，连续随机变量在区间 $[a,\ b]$ 的概率值等于密度函数在区间 $[a,\ b]$ 上的积分，也即是与 X 轴在 $[a,\ b]$ 内形成的区域的面积。

一、 连续型均匀分布

类似于离散的等概率情形，一个**连续型均匀分布**是指在区间 $[a,\ b]$ 上的连续型随机变量 X 具有如下的概率密度函数：

$$f(x)=\begin{cases}\dfrac{1}{b-a}, & a\leqslant x\leqslant b,\\ 0, & \text{其他。}\end{cases} \tag{2.25}$$

简称 X 服从 $[a,\ b]$ 上的均匀分布, 记做 $X\sim U[a,b]$，而它的累积分布函数是

$$F(x)=\begin{cases}0, & x<a,\\ \dfrac{x-a}{b-a}, & a\leqslant x<b,\\ 1, & x\geqslant b。\end{cases} \tag{2.26}$$

它们的概率密度函数和分布函数曲线如图 2.6 所示。

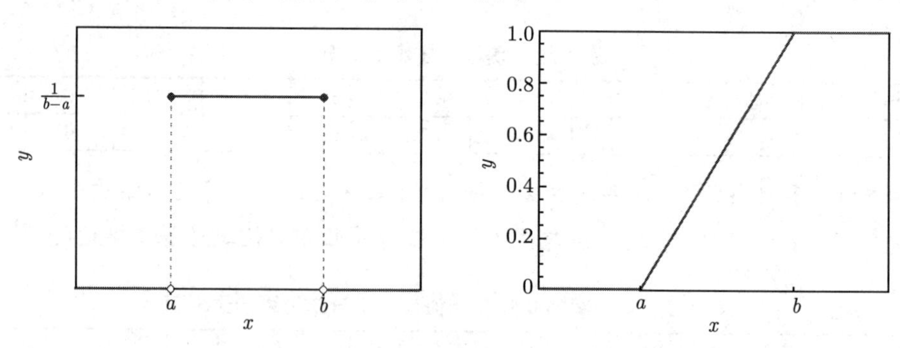

图 2.6 均匀概率密度函数和分布函数的图形

均匀分布在随机模拟里是最重要的一个分布，常用的均匀随机变量是 $X\sim U(0,1)$，由它可构造生成出服从各种分布的随机变量，包括离散随机变量。

例 2.11 设一个均匀随机变量 $X\sim U(0,1)$，令 $Y=\min\{\lfloor 6X\rfloor+1,\ 6\}$，其中 $\lfloor x\rfloor$ 代表取 x 的整数部分的运算。显而易见，这样构造的随机变量 Y 是取值于 $\{1,2,3,4,5,6\}$ 的离散型均匀随机变量，它可用于刻画掷骰子事件。

二、 正态分布

人们必须知道的另一个分布是**正态分布**，或者以高斯 (Carl Friedrich Gauss：德国数学家，见右图) 名字命名的**高斯分布**，这是一个在数学、物理及工程等领域都非常重要的概率分布，在统计学的许多方面扮演着及其重要的角色。

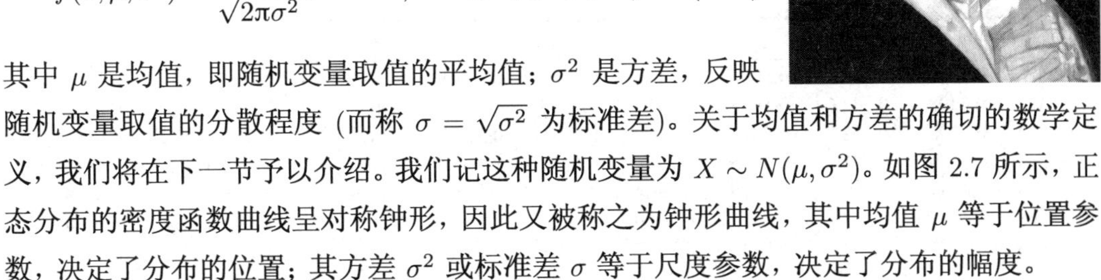

正态分布是指连续随机变量 X 有如下形式的概率密度函数：

$$f(x;\mu,\sigma^2)=\frac{1}{\sqrt{2\pi\sigma^2}}\mathrm{e}^{\frac{-(x-\mu)^2}{2\sigma^2}},\quad -\infty<x<+\infty,\qquad (2.27)$$

其中 μ 是均值，即随机变量取值的平均值；σ^2 是方差，反映随机变量取值的分散程度 (而称 $\sigma=\sqrt{\sigma^2}$ 为标准差)。关于均值和方差的确切的数学定义，我们将在下一节予以介绍。我们记这种随机变量为 $X\sim N(\mu,\sigma^2)$。如图 2.7 所示，正态分布的密度函数曲线呈对称钟形，因此又被称之为钟形曲线，其中均值 μ 等于位置参数，决定了分布的位置；其方差 σ^2 或标准差 σ 等于尺度参数，决定了分布的幅度。

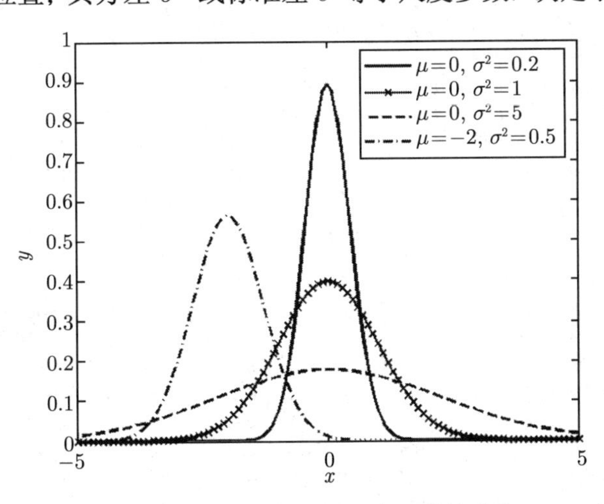

图 2.7　正态分布的概率密度函数的曲线

正态分布是一种理想分布，是自然科学与行为科学中定量现象的一个方便模型。各种各样的心理学测试分数和物理现象，比如光子计数，都被发现近似地服从正态分布。尽管这些现象的根本原因经常是未知的，但理论上可以证明如果把许多小作用累加起来看做一个变量，那么这个变量服从正态分布。还有许多典型的分布，比如成年人的身高、汽车轮胎的运转状态、人类的智商值 IQ 等，也都属于或者说至少接近正态分布。在统计以及许多统计测试中，正态分布是应用最广泛的一类分布。概率论已证明：正态分布是几种连续以及离散分布的极限分布。所以在随机模拟中，我们将看到，正态随机变量可由简单的均匀随机变量生成。

根据连续分布的定义，正态概率分布函数 (累积分布函数) 为

$$F(x;\mu,\sigma^2)=\frac{1}{\sqrt{2\pi}\sigma}\int_{-\infty}^{x}\mathrm{e}^{\frac{-(x-\mu)^2}{2\sigma^2}}\mathrm{d}t。\tag{2.28}$$

如果给出一个正态分布的均值 μ 以及标准差 σ，根据上面的公式可以计算出随机变量处于任意区间上的概率情况。但是如上的计算量是相当繁复的，没有计算机的辅助基本是不可能的，解决这一问题的方法是查标准正态分布表 (见图 2.8 的累积分布函数表) 或者用软件来计算。

标准正态分布数值表 $\left(\Phi(z)=\frac{1}{\sqrt{2\pi}}\int_{-\infty}^{z}\mathrm{e}^{-\frac{1}{2}t^2}\mathrm{d}t\right)$

z	0.00	0.01	0.02	0.03	0.04	0.05	0.06	0.07	0.08	0.09
0.0	0.5000	0.5040	0.5080	0.5120	0.5160	0.5199	0.5239	0.5279	0.5319	0.5359
0.1	0.5398	0.5438	0.5478	0.5517	0.5557	0.5596	0.5636	0.5675	0.5714	0.5753
0.2	0.5793	0.5832	0.5871	0.5910	0.5948	0.5987	0.6026	0.6064	0.6103	0.6141
0.3	0.6179	0.6217	0.6255	0.6293	0.6331	0.6368	0.6404	0.6443	0.6480	0.6517
0.4	0.6554	0.6591	0.6628	0.6664	0.6700	0.6736	0.6772	0.6808	0.6844	0.6879
0.5	0.6915	0.6950	0.6985	0.7019	0.7054	0.7088	0.7123	0.7157	0.7190	0.7224
0.6	0.7257	0.7291	0.7324	0.7357	0.7389	0.7422	0.7454	0.7486	0.7517	0.7549
0.7	0.7580	0.7611	0.7642	0.7673	0.7703	0.7734	0.7764	0.7794	0.7823	0.7852
0.8	0.7881	0.7910	0.7939	0.7967	0.7995	0.8023	0.8051	0.8078	0.8106	0.8133
0.9	0.8159	0.8186	0.8212	0.8238	0.8264	0.8289	0.8355	0.8340	0.8365	0.8389
1.0	0.8413	0.8438	0.8461	0.8485	0.8508	0.8531	0.8554	0.8577	0.8599	0.8621
1.1	0.8643	0.8665	0.8686	0.8708	0.8729	0.8749	0.8770	0.8790	0.8810	0.8830
1.2	0.8849	0.8869	0.8888	0.8907	0.8925	0.8944	0.8962	0.8980	0.8997	0.9015
1.3	0.9032	0.9049	0.9066	0.9082	0.9099	0.9115	0.9131	0.9147	0.9162	0.9177
1.4	0.9192	0.9207	0.9222	0.9236	0.9251	0.9265	0.9279	0.9292	0.9306	0.9319
1.5	0.9332	0.9345	0.9357	0.9370	0.9382	0.9394	0.9406	0.9418	0.9430	0.9441
1.6	0.9452	0.9463	0.9474	0.9484	0.9495	0.9505	0.9515	0.9525	0.9535	0.9535
1.7	0.9554	0.9564	0.9573	0.9582	0.9591	0.9599	0.9608	0.9616	0.9625	0.9633
1.8	0.9641	0.9648	0.9656	0.9664	0.9672	0.9678	0.9686	0.9693	0.9700	0.9706
1.9	0.9713	0.9719	0.9726	0.9732	0.9738	0.9744	0.9750	0.9756	0.9762	0.9767
2.0	0.9772	0.9778	0.9783	0.9788	0.9793	0.9798	0.9803	0.9808	0.9812	0.9817
2.1	0.9821	0.9826	0.9830	0.9834	0.9838	0.9842	0.9846	0.9850	0.9854	0.9857
2.2	0.9861	0.9864	0.9868	0.9871	0.9874	0.9878	0.9881	0.9884	0.9887	0.9890
2.3	0.9893	0.9896	0.9898	0.9901	0.9904	0.9906	0.9909	0.9911	0.9913	0.9916
2.4	0.9918	0.9920	0.9922	0.9925	0.9927	0.9929	0.9931	0.9932	0.9934	0.9936
2.5	0.9938	0.9940	0.9941	0.9943	0.9945	0.9946	0.9948	0.9949	0.9951	0.9952
2.6	0.9953	0.9955	0.9956	0.9957	0.9959	0.9960	0.9961	0.9962	0.9963	0.9964
2.7	0.9965	0.9966	0.9967	0.9968	0.9969	0.9970	0.9971	0.9972	0.9973	0.9974
2.8	0.9974	0.9975	0.9976	0.9977	0.9977	0.9978	0.9979	0.9979	0.9980	0.9981
2.9	0.9981	0.9982	0.9982	0.9983	0.9984	0.9984	0.9985	0.9985	0.9986	0.9986
3	0.9987	0.9990	0.9993	0.9995	0.9997	0.9998	0.9998	0.9999	0.9999	1.0000
z	0.00	0.01	0.02	0.03	0.04	0.05	0.06	0.07	0.08	0.09

图 2.8　标准正态分布函数表的图片

这里，均值 $\mu=0$ 以及标准差 $\sigma=1$ 的正态分布被称之为**标准正态分布**，其累积分布函数是

$$\Phi(z)=\frac{1}{\sqrt{2\pi}}\int_{-\infty}^{z}\mathrm{e}^{-\frac{1}{2}t^2}\mathrm{d}t。\tag{2.29}$$

这个标准正态分布的累积分布函数能够由一个叫做误差函数的特殊函数来表示，即

$$\Phi(z) = \frac{1}{2}\left[1 + \mathrm{erf}\left(\frac{z-\mu}{\sigma\sqrt{2}}\right)\right], \tag{2.30}$$

上式中 erf 是误差函数。

将服从一般形式正态分布的随机变量 X 变换到服从标准正态分布的随机变量 Z 的做法 (称为 z-变换) 是

$$Z = \frac{X-\mu}{\sigma}。 \tag{2.31}$$

例 2.12　已知一个正态分布的 $\mu = 5$，$\sigma = 3$，求区间概率值 $P(4 < X \leqslant 7)$？

解　计算过程如下：

$$\frac{4-5}{3} < Z \leqslant \frac{7-5}{3},$$

化简得，

$$-1/3 < Z \leqslant 2/3,$$

则

$$\begin{aligned} P(4 < X \leqslant 7) &= P(-1/3 < Z \leqslant 2/3) \\ &= \Phi(2/3) - \Phi(-1/3) = 0.7475 - 0.3694 = 0.3781, \end{aligned}$$

其中 $\Phi(z)$ 的值可通过查如图 2.8 所示的标准正态分布函数表来获得。注意，当 z 为负值时，要利用密度函数的对称性，查表中 $\Phi(-z)$ 的值，然后再计算 $\Phi(z) = 1 - \Phi(-z)$。

正态分布中有如下一些值得注意的情况 (如图 2.9 所示)：

- 密度函数关于均值对称；
- 均值与它的众数以及中位数是同一数值；
- 函数曲线下约 68.27% 的面积在平均数左右的一个标准差 σ 范围内；
- 约 95.45% 的面积在平均数左右两个标准偏差 2σ 的范围内；
- 约 99.73% 的面积在平均数左右三个标准偏差 3σ 的范围内；
- 约 99.99% 的面积在平均数左右四个标准偏差 4σ 的范围内。

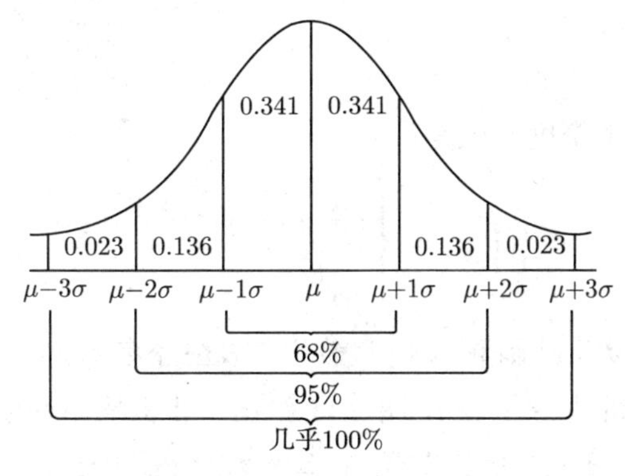

图 2.9　在正态分布中，一个标准差所围出的面积 (概率) 占全部的 68%；两个标准差所围出的面积占全部的 95%；三个标准差所围出的面积几乎占据全部

三、 对数正态分布

在金融中，证券价格是一个随机变量，通常的假设是它服从**对数正态分布**。对数正态分布是指服从它的随机变量若取了对数后将服从正态分布。具体地说，如果 X 是正态分布的随机变量，则指数函数 e^X 为对数正态分布；同样，如果 Y 是对数正态分布，则 $\ln(Y)$ 为正态分布。

服从对数正态分布的随机变量的一个显著特点是它的取值在正数范围之内，这样就适合应用于股票价格这类问题。

如果一个变量可以看做是许多很小独立因子的乘积，则这个变量就可以看做是对数正态分布。一个典型的例子是股票投资的长期收益率，它可以看做是每天收益率的乘积。

对于 $x>0$，对数正态分布的概率密度函数为

$$f(x;\mu,\sigma)=\frac{1}{x\sigma\sqrt{2\pi}}\mathrm{e}^{-(\ln x-\mu)^2/2\sigma^2}, \tag{2.32}$$

其中 μ 与 σ 分别是变量对数的平均值与标准差，如图 2.10 所示。

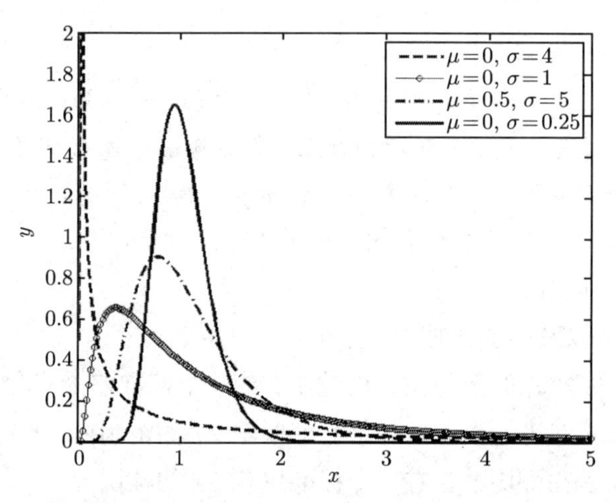

图 2.10 对数正态分布的概率密度函数的曲线

四、 指数分布

一个**指数分布**的概率密度函数是：

$$f(x;\mu)=\begin{cases}\dfrac{1}{\mu}\mathrm{e}^{-\frac{x}{\mu}}, & x\geqslant 0,\\ 0, & x<0,\end{cases} \tag{2.33}$$

其中 $\mu>0$ 是分布的参数，其倒数 μ^{-1} 常被称为发生率参数，即每单位时间发生该事件的次数。指数分布的区间是 $[0,\ +\infty)$，图 2.11 给出了指数概率密度函数的曲线 (注：图是以发生率 λ 来画的)。如果一个随机变量 X 呈指数分布，则记做 $X\sim E(\mu)$。

指数分布可以用来表示独立随机事件发生的时间间隔，比如旅客进机场的时间间隔、中文的维基百科新条目出现的时间间隔等。

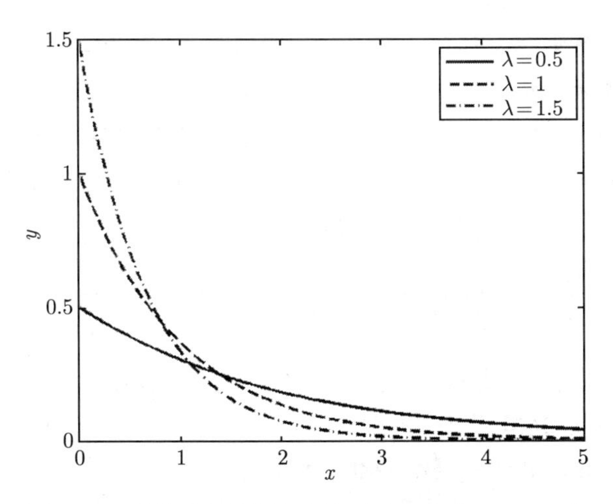

图 2.11 指数分布的概率密度函数的曲线 ($\lambda = \mu^{-1}$)

除此之外，常用的连续概率分布还有学生 t-分布、F 分布、χ^2 分布、Γ 分布和 Weibull 分布，在金融中还使用 Levy 分布等。

2.4 随机变量的数字特征——矩量

2.4.1 数学期望

一个离散随机变量的**期望值**(或“**数学期望**”，亦简称“**均值**”或者“**期望**”) 是试验中每次可能结果的概率乘以其结果的总和。换句话说，期望值是随机试验在同样的情况下重复充分多次的所得结果的平均值。需要指出的是，期望值并不一定等同于常识中的“期望”，因为期望值一般与每一个试验结果都不相等。例如，掷一枚六面骰子，其点数的期望值是 3.5，计算如下：

$$\begin{aligned}\mathbf{E}(X) =& 1 \times \frac{1}{6} + 2 \times \frac{1}{6} + 3 \times \frac{1}{6} + 4 \times \frac{1}{6} + 5 \times \frac{1}{6} + 6 \times \frac{1}{6} \\ =& \frac{1+2+3+4+5+6}{6} = 3.5。\end{aligned}$$

很明显，期望值 3.5 不属于可能结果中的任意一个。

对于离散随机变量的情形，随机变量 X 的期望 (均值) 定义为

$$\mathbf{E}(X) = \sum_i x_i P(x_i); \tag{2.34}$$

对于概率密度函数为 $f(x)$ 的连续随机变量，我们需要将上面求和运算换成积分运算，即

$$\mathbf{E}(X) = \int_D x f(x) \mathrm{d}x, \tag{2.35}$$

式中积分域 D 是随机变量的取值范围，通常它是整个实数轴或者非负实数轴。

例 2.13 赌博是期望值的一种常见应用。例如，美国的轮盘中常用的轮盘上有 38 个数字，每一个数字被选中的概率都是相等的。赌注一般押在其中某一个数字上，如果轮盘的输出值和这个数字相等，那么下注者可将获得相当于赌注 35 倍的奖金 (原注包含在内)，若输出值和所押数字不同，则赌注就输掉了。因此，考虑到 38 种所有的可能结果，以 1 美元赌注押在一个数字上收益的期望值为：

$$\left(-1\times\frac{37}{38}\right)+\left(35\times\frac{1}{38}\right)=-\frac{1}{19}\approx-0.0526。$$

结果约等于 -0.0526 美元，也就是说，美式轮盘平均起来每赌 1 美元就会输掉 5 美分，而赌场的期望收益为 0.9474 美元。

例 2.14 我们来计算对数正态分布的期望值：

$$\mathbf{E}(X)=\mathrm{e}^{\mu+\sigma^2/2}。\tag{2.36}$$

方差是

$$\mathrm{var}(X)=(\mathrm{e}^{\sigma^2}-1)\mathrm{e}^{2\mu+\sigma^2}。\tag{2.37}$$

反过来，如果给定对数正态分布的期望与方差，人们也可以用上面关系求出 μ 与 σ：

$$\mu=\ln(\mathbf{E}(X))-\frac{1}{2}\ln\left(1+\frac{\mathrm{var}(X)}{(\mathbf{E}(X))^2}\right),\tag{2.38}$$

$$\sigma^2=\ln\left(1+\frac{\mathrm{var}(X)}{(\mathbf{E}(X))^2}\right)。\tag{2.39}$$

2.4.2 期望的运算性质

期望 $\mathbf{E}$ 是一个线性运算符，即有

$$\mathbf{E}(aX+bY)=a\mathbf{E}(X)+b\mathbf{E}(Y),\tag{2.40}$$

其中 X 和 Y 为在同一概率空间的两个随机变量 (可以独立或者非独立)，a 和 b 为任意实数。

一般地说，两个随机变量的积的期望值不等于这两个随机变量的期望值的积，即

$$\mathbf{E}(XY)\neq\mathbf{E}(X)\cdot\mathbf{E}(Y),\tag{2.41}$$

而只有当这两个随机变量是相互独立的特殊情况下才成立：

$$\mathbf{E}(XY)=\mathbf{E}(X)\cdot\mathbf{E}(Y)。$$

2.4.3 方差

一个随机变量的**方差**描述的是它的离散程度，也就是该变量离其期望值的范围大小。方差的平方根称为该随机变量的**标准差**。

设 $\mathbf{E}(X)$ 是随机变量 X 的期望值，随机变量 X 的方差定义为

$$\operatorname{var}(X)=\mathbf{E}(X-\mathbf{E}(X))^2。 \tag{2.42}$$

方差通常记为：σ_X^2 或者 σ^2。方差表示式可展开得到

$$\begin{aligned}\operatorname{var}(X)&=\mathbf{E}\left(X^2-2X\cdot\mathbf{E}(X)+(\mathbf{E}(X))^2\right)\\&=\mathbf{E}(X^2)-2\mathbf{E}(X)\cdot\mathbf{E}(X)+(\mathbf{E}(X))^2=\mathbf{E}(X^2)-(\mathbf{E}(X))^2。\end{aligned} \tag{2.43}$$

对于连续随机变量，设 $f(x)$ 为其概率密度函数，则其方差可以由下式计算：

$$\operatorname{var}(X)=\int_D(x-\mathbf{E}(X))^2f(x)\mathrm{d}x=\int_D x^2f(x)\mathrm{d}x-(\mathbf{E}(X))^2。 \tag{2.44}$$

2.4.4　方差的运算特性

对于任意实数 a 和 b，X 和 Y 是两个随机变量，则

(1) 方差是非负的，即 $\operatorname{var}(X)\geqslant 0$；

(2) 方差是位移不变的，即 $\operatorname{var}(X+a)=\operatorname{var}(X)$；

(3) 方差 var 的运算并不具有线性性质，而是

$$\operatorname{var}(aX+bY)=a^2\operatorname{var}(X)+b^2\operatorname{var}(Y)+2ab\operatorname{cov}(X,Y), \tag{2.45}$$

其中 $\operatorname{cov}(X,Y)=\mathbf{E}\left[(X-\mathbf{E}(X))(Y-\mathbf{E}(Y))\right]$，称为随机变量 X 和 Y 之间的**协方差**。

需要指出，确实有不存在期望值的连续分布，如柯西分布，其概率密度函数为

$$f(x)=\frac{1}{\pi(1+x^2)}, \tag{2.46}$$

当然它也就不会有方差。然而，期望存在的连续分布也未必方差存在，如 Levy 分布。

2.4.5　矩量

期望和方差的定义在数学上还被看成为**矩量**，矩量 (简称“矩”) 的概念来自于物理学，例如，矩量用来计算一个物体的质心坐标。在区域 D 上定义的函数 $f(x)$ 相对于点 c 的“k 阶矩”被定义为

$$m_k=\int_D(x-c)^kf(x)\,\mathrm{d}x。 \tag{2.47}$$

如果 f 是物体的质量密度函数，则 1 阶原点矩 $(c=0)$ 就是该物体的质心坐标；如果 f 是概率密度函数，则 1 阶原点矩就给出相应随机变量的期望，而 2 阶中心矩就是其方差。从上面我们看到，期望是 1 阶矩，它描述分布的“中心”位置；方差是 2 阶矩，它反映分布的“宽度”。我们还可以用更高阶的矩来描述诸如分布与均值的歪斜情况，或分布的峰值情况等其他方面分布的特点。下面是它们的具体数学定义。

连续随机变量的**偏度**(Skewness) 定义为其 3 阶中心矩：

$$\text{Skew}(X) = \int_{-\infty}^{\infty} (x - \mathbf{E}(X))^3 f(x)\,\mathrm{d}x; \tag{2.48}$$

连续随机变量的**峰度**(Kurtosis) 定义为其 4 阶中心矩：

$$\text{Kurt}(X) = \int_{-\infty}^{\infty} (x - \mathbf{E}(X))^4 f(x)\,\mathrm{d}x。 \tag{2.49}$$

关于离散分布情形可以类似地给出。

下面表 2.3 给出常用分布的数字特征。

表 2.3 常用分布的数字特征

概率分布	期 望	方 差	偏 度	峰 度
二项分布 $B(n,p)$	np	$np(1-p)$	$\frac{1-2p}{\sqrt{np(1-p)}}$	$\frac{1-6p(1-p)}{np(1-p)}+3$
泊松分布 $\pi(\lambda)$	λ	λ	$\lambda^{-\frac{1}{2}}$	$\lambda^{-1}+3$
均匀分布 $U(a,b)$	$\frac{a+b}{2}$	$\frac{(b-a)^2}{12}$	0	$\frac{9}{5}$
正态分布 $N(\mu,\sigma^2)$	μ	σ^2	0	3
对数正态分布 Log-$N(\mu,\sigma^2)$	$\mathrm{e}^{\mu+\sigma^2/2}$	$(\mathrm{e}^{\sigma^2}-1)\mathrm{e}^{2\mu+\sigma^2}$	$(\mathrm{e}^{\sigma^2}+2)\sqrt{\mathrm{e}^{\sigma^2}-1}$	$\mathrm{e}^{4\sigma^2}+2\mathrm{e}^{3\sigma^2}+3\mathrm{e}^{2\sigma^2}-3$
指数分布 $E(\mu)$	μ	μ^2	2	9

2.4.6 统计数据的矩量

另外，对于统计数据，我们定义一组统计数据 $\{X_i\}$ 的**样本均值**为

$$\overline{X} = \frac{1}{N}\sum_{i=1}^{N} X_i, \tag{2.50}$$

其中 N 为样本容量。定义这组统计数据的**样本标准差**是

$$S = \sqrt{\frac{1}{N-1}\sum_{i=1}^{N}(X_i - \overline{X})^2}。 \tag{2.51}$$

这些统计量的计算不需要先明确其概率分布。它们在随机模拟中被广泛地应用。

2.4.7 中心极限定理

正态分布之所以有着广泛的应用与一个非常重要的性质有关：大量独立同分布的随机变量 (如重复试验) 的平均值的分布趋于正态分布，这就是所谓的“**中心极限定理**”。

定理 2.2 设随机变量 $X_1, X_2, \cdots, X_n$ 服从同一具有均值 μ 和有限标准差 σ 的分布，则由它们之和组成的如下随机变量：

$$
Y=\frac{\sum_{i=1}^{n} X_i-\mu}{\sqrt{n}\sigma} \tag{2.52}
$$

当 $n\to\infty$ 时收敛到标准正态分布 $N(0,1)$。

中心极限定理的重要意义在于：在一定条件下，正态分布可以用作为其他概率分布的近似；人们将许多系统中的随机扰动或者观察误差视为服从于正态分布的随机变量，其理由也是根据这一定理；并且随机模拟的误差分析也正是依据于这一定理。

参数为 n 和 p 的二项分布，在 n 相当大而且 p 接近 0.5 时近似于正态分布 (注：有的参考书建议仅在 np 与 $n(1-p)$ 至少为 5 时，才能使用这一近似)。近似的正态分布的均值是 $\mu=np$，且方差为 $\sigma^2=np(1-p)$。

一个带有参数 λ 的泊松分布当取样的样本数很大时将近似正态分布 (即 λ 较大时)，近似的正态分布的均值为 $\mu=\lambda$ 且方差为 $\sigma^2=\lambda$。

例 2.15(**计算学生智商高低的概率**)　假设某校入学新生的智力测验平均分数与标准差分别为 100 与 12。那么随机抽取 50 个学生，他们智力测验的平均分数大于 105 的概率和小于 90 的概率各为多少？

本例没有服从正态分布的假设，幸好中心极限定理提供一个求解途径，那就是当随机样本长度超过 30，样本平均数 $\overline{X}$ 近似于一个正态变量，因此我们有标准正态变量

$$
Z=(\overline{X}-\mu)/(\sigma\sqrt{n})。
$$

平均分数大于 105 的概率：

$$
P\left(Z>\frac{105-100}{12/\sqrt{50}}\right)=P\left(Z>5/1.7\right)=P\left(Z>2.94\right)=0.0016;
$$

平均分数小于 90 的概率：

$$
P\left(Z<\frac{90-100}{12/\sqrt{50}}\right)=P\left(Z<-5.89\right)=1.93\times10^{-9}。
$$

2.4.8　联合分布

如果有两个随机变量 X 和 Y 同时存在，则同时关于它们两者的概率分布称为**联合分布**，联合分布可以直接推广到有限多个随机变量的情形，我们仅以两个变量为例，即考虑二维概率分布的情形。

对于离散随机变量而言，联合分布的概率密度函数是

$$
P(X=x_i,\ Y=y_j), \tag{2.53}
$$

其中 $\{x_1,\cdots,x_i,\cdots\}$ 和 $\{y_1,\cdots,y_j,\cdots\}$ 分别是随机变量的取值，则有

$$
\begin{aligned}
P(X=x_i,\ Y=y_j)\ &=\ P(Y=y_j|X=x_i)\cdot P(X=x_i)\\
&=P(X=x_i|Y=y_j)\cdot P(Y=y_j),
\end{aligned} \tag{2.54}
$$

且满足归一性：

$$\sum_i \sum_j P(X = x_i,\ Y = y_j) = 1。 \tag{2.55}$$

类似地，对连续随机变量而言，联合分布的概率密度函数写为 $f_{X,Y}(x,y)$，则

$$f_X(x) = \int_{D_Y} f_{X,Y}(x,y)\mathrm{d}y, \quad f_Y(y) = \int_{D_X} f_{X,Y}(x,y)\mathrm{d}x \tag{2.56}$$

分别表示 X 和 Y 的**边缘分布**，其中 D_X 和 D_Y 分别是变量 X 和 Y 的积分区域。当然归一性也成立，即

$$\int_{D_X}\int_{D_Y} f_{X,Y}(x,y)\ \mathrm{d}y\mathrm{d}x = 1。 \tag{2.57}$$

2.4.9 随机变量之间的独立性

对于两个随机变量，如果其联合分布等于各自边缘分布的乘积，即

$$f_{X,Y}(x,y) = f_X(x)f_Y(y), \tag{2.58}$$

则这两个随机变量是**独立的**，反之亦然。此时，它们的协方差为零，即 $\mathrm{cov}(X,Y)=0$，但反过来并不能说明两随机变量一定独立。一般而言，上面的关系并不成立。定义两个随机变量之间的**相关系数**为

$$\rho = \frac{\mathrm{cov}(X,Y)}{\sqrt{\mathrm{var}(X)\,\mathrm{var}(Y)}}。 \tag{2.59}$$

可以证明相关系数的范围是：$-1 \leqslant \rho \leqslant 1$。

2.4.10 二维正态分布

设 X 和 Y 是两个随机变量，如果关于 (X,Y) 的联合概率密度函数 (见图 2.12) 为

$$f_{X,Y}(x,y) = \frac{1}{2\pi\sigma_1\sigma_2\sqrt{1-\rho^2}}\mathrm{e}^{-\frac{1}{2(1-\rho^2)}\left[\left(\frac{x-\mu_1}{\sigma_1}\right)^2+\left(\frac{y-\mu_2}{\sigma_2}\right)^2-2\rho\left(\frac{x-\mu_1}{\sigma_1}\right)\left(\frac{y-\mu_2}{\sigma_2}\right)\right]},$$

其中 μ_1,μ_2 和 $\sigma_1,\sigma_2(\sigma_1,\sigma_2>0)$ 分别是随机变量 X 和 Y 的均值和标准差，$\rho(-1\leqslant\rho\leqslant 1)$ 是两变量之间的相关系数，则称这个分布为**二维正态分布**，记为

$$(X,Y) \sim N(\mu_1,\mu_2,\sigma_1^2,\sigma_2^2,\rho)。$$

X 和 Y 的边缘分布分别是 $N(\mu_1,\sigma_1^2)$ 和 $N(\mu_2,\sigma_2^2)$。显然，当相关系数 ρ 为零时，联合分布就成为两个变量各自分布的乘积，即它们是独立的。

对于二维正态分布而言，相关系数为零是两个随机变量独立的充分必要条件。但这点不适用于其他分布的情形。

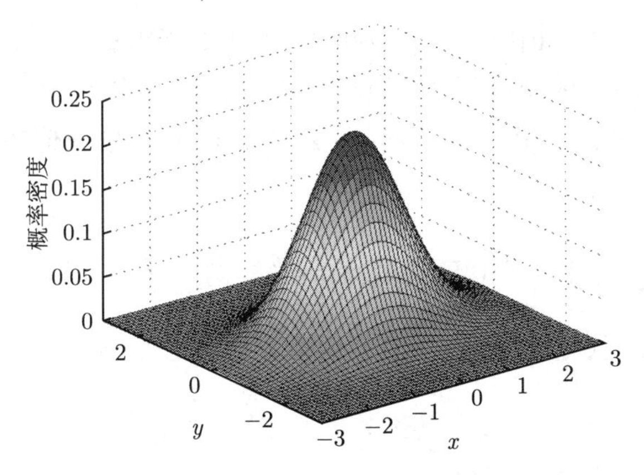

图 2.12　二维正态分布的联合概率密度函数的图形

2.5　随机变量的变换

考虑随机变量变换的目的是为了能从已知简单的分布生成其他的分布，这是随机模拟方法的基础。最常用的方法是通过均匀分布来获得所需要的连续分布，从而得到服从所需要分布的随机变量，所谓的逆变换法就属于这种方法。虽然现在人们可以借助于 Matlab 软件直接获得许多常用的分布及其随机变量。然而，我们需要了解这背后的原理，使我们也能够据此来生成一些 Matlab 不直接给出但又可能需要的随机变量。

设一个连续随机变量 X，它的分布密度和分布函数分别为 f_X 和 F_X；并且有一个严格单调递增的可微函数 φ：$\mathbb{R}\to\mathbb{R}$。令 $Y=\varphi(X)$，则 Y 也是一个连续随机变量，那么它的分布 F_Y 是怎样的？

因为 Y 是通过函数 φ 变换而来的，我们可以写出

$$\begin{aligned}F_Y(y)=&P\{Y\leqslant y\}=P\{\varphi(X)\leqslant y\}\\=&P\{X\leqslant\varphi^{-1}(y)\}=F_X(\varphi^{-1}(y)),\end{aligned}\tag{2.60}$$

其中 φ^{-1} 是 φ 的反函数。所以，其概率密度函数为

$$f_Y(y)=\frac{\mathrm{d}F_X(\varphi^{-1}(y))}{\mathrm{d}y}=\frac{\mathrm{d}F_X}{\mathrm{d}x}\frac{\mathrm{d}\varphi^{-1}(y)}{\mathrm{d}y}=\frac{1}{\varphi'(\varphi^{-1}(y))}f_X(\varphi^{-1}(y)),\tag{2.61}$$

其中 φ' 表示 φ 的导函数。

特别地，我们取 $U\sim U(0,1)$，即 U 是 [0, 1] 上的均匀分布的随机变量，我们知道

$$F_U(u)=\begin{cases}1, & u>1,\\ u, & 0\leqslant u\leqslant 1,\\ 0, & u<0。\end{cases}$$

令 F 是某个给定的已知分布函数，并且是严格单调递增的连续函数。现在让我们来考察在它的逆变换下 (此逆函数显然可以充当一个变换函数) 的随机变量：$X = F^{-1}(U)$(即取 $\varphi = F^{-1}$) 服从什么分布？利用上面所述，注意这里变量 U 的取值在 $[0,1]$ 之中，那么将它代入 (2.60) 式中，我们就得到

$$F_X(x) = F_U((F^{-1})^{-1}(x)) = (F^{-1})^{-1}(x) = F(x)。$$

这表明随机变量 X 服从所给定的分布 F，所以我们可由变换

$$X = F^{-1}(U) \tag{2.62}$$

来生成服从分布 F 的随机变量 X，此方法就是生成随机变量的**“逆变换法”**。

例 2.16 (柯西分布) 柯西分布有时也称为**洛仑兹分布**或者 Breit-Wigner **分布**。从上节我们知道柯西分布的概率密度函数是

$$f(x) = \frac{1}{\pi(1+x^2)},$$

则它的分布函数为

$$F(x) = \int_{-\infty}^{x} \frac{1}{\pi(1+t^2)}\mathrm{d}t = \frac{1}{\pi}\left(\arctan(x) - \frac{\pi}{2}\right)。$$

所以有

$$X = F^{-1}(U) = \tan\left(\pi U + \frac{\pi}{2}\right)。$$

这样就可由均匀分布的随机变量产生柯西分布的随机变量。

柯西分布的一大特点就是，该密度函数的尾部 (x 轴的两端) 与标准正态分布的密度函数的尾部相比要更高些，即显得“厚”了一点，所以被称为**厚尾性**(fat-tail，又译为胖尾) 分布。在金融市场中，厚尾分布越来越受到重视，因为在金融市场上像当前次贷危机等极端损失事件的发生概率远远大于根据传统的正态分布假设所计算出来的值，所以在进行风险分析时假设金融损失事件服从某种厚尾分布才是合适的考虑。然而由于柯西分布的方差是无限大的，因此在金融分析中人们并不使用这种分布，而是使用其他有限方差的厚尾分布。

下一章我们将更具体地结合 Matlab 软件来介绍生成各种常见随机变量的方法。

2.6 大数定律

前面我们已经看到，重复试验中事件频率的稳定性是大量随机现象的统计规律性的典型表现。人们在实践中认识到频率具有稳定性，进而由频率的稳定性预见概率的存在；由频率的性质推断概率的性质，并在实际应用中用频率的值来估计概率的值。

其实，在大量随机现象中，不但事件的发生频率具有稳定性，而且大量随机现象的平均结果一般也具有这种稳定性。然而，单个随机现象的行为对大量随机现象共同产生的总平均效果几乎不产生影响。这就是说，尽管单个随机现象的具体实现不可避免地引起随机偏差，然而在大量随机现象共同作用时，由于这些随机偏差被互相抵消和补偿，以致于使总的平均结果趋于稳定。例如，人们在做物理等实验时，由于具有随机误差，人们总是反复测量多次，然后用它们的平均值来作为测量的结果。而且经验表明：只要测量的次数足够多，总可以达到所要求的精度。

概率论中，一切关于大量随机现象之平均结果的稳定性规律，统称为**大数定律**，其数学定义如下：

定义 2.1 (大数定律)　设 $X_1, X_2, \cdots, X_n, \cdots$ 是一列随机变量，令 $\overline{X}_n = \dfrac{1}{n}\sum_{i=1}^{n} X_i$。若存在收敛于 a 的常数列 $a_1, a_2, \cdots, a_n, \cdots$，对于任意的 $\varepsilon > 0$，有

$$\lim_{n\to\infty} P(|\overline{X}_n - a_n| < \varepsilon) = 1,$$

则称序列 $X_1, X_2, \cdots, X_n, \cdots$ 服从大数定律，即 $\overline{X}_n$ 以概率收敛于 a，记做

$$\overline{X}_n \xrightarrow{P} a, \quad n \to \infty。$$

上式的直观意义是：当 $n \to \infty$ 时，事件 $\{|\overline{X}_n - a_n| < \varepsilon\}$ 的概率趋于 1。从直观上看，将上面定义 2.1 中的常数列 $a_1, a_2, \cdots, a_n, \cdots$ 可取为 $\mathbf{E}(X_1), \mathbf{E}(X_2), \cdots, \mathbf{E}(X_n), \cdots$。

这样，我们要考虑随机变量与其期望的偏差情况，即要估计发生偏差的概率有多大。下面的重要引理向我们说明了这点。

引理 2.1 (切比雪夫不等式)　设 X 为随机变量，具有有限的期望 μ 和方差 σ^2，则对任意正数 $\varepsilon > 0$，有

$$P(|X - \mu| \geqslant \varepsilon) \leqslant \frac{\mathrm{var}(X)}{\varepsilon^2}。\tag{2.63}$$

引理的结论是基于如下基本的计算 (注意到，$|X - \mu| \geqslant \varepsilon$ 等价于 $(X - \mu)^2 \geqslant \varepsilon^2$)：

$$\begin{aligned}\mathrm{var}(X) = \mathbf{E}(X-\mu)^2 &\geqslant \int_{-\infty}^{-\varepsilon^2} (x-\mu)^2 f(x)\mathrm{d}x + \int_{\varepsilon^2}^{\infty} (x-\mu)^2 f(x)\mathrm{d}x \\ &\geqslant \varepsilon^2 \int_{|X-\mu|\geqslant\varepsilon} f(x)\mathrm{d}x = \varepsilon^2 P(|X-\mu| \geqslant \varepsilon)。\end{aligned}$$

此即获得引理 2.1 的结论。

现在考虑随机变量 $X_1, X_2, \cdots, X_n, \cdots$，假设它们满足条件：

$$\mathbf{E}(X_n) < \infty, \quad \mathrm{var}\left(\sum_{i=1}^{n} X_i\right) < \infty, \quad \forall n。\tag{2.64}$$

那么，对于它们的平均量 $\overline{X}_n$，由切比雪夫不等式 (2.63)，我们就可以写出

$$P(|\overline{X}_n - \mathbf{E}(\overline{X}_n)| \geqslant \varepsilon) \leqslant \frac{\operatorname{var}(\overline{X}_n)}{\varepsilon^2} = \frac{\operatorname{var}\left(\sum_{i=1}^{n} X_i\right)}{n^2\varepsilon^2}. \tag{2.65}$$

由此可见，只要再假设它们满足条件：

$$\lim_{n\to\infty} \frac{\operatorname{var}\left(\sum_{i=1}^{n} X_i\right)}{n^2} = 0, \tag{2.66}$$

则就有

$$\lim_{n\to\infty} P(|\overline{X}_n - \mathbf{E}(\overline{X}_n)| < \varepsilon) = 1。$$

这表明 $X_1, X_2, \cdots, X_n, \cdots$ 服从大数定律。因此，我们获得下面的大数定理：

定理 2.3 (马尔可夫大数定理) 假设随机变量 $X_1, X_2, \cdots, X_n, \cdots$ 满足条件 (2.64) 和 (2.66)，则 $X_1, X_2, \cdots, X_n, \cdots$ 服从大数定律。

让我们来考虑重复试验的概率问题。令 X_i 表示第 i 次试验中事件 A 发生的次数，则 $X_1, X_2, \cdots, X_n, \cdots$ 相互独立。显然随机数 X_i 服从贝努利分布，且 $\mathbf{E}(X_i) = p$ 和 $\operatorname{var}(X_i) = p(1-p)$。它们满足马尔可夫大数定理的条件，令 $m_n = \sum_{i=1}^{n} X_i$，应用该大数定理，则得到如下直观而重要的贝努利大数定理。

定理 2.4 (贝努利大数定理) 在事件 A 发生的概率为 p 的 n 次重复试验中，令 m_n 表示在 n 次重复试验中 A 发生的次数，则对任意给定的 $\varepsilon > 0$，有

$$\lim_{n\to\infty} P\left(\left|\frac{m_n}{n} - p\right| < \varepsilon\right) = 1。$$

贝努利大数定理的结论虽然简单，但其意义却是相当深刻的。它告诉我们，当试验次数 n 趋于无穷时，事件 A 发生的频率依概率收敛于 A 发生的概率。因此，“频率趋近于概率”这一直观的经验事实就有了严格的数学意义。

另外，从上面的 (2.65) 式，我们有

$$P(|\overline{X}_n - p| < \varepsilon) \geqslant 1 - \frac{\operatorname{var}(\overline{X}_n)}{\varepsilon^2} = 1 - \frac{p(1-p)}{n\varepsilon^2}。$$

令 $\delta = \dfrac{p(1-p)}{n\varepsilon^2}$，于是我们得到用频率近似概率所需要的试验次数的估计式：

$$n \geqslant \frac{p(1-p)}{\delta\varepsilon^2}。 \tag{2.67}$$

如果 p 未知的话，可以用 1/4 代替上式中的 $p(1-p)$，即有 $n \geqslant 1/4\delta\varepsilon^2$。

例 2.17 掷一枚均匀的骰子，为了至少有 95% 的把握使出现点 1 的频率与理论概率 1/6 之差在 0.01 的范围内，问需要掷多少次？

解　这里 $p = 1/6, \varepsilon = 0.01, \delta = 0.05$。利用上面的估计式 (2.67)，可得

$$n \geqslant \frac{(1/6) \times (5/6)}{0.05 \times 0.01} = 27778。$$

需要注意，如果我们实际上把骰子掷了 27778 次，然后统计发生点 1 的频率，这个数也不一定与 1/6 之差在 0.01 的范围内。这个例子说明的是：如果我们有 100 个人都掷骰子 27778 次，则大约有 95 个人观察到的频率与 1/6 之差在 0.01 的范围内。

上面这两个大数定理都是所谓的**弱大数定理**，它们还不足以回答为什么人们可以用频率的极限来定义概率。因为弱大数定理只是说当 n 充分大时，频率 $\overline{X}_n$ 以极大的概率接近于 μ。如果我们直接问频率 $\overline{X}_n$ 的极限收敛到 μ 的概率有多大？则下面的**柯尔莫哥洛夫强大数定理**给予我们答案。(证明从略)

定理 2.5 (柯尔莫哥洛夫强大数定理)　设 $X_1, X_2, \cdots, X_n, \cdots$ 是独立同分布的随机变量序列，$\mu = \mathbf{E}(X_1)$，则 $\mathbf{E}(|X_n|) < \infty$ 的充分必要条件是

$$P(\lim_{n\to\infty} \overline{X}_n = \mu) = 1。$$

上面定理表述的性质“$P(\lim_{n\to\infty} X_n = \mu) = 1$”在数学上称为：$\overline{X}_n$ 几乎处处收敛于 μ，记为 $\overline{X}_n \to \mu$ a.e. $(n \to \infty)$。因而，这个定理的含义是，在严格的数学意义上保证了人们可以用频率来求概率。同时，大数定理也是随机模拟的理论基石。

练　习

1. 试计算下列事件的概率：

(1) 任意选择掷双骰子的点对，例如 (1, 1)，(1, 2) 和 (6, 6) 出现的概率；

(2) 掷双骰子时出现两点之和为 6 的概率；

(3) 掷双骰子之和的概率分布。

2. 从某大学近年所有修过概率论这门课程的学生中，随机选出一位。这位学生在该科目取得成绩的概率分布如下表所示：

成　绩	A	B	C	D 或 F
概　率	0.2	0.3	0.3	?

试问：

(1) 他得 D 或 F 的概率一定是多少？

(2) 若要模拟随机选择的学生的成绩，你会怎样分配数字来代表列出来的 4 种可能结果？

3. 在上题 2 中，试说明怎样可以模拟随意选择的一个修概率论学生的成绩。宿舍里面同一层楼有 5 个学生正在修这门课。他们不一起读书，所以他们的成绩互相独立。利用手工模拟来估计，这 5 个人的修课成绩全部在 C 以上的概率。

4. (班级排名问题) 随意选一位大学生，问他在大一时的班级排名。各结果的概率分布如下表所示：

班级排名	前 10%	非前 10% 但前 25%	非前 25% 但前 50%	后 50%
概　率	0.3	0.3	0.3	?

试问：

(1) 一个随机选择的学生，他在班上排名为后一半的概率是多少？

(2) 如要考虑模拟一个随机选出的学生的成绩排名，你会怎样分配数字来代表列出的 4 种可能？

5. 在题 4 中，试考虑如何可以模拟一个随机选择的大学生在班级的排名。“随机基金会”决定要为随机选择的 8 位学生提供全额奖学金。8 位随机选择的学生中，至多有 3 人的班级排名在后一半的概率是多少？手工模拟该基金会的 10 次选择，来估计这项概率。

6. (模拟意见调查) 一项近期做的意见调查显示，已婚女性中约有 70% 认为她们的老公至少做了份内该做的家务。假设这个比例是完全正确的。如果我们访问个别的一些女性，就可以假设她们的回答会是相互独立的。我们想要知道，在一个有 100 位女性的简单随机样本中，有 80 位女性回答老公至少做了份内家务的概率是多少？试考虑如何来模拟这项调查，并说明怎样借助多次模拟来估计我们要找的概率。(提示：只需要说明模拟方案)

7. (姚明罚球) 职业篮球运动员姚明在整个球季中的罚球，差不多有一半会投中。我们就把他每次罚球的投中概率当做是 0.5。利用掷硬币的方法来模拟他在一场球赛中罚 12 次球的表现，共模拟 30 回。

(1) 估计姚明罚球 12 次至少中 8 次的概率；

(2) 检查你做的 30 回列表模拟当中，每一串投进及未投进的序列，最多的连续进球数为多少？最多又有多少次连续未中？

8. (NBA 的科比罚球) 科比在一个长长的球季中，罚球命中率是 70%。在一场比赛快结束的一段时间，他总共罚球 5 次，却有 3 次未进，但是投不进也可能完全是巧合。我们来估计一下概率，把这件事弄清楚些。

(1) 计算他 5 次独立罚球至少命中 4 次的概率；

(2) 计算科比在 5 次罚球中，会有至少 3 次未中的概率是多少？

9. (考执照) 凤姐想取得一个专业执照，一共可以有 3 次考试机会来通过资格考试。

但她没有投入时间，每次考试靠运气通过的概率是 0.2。凤姐在 3 次考试机会中通过的概率会是多少呢？(假设 3 次考试之间互相独立，因为每次考题不同)

(1) 考虑怎样可用随机数字来模拟 1 次考试的结果。

(2) 凤姐只要一通过某次考试就不必再考了。你对凤姐会通过可能的估计概率是多少？

(3) 你觉得假设凤姐每次考试的通过概率都一样，合不合理？为什么？

10. 针对上面的考试问题，更为合理的概率模型是：第一次考试时，她通过的概率为 0.2；如果第一次没有考过，她在第二次通过的概率增加到 0.3，因为考过一次总学到些东西；如果两次都没过，则第三次通过的概率是 0.4。一旦她通过就不必再考试。但根据规定，不管有没有考过，至多只能连考 3 次。

(1) 把凤姐的考试过程用树图表示出来。要注意她在每一阶段的通过概率都不一样。

(2) 计算凤姐通过考试的概率。

11. 假设有一个“奖励”函数，其定义为：如果掷双骰子之和为 x，则奖励 $r(x)=\frac{1}{x}$，$x=2,3,4,\cdots,12$。要求计算玩掷双骰子游戏的期望奖励。

12. 优惠券收集：

(1) 在牛奶类食品盒的里面印有制造商贴的“我爱喝奶”四个幸运字。如果所有四个幸运字收集齐，制造商将发送优惠券可免费领取牛奶一箱。假设该幸运字随机均匀分布到牛奶类食品盒。试计算购买了 36 盒牛奶类食品能够筹齐所有四个幸运字中奖的概率。

(2) 对于上面相同的问题，现在假设“我”这个幸运字出现的概率为 1/10，其他几个幸运字相同 $\left(\text{如，}P(\text{“我”})=\frac{1}{31},\ P(\text{“爱”})=P(\text{“喝”})=P(\text{“奶”})=\frac{10}{31}\right)$。

13. 试通过概率方法来计算扑克“摸 5 张”游戏中：

(1) 能抓到“对子”的概率；

(2) 能抓到两个“对子”的概率。

14. 我们已知早期检测 HIV 的准确率是 98%。在某一乡村中，假如人口中已有 3% 感染了艾滋病病毒。试计算一个人的艾滋病病毒测试为阳性而实际上确实有疾病的概率是多少？试计算由乡村中任意选一个人问该人感染了这种艾滋病病毒的概率是多少？

15. 已知 5% 的男人和 0.25% 的女人是色盲，现随机地挑选一人，此人恰为色盲，问此人是男人的概率 (假设男人和女人各占人数的一半) 是多少？

16. 按以往课程考试结果分析，努力学习的学生有 90% 的可能考试及格，不努力学习的学生有 90% 的可能考试不及格。据调查，学生中有 80% 的人是努力学习的，试问：

(1) 考试及格的学生有多大可能是不努力学习的人？

(2) 考试不及格的学生有多大可能是努力学习的人？

17. (两种警告系统) 一架民航机有两套独立的自动系统，在前方出现地形时 (这是指飞机快要撞山了) 会发出警告。两种系统都非十全十美。系统 A 会及时警告的概率是

0.9，系统 B 是 0.8。只要有一个系统正常运作，驾驶员就会接到警告。

试问：

(1) 遇到地形时，驾驶员没有收到警报的概率是多少？

(2) 两个系统同时运作比系统 A 或者系统 B 单独运作发出警告提高了多少概率？

第三章　善用身边的数学秘书：学会使用 Matlab 软件

导读：

本章引导读者掌握 Matlab 的基本操作和常用语句，学会基本的编程技术。内容包括 Matlab 的基本数学运算及其函数、作图、编程语言和符号演算等。有了 Matlab 的相助，读者一定会感觉到自己在数学分析上如虎添翼、事半功倍。

从数学角度而言，我们所处的是一个激动人心的时代。研究问题必须要考虑到计算机时代的特征。这不仅是因为计算机能够高效地计算数学问题的数值解，更因为它还给我们带来符号演算和机器证明，进而引发关于数学问题的新探索。计算机尤其擅长以可视化方式显示各种函数或者几何图形。它们在很大程度上克服了一般非数学专业学生学习和求解数学问题的困难。

目前广泛使用的数学软件有 Matlab、Mathematica 和 Maple，求解线性规划的软件是 Lingo，统计软件有 SPSS，Minitab，SAS，Stata，Eviews 和 R 等。常见类型的数学方程、统计模型和随机过程模型都可以通过数学软件进行求解、估计和模拟，获得它们的数值解。有些数学软件，如 Matlab、Mathematica、Maple 等还具有较强的符号演算功能 (Matlab 使用的是 Maple 的软件包)，人们能够利用它们来简化数学表达式、计算微积分问题和求得某些微分方程的解析解，目前借助于符号演算还能求解一些代数问题。

工欲善其事，必先利其器。我们之所以选择 Matlab 是因为其他高级编程语言，如 C、FORTRAN 等需要使用者具备良好的计算机方面知识，并且还要重复编写与调试大量常用的数学函数、数学运算、算法程序、画图形和结果输出等繁重的工作，而 Matlab 将人们从这些难学且耗时的事情中解放出来，让人们放飞思想，能够更好地实践自己的研究想法。

本教程仅介绍 Matlab 软件，它已具有非常广泛的功能，关于其他软件读者可以参考有关资料。并且本章我们只是简述一下 Matlab 软件中常用的一些命令，以解决入门之需。

3.1 Matlab 快速入门

Matlab 软件是美国 MathWorks 公司为工程师和科学家开发的数学计算软件，其名称“Matlab”是 MATrix LABoratory(矩阵实验室) 的缩写。因为它具有用法简单灵活、功能强大、扩展性强等优点，所以广受各方面使用者的欢迎。Matlab 具备以下几大特色：

(1) 丰富的函数：Matlab 已有超过 500 多种数学、统计、科学及工程方面的函数可使用，基本能够满足各方面使用者的需要；

(2) 可视化图形：Matlab 可制作高品质的图形，给研究者提供直观的图像显示；

(3) 编程简易：Matlab 提供一种高级编程语言，格式上与大部分高级语言类同，学过其他高级语言的读者一般只需短短的一两天时间的学习就能掌握自如；

(4) 开放性好：Matlab 容许使用者可扩展性地编写自己的函数或者算法程序，并加入 Matlab 之中。Matlab 除一些基本的内置函数之外，其他的函数或者算法程序都是开放源代码的脚本，使用者也可以根据需要修改它们而变成新的函数或者算法脚本；

(5) 大量的工具箱：Matlab 涵盖了许多学科常用的软件包，被称为工具箱。现有工具箱有：符号演算、统计分析、最优化、偏微分方程、曲线拟合、金融计算、经济计量分析、信号处理、小波分析、神经网络、生物数学、控制理论、系统辨识、模糊数学等。

Matlab 起源于上世纪 70 年代末到 80 年代初，时任美国新墨西哥大学教授的克里夫・莫勒尔 (Cleve Moler，见左图) 为了让学生更方便地使用矩阵运算软件库 LINPACK 及 EISPACK(需要通过 FORTRAN 编程来实现)，独立编写了第一个版本的 Matlab。之后在 1984 年，杰克・李特 (Jack Little) 和克里夫・莫勒尔合作成立了 MathWorks 公司，正式把 Matlab 推向市场。至今 Matlab 有很多代的版本，从 2006 年起以每年两个版本的速度更新，分别以年份数 a 和 b 命名，如 Matlab 2013a，Matlab 2013b 等版本。当前最新的版本是 Matlab 2014a。

3.1.1 Matlab 的界面

启动 Matlab 后，人们在屏幕上可以看到如图 3.1 所示的图像界面 (注：界面随版本的不同会有所变化)：

Matlab 界面上主要有四个窗口，它们分别是：

(1) 当前文件目录窗口 (Current Folder)：位于左边，其使用方法和 Windows 里面的“资源管理器”很像，从这里可以直接转到目标文件所在的目录，用鼠标右击该文件就可以打开编辑或者运行它。

(2) 命令窗口 (Command Window)：这是 Matlab 最重要的窗口，提供交互式命令输入与输出的环境，在这里人们输入所有要执行的命令，同时也在此窗口看到输出的数字结果或文字信息，而图形将创建另外的图形窗口输出。

(3) 工作空间窗口 (Workspace)：用于显示、编辑所有的变量，双击相关变量能自动打开，有点像 Excel 表格。

(4) 命令历史窗口 (Command History)：其中记录了用户曾经在 Matlab 中运行过的命令。

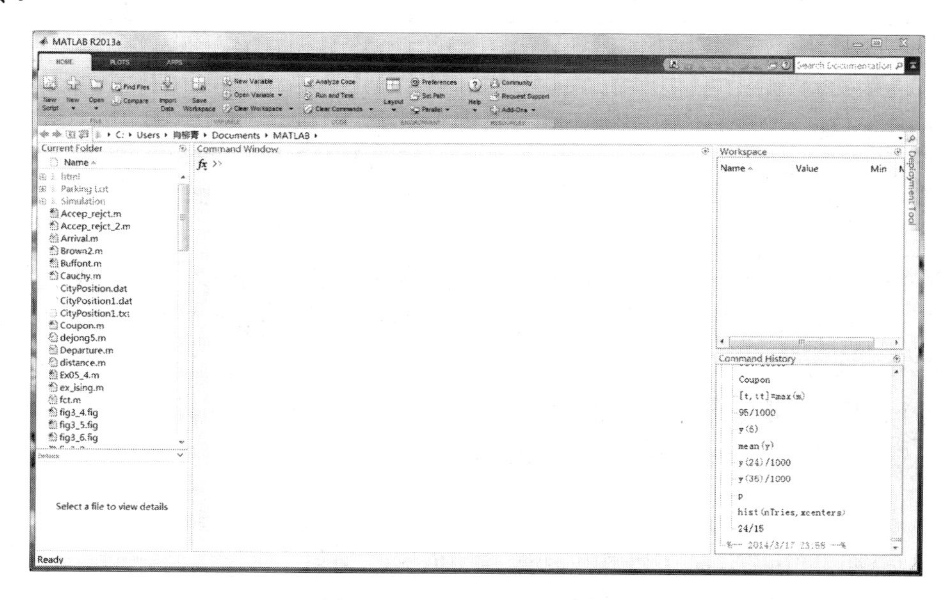

图 3.1　Matlab 2013a 的界面

3.1.2　简单的交互式使用方式

我们可以把 Matlab 当做一个功能超强的“计算器”来使用，它提供了交互式的运算功能。人们只需直接在命令窗口的提示符处输入数学表达式，然后回车，它就会输出计算结果。

下面是一些为了清理窗口信息所要用到的命令。

(1) **clc**：清除命令窗口内的内容，即清扫屏幕，但并不清除内存中已存在的变量；

(2) **clf**：擦除 Matlab 的当前图形窗口中的图形；

(3) **clear**：清除内存中的指定变量或函数；

(4) **clear all**：清除内存中所有的变量和函数。

当人们要运行多个不同的程序时，强力建议使用 clear all 语句来清除内存中已存在的变量，避免因同名变量带来的意外错误。

人们能够保存工作窗口里所建立的数据为一个文件，文件扩展名是“.mat”，下次使用时打开它，它即被调入内存供进一步使用。

3.1.3 Matlab 中的变量和数组

在 Matlab 中，人们可以用赋值的方式直接定义变量和数组。数组是以矩阵形式存放的：将元素放在方括号 [ ] 里，每行中的元素用空格或逗号分隔，矩阵的行用分号或者回车分隔。

例 3.1 (输入矩阵) 输入数组的方式：

```
键入:  A=[1, 2, 3; 4, 5, 6; 7, 8, 9; 10, 11, 12]
回车后显示结果:
 A = 1   2   3
     4   5   6
     7   8   9
    10  11  12
```

指令执行后，矩阵 A 被保存在 Matlab 的工作空间 (Workspace) 中，以备后用。如果用户不用 clear 指令清除它或对它重新定义，该矩阵会一直保存在工作空间中，直到 Matlab 被关闭为止。

几个常见的常量矩阵可以由如下命令来生成。

(1) **zeros**(m,n)：产生一个 $m \times n$ 零矩阵；

(2) **zeros**(n)：产生一个 n 阶零方阵；

(3) **ones**(m,n)：产生一个所有元素为 1 的 $m \times n$ 矩阵；

(4) **ones**(n)：产生一个所有元素为 1 的 n 阶方阵；

(5) **eye**(n)：产生一个 n 阶单位阵。

通常，建议在使用矩阵之前，先采用 zeros 定义并预设该矩阵，然后在使用时再给元素赋予所需要的值。

3.1.4 Matlab 的语句和常量

Matlab 采用表达式语句，用户输入语句由 Matlab 系统直接运行。Matlab 语句有两种常见的形式：

(1) 表达式；

(2) 变量 = 表达式。

具体用法说明如下：

(1) 表达式由算符函数变量名和数字构成；

(2) 在第一种形式中表达式被执行后，产生的结果将被自动赋给名为 ans 的变量，并显示在屏幕上，ans 是一个缺省变量名，它会被后面类似的操作刷新；

(3) 在第二种形式中等号右边的表达式是将运算结果赋给等号左边的变量，并显示在屏幕上；

(4) 书写表达式时运算符号有"=, +, −, ∗, /"等，两侧允许有空格以增加可读性，但在复数或符号演算表达式中要尽量避免装饰性空格以防出错；

(5) 变量名和函数名以一个字母打头，后面最多可接 19 个字母或数字。

注意　Matlab 是区分字母的大小写的，即同一字母的大小写将代表不同的变量。

Matlab 系统已预定义了如下一些常量：

(1) **eps**：计算机的最小正数，在 PC 机上它等于 2^{-52}；

(2) **pi**：圆周率 π；

(3) **inf** 或 **Inf**：无穷大 ∞；

(4) **NaN**：不定量；

(5) **i** 或 **j**：虚数单位 $\sqrt{-1}$，但人们可以重新定义它为别的变量。

注意　常量 i 或者 j 可以被赋值而作为任意变量使用，但如果没有赋值就直接使用则被默认为是虚数单位。

例 3.2 (无穷大)　特殊的常量：

```
键入:
s = 1/0
回车后显示结果:
Warning: Divide by zero.
s = Inf     % 无穷大
再键入:
a = Inf/inf
回车后显示结果:
a = NaN     % 结果不确定
```

3.1.5　数学运算符

表达式由下列运算符构成，并按习惯的优先次序进行运算：+(加法)，−(减法)，∗(乘法)，/(除法)，^(乘幂)。

例 3.3　运算的优先级：

```
键入:
x = 2*pi/3+2^3/5-0.3e-3
回车后显示结果:
x = 3.6941
```

3.1.6　函数

Matlab 的强大功能在函数中略见一斑，本质上讲可分为三类：

(1) 内部函数；

(2) 系统附带各种工具箱中的 M 文件所提供的大量函数；

(3) 用户自定义的函数。

例 3.4　计算 $x=\sqrt{\log(z)}$：

```
键入:
z = 1233.344
x = sqrt(log(z))
回车后显示结果:
z = 1.233344000000000e+003
x = 2.66786140168028
```

3.1.7　帮助系统

作为一个优秀的商业软件，Matlab 拥有详细实用的联机帮助系统。当用户遇上一个命令或者函数，又不清楚它的用法，获取帮助是很简单的。只需在菜单上选择打开帮助手册，按照分类查询，或者搜索这个关键词。当然，也可以在命令窗口中直接键入命令：

help　函数名或命令名

例 3.5 (帮助命令)　当用户忘记了 diary 的用法，可以键入：**help** diary，回车后 Matlab 给出如下信息：

```
DIARY Save text of MATLAB session.
DIARY FILENAME causes a copy of all subsequent command window input
and most of the resulting command window output to be appended to the
named file. If no file is specified, the file ’diary’ is used.
DIARY OFF suspends it.
DIARY ON turns it back on.
DIARY, by itself, toggles the diary state.
Use the functional form of DIARY, such as DIARY(’file’),
when the file name is stored in a string.
```

帮助系统告诉用户关于这个函数或者这条命令的所有功能及其使用格式。还有一条帮助命令是：

```
lookfor：以主题词搜索相关的函数或者命令
```

使用 help 的前提是用户准确地知道他想查询的函数或者命令名，如果用户只知道该函数或者命令是做什么的，此时可以使用 lookfor。

例 3.6　如果想查询 ln 函数，但在 Matlab 中没有它。但是，用户知道是要寻找求对数的函数，那么键入：**lookfor** logarithm，屏幕将会列出 Matlab 中计算对数的函数：

```
log——Natural logarithm.
log10——Common (base 10) logarithm.
log2——Base 2 logarithm and dissect floating point number.
reallog——Real logarithm.
logspace——Logarithmically spaced vector.
logm——Matrix logarithm.
betaln——Logarithm of beta function.
gammaln——Logarithm of gamma function.
logsig——Logarithmic sigmoid transfer function.
```

3.2 线性代数

Matlab 最擅长于线性代数中关于矩阵的各种运算，常用的运算符有：

(1) +：两矩阵和的运算；

(2) −：两矩阵减的运算；

(3) *：两矩阵乘积的运算；

(4) .*：两矩阵各相应位置元素乘积的运算；

(5) ./：两矩阵各相应位置元素相除的运算；

(6) A'：矩阵 A 的转置；

(7) **inv**(A)：矩阵 A 的逆阵；

(8) **eig**(A)：矩阵 A 的特征值；

(9) [V,D]=**eig**(A)：给出由矩阵 A 的特征向量组成的矩阵 V(以列向量排列) 和由对应的特征值组成的对角阵 D(特征值为对角线元素)。

(10) **sum**(A,1)：对矩阵 A 的每列元素求和，给出求和值的行向量；

(11) **sum**(A,2)：对矩阵 A 的每行元素求和，给出求和值的列向量；

(12) **sum**(X)：对向量 $\boldsymbol{X}=(x_1,x_2,\cdots,x_n)$ 的分量求和，即 $\sum\limits_{i=1}^{n}x_i$；

(13) **cumsum**(X)：给出向量 $\boldsymbol{X}$ 元素的累加和，即 $\left(x_1,x_1+x_2,\cdots,\sum\limits_{i=1}^{n}x_i\right)$；

(14) **length**(X)：给出向量 $\boldsymbol{X}$ 的维数，即其分量的个数；

(15) **norm**(X)：给出向量 $\boldsymbol{X}$ 的范数，即向量的长度 $\sqrt{\sum\limits_{i=1}^{n}x_i^2}$。

下面我们给出两个矩阵运算的例子。

例 3.7 求线性方程组 $A\boldsymbol{X}=\boldsymbol{B}$ 的解：

```
A = [3 2 1; 2 6 4; 1 4 8];    B = [1 1 1]';
X = inv(A)*B
```

```
输出的解:
X = 0.2973
    0.0135
    0.0811
```

注意　上面的解也可以采用运算符“\”给出: $\boldsymbol{X} = A\backslash \boldsymbol{B}$。

例 3.8　求矩阵的特征值与相应的特征向量:

```
A = [3 2 1; 2 6 4; 1 4 8];    [V, D] = eig(A)
输出结果为:
V = 0.7516    0.6179    0.2311
   -0.6037    0.5029    0.6186
    0.2660   -0.6044    0.7509
D = 1.7475    0         0
    0         3.6496    0
    0         0         11.6029
```

3.3　Matlab 的作图功能

作为一个功能强大的科技应用软件, Matlab 具有很强的图形处理能力。

3.3.1　二维图形

Matlab 中最常用的绘图函数为 **plot**，根据不同的坐标参数它可以在二维平面上绘制出不同的曲线。类似地，在三维空间里绘图函数是 **plot3**。

一、 plot 函数

plot 函数调用格式: **plot**(x, y)

其中 x 和 y 为坐标向量，函数功能以向量 x 作为 X 轴、以向量 y 作为 Y 轴绘制二维 X-Y 曲线。需要注意: 向量 x 和 y 的长度必须相等，否则将出错。

例 3.9　在区间 $[0, 2\pi]$ 内绘制正弦曲线 $y = \sin x$ 的语句:

```
x = 0:pi/100:2*pi;
y = sin(x);
plot(x,y)
```

运行的结果如图 3.2 所示。

二、 指定线型与颜色

指定绘图线型与颜色的命令格式是:

plot(x, y1, 'cs1', x, y2, 'cs2', $\cdots$)

它以公共向量 x 为 X 轴，分别以 $y1, y2, \cdots$ 为 Y 轴在同一副图内绘制出多条曲线，同时可以指定它们的不同颜色与不同线型。

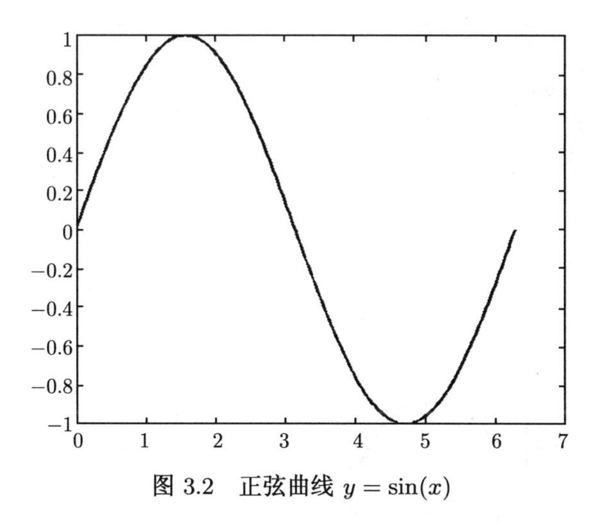

图 3.2　正弦曲线 $y = \sin(x)$

每条曲线的颜色和线型用字符串'cs' 来指定，其中 c 表示颜色，而 s 表示线型，线型可以是线或者标记，线和标记可同时使用。它们的位置次序可随意，如缺省的话，则默认颜色为蓝色、线型为实线。它们的符号如表 3.1 所示。

表 3.1　颜色与线型的表示符号

颜色符号	颜色符号说明	标记与线型符号	符号说明
y	黄　色	o	圆圈标记
m	紫　色	s	方形标记
c	青　色	^	三角形标记
r	红　色	x	叉号标记
g	绿　色	–	实　线
b	蓝　色	–.	点划线
w	白　色	:	点　线
k	黑　色	–	虚　线

另外，可以用 **plot**(x, y,'linewidth', n) 来指定线宽为 n 磅。

例 3.10　在区间 $[0, 2\pi]$ 内同时绘制不同线型、不同颜色的正弦曲线 $y = \sin(x)$ 和余弦函数 $y = \cos(x)$ 的语句：

```
x = 0:pi/100:2*pi;
y1 = sin(x);   y2 = cos(x);
plot(x, y1, 'b-', x, y2, 'k:')
```

运行的结果如图 3.3 所示。

三、 图形的文字标注

人们可以对图形加上一些文字说明的标注，如图形名称、图形某一部分的含义坐标说明等，如下例。

例 3.11 图形的文字标示方式:

```
x = 0:pi/100:2*pi;
y1 = sin(x);   y2 = cos(x);
plot(x, y1, 'k-', x , y2, 'k:')
title('sin 和 cos 曲线')
xlabel('自变量 x')
ylabel('因变量 y')
text(2.8, 0.5, 'sin(x)')
text(1.4, 0.3, 'cos(x)')
```

运行的结果如图 3.4 所示。

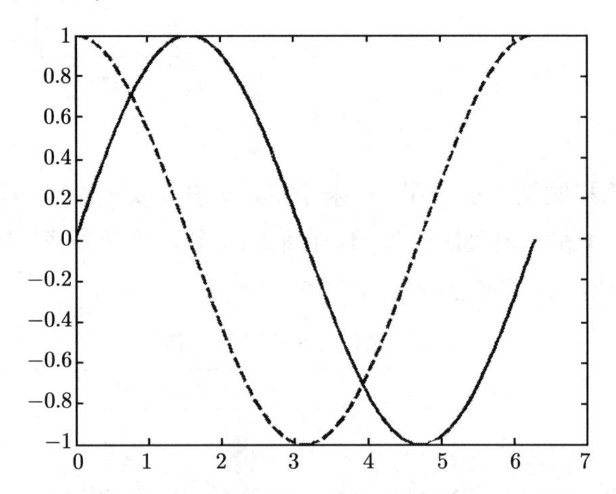

图 3.3 不同线型、不同颜色的正弦曲线 $y = \sin(x)$(实线、蓝色)和余弦函数 $y = \cos(x)$(虚线、黑色)

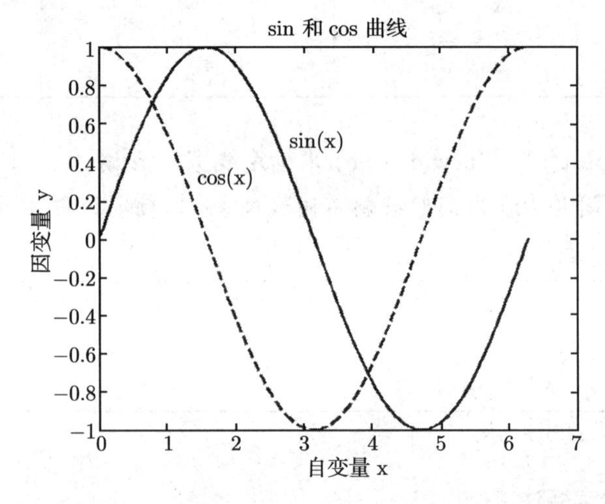

图 3.4 文字标示的正弦曲线 $y = \sin(x)$ 和余弦函数 $y = \cos(x)$

四、 设定坐标轴

在绘制图形时，系统自动给出图形的坐标轴，用户也可以利用 axis 函数对其重新设定。axis 函数的具体功能是：

(1) **axis**([xmin, xmax, ymin, ymax])：设定坐标轴的最大值和最小值；

(2) **axis** auto：将坐标系统返回自动缺省状态；

(3) **axis** square：将当前图形设置为方形，系统默认为矩形；

(4) **axis** equal：两个坐标因子设定成相等；

(5) **axis** tight：将坐标轴限定在数据的范围内；

(6) **axis** off：关闭坐标系统；

(7) **axis** on：显示坐标系统。

例 3.12　在坐标范围 $0 \leqslant x \leqslant 2\pi$, $-1 \leqslant y \leqslant 2$ 内绘制正弦曲线：

```
x = linspace(0, 2*pi, 60);      % 生成含有60个数据元素的向量 x
y = sin(x);
plot(x, y)
axis([0,2*pi,-1,2])     % 设定坐标范围
```

运行的结果如图 3.5 所示。

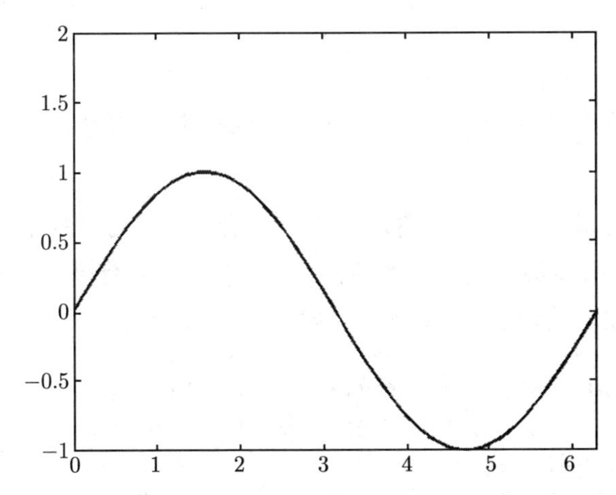

图 3.5　在坐标范围 $0 \leqslant x \leqslant 2\pi$, $-1 \leqslant y \leqslant 2$ 内的正弦曲线

五、 添加图例

例 3.13　在图形中添加图例的例子：

```
x = 0:pi/100:2*pi;
y1 = sin(x);
y2 = cos(x);
plot(x, y1, 'k-', x, y2, 'k:')
title('sin 和 cos 曲线')
xlabel('自变量 x')
```

```
ylabel('因变量 y')
text(2.8, 0.5, 'sin(x)')
text(1.4, 0.3, 'cos(x)')
legend('sin(x)', 'cos(x)')
```

运行的结果如图 3.6 所示。

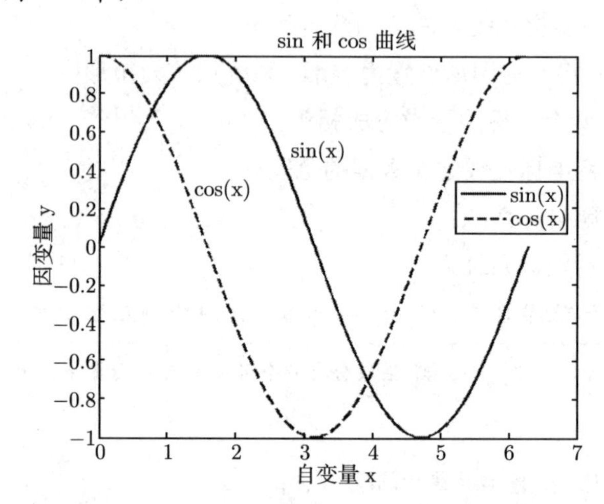

图 3.6　在图形中添加的正弦和余弦曲线

六、 subplot 函数

subplot 函数是在一幅图中绘制多个子图的命令，其格式是：

subplot(m, n, k)

在一幅图中共绘制 $m \times n$ 个子图，它们以 m 行、n 列的阵列格式排列；这里 k 是指定绘制其中第 k 个子图 (编号按行依次排序)，要配合 plot 命令一起使用。

例 3.14 (画子图)　画子图的命令 **subplot**(m,n,p) 示例：

```
x = linspace(0, 2*pi, 60);    y = sin(x);    z = cos(x);
t = sin(x)./(cos(x)+eps);    ct = cos(x)./(sin(x)+eps);
subplot(2, 2, 1)
plot(x, y)
title('sin(x)')
axis([0, 2*pi, -1, 1])
subplot(2, 2, 2)
plot(x, z)
title('cos(x)')
axis([0, 2*pi, -1, 1])
subplot(2, 2, 3)
plot(x, t)
title('tangent(x)')
axis([0, 2*pi, -40, 40])
subplot(2, 2, 4)
```

```
plot(x, ct)
title('cotangent(x)')
axis([0, 2*pi, -40, 40])
```

运行的结果如图 3.7 所示。

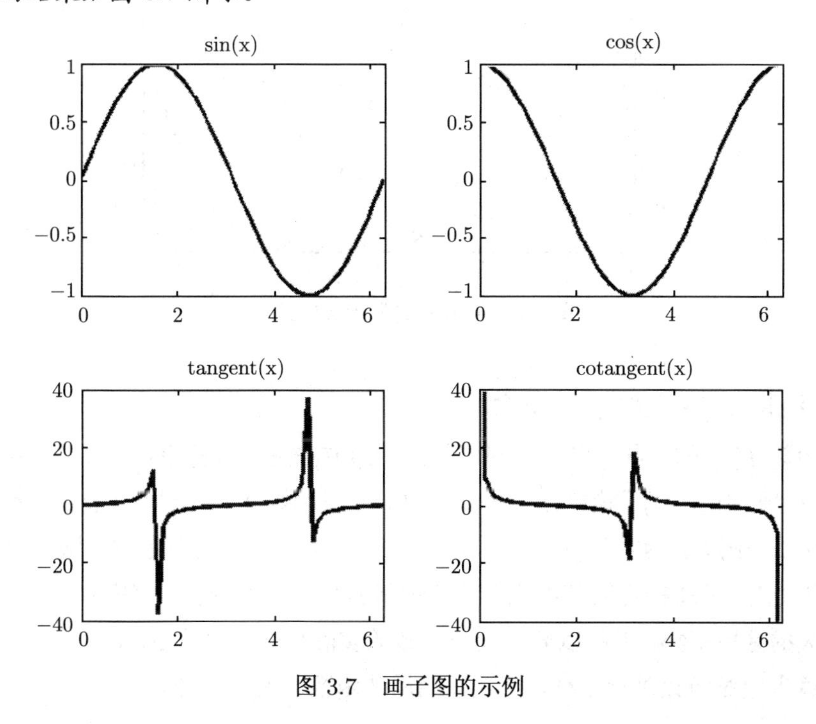

图 3.7　画子图的示例

七、 hold 命令

若在已存在的图形窗口中用 plot 函数继续添加新的图形内容，可使用图形保持指令 hold 命令：

hold on：在它之后再执行 plot 函数，则可以在保持原有图形的基础上添加新的图形；

hold off：绘制好图形后用它来关闭添加功能。

注意　如果忘了关闭，可能会给后面的程序运行带来不可预料的结果。

例 3.15　使用 hold 命令在同一坐标框内绘制多条曲线的示例：

```
x = linspace(0, 2*pi, 60);   y = sin(x);   z = cos(x);
plot(x, y, 'k-')
hold on
plot(x, z, 'k:')
axis([0 2*pi -1 1])
legend('sin(x)', 'cos(x)')
hold off
```

运行的结果如图 3.8 所示，此图形与图 3.6 是相同的。

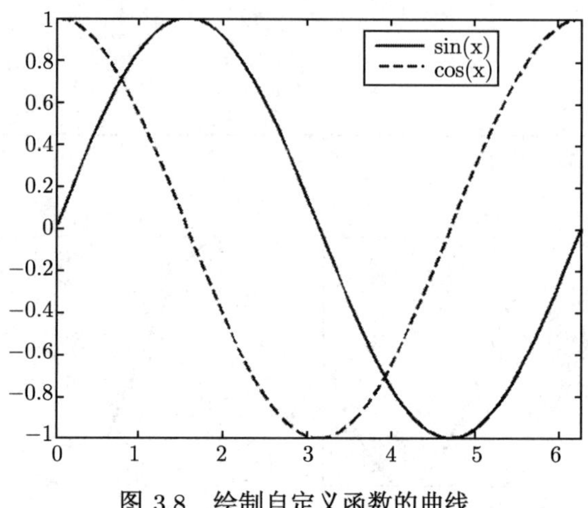

图 3.8　绘制自定义函数的曲线

八、 绘制自定义函数 $f(x)$ 的曲线

绘制函数 $f(x)$ 的曲线方法有多种，最常用的方法是对采样点向量 x 计算出 $f(x)$ 的值向量 y，再用 **plot**(x,y) 函数绘制。plot 函数一般采用等间隔采样，对绘制高频率变化的函数不够精确。例如，函数 $f(x)=\cos(\tan(\pi x)), x\in(0,1)$，范围是有无限个震荡周期函数，变化率大，为提高精度绘制出比较真实的函数曲线，就不能采用等步长采样，而必须在变化率大的区域密集，采用以充分反映函数的实际变化规律，提高图形的真实度。fplot 函数可自适应地对函数进行采样，能更好地反映函数的变化规律。

函数格式：**fplot**(fname, lims, tol)

其中 fname 为函数名，以字符串形式出现；lims 为变量取值范围；tol 为相对允许误差，其默认值为 2×10^{-3}。

例 3.16　为了绘制 $f(x)=\cos(\tan(\pi x))$ 曲线，可先建立函数文件 fct.m 如下:

```
function y = fct(x)
y = cos(tan(pi*x));
```

用 **fplot** 函数调用 fct.m 函数格式:

```
fplot('fct', [0,1], 1e-4, ':')
```

由图 3.9 可见在坐标 0.5 附近，采样点十分密集。若采用等间隔采样，则不能真实反映函数的变化规律。

3.3.2　特殊坐标图形

除了 plot 等基本绘图函数外，Matlab 系统还提供许多其他特殊绘图函数。

一、 双对数坐标

采用双对数坐标系绘图的命令格式是:

loglog：在双对数坐标系上绘制图形。

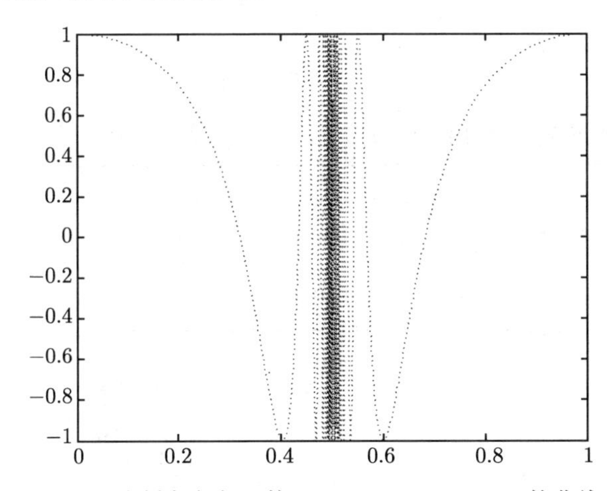

图 3.9　绘制自定义函数 $f(x) = \cos(\tan(\pi x))$ 的曲线

例 3.17　函数 **loglog**(x,y) 用来绘制双对数坐标图：

```
x = 0:0.1:2*pi;
y = abs(1000*sin(4*x))+1;
loglog(x, y)
```

运行的结果如图 3.10 所示。

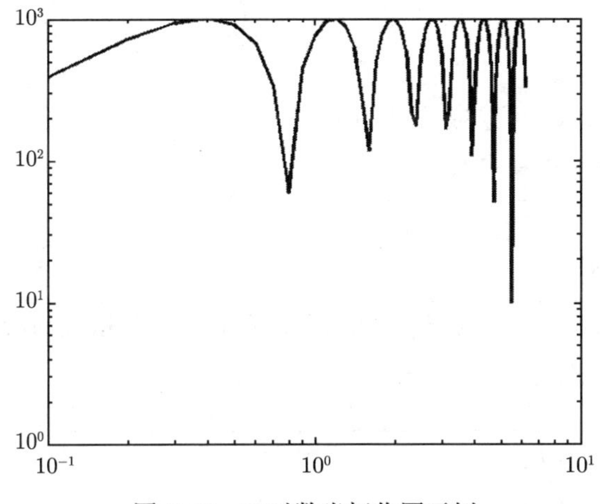

图 3.10　双对数坐标作图示例

二、 单对数坐标

采用单对数坐标系绘图的命令格式是：

semilogx：在以 X 轴为对数的坐标系上绘制图形；

semilogy：在以 Y 轴为对数的坐标系上绘制图形。

例 3.18　函数 **semilogx**(x, y) 用来绘制以 X 为对数坐标轴的图 (如图 3.11 中的上图所示)：

```
x = 0:0.01:2*pi;
y = abs(1000*sin(4*x))+1;
semilogx(x, y)
```

同样以 Y 为对数坐标轴的图 (如图 3.11 中的下图所示):

```
x = 0:0.1:2*pi;
y = abs(1000*sin(4*x))+1;
semilogy(x, y)
```

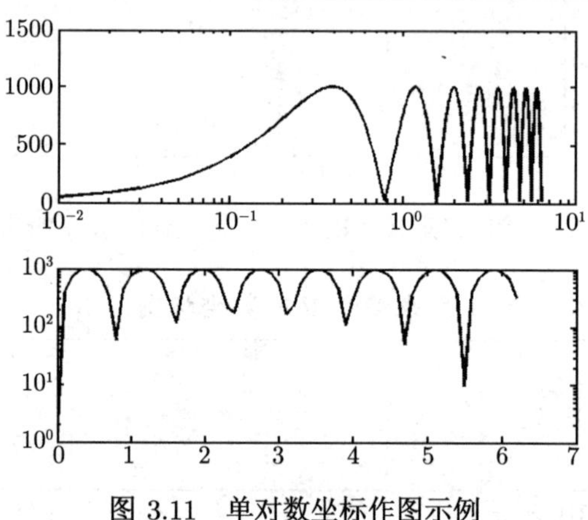

图 3.11 单对数坐标作图示例

三、 阶梯图形

使用函数 **stairs**(x, y) 可绘制阶梯图形。

例 3.19 绘制如下阶梯图形:

```
x = -2.5:0.25:2.5;    y = exp(-x.*x);
stairs(x, y),    grid on
```

运行结果如图 3.12 所示。这里，我们还使用了显示网格线的功能，其命令是: **grid** on; 而用命令 **grid** off 来关闭此功能。

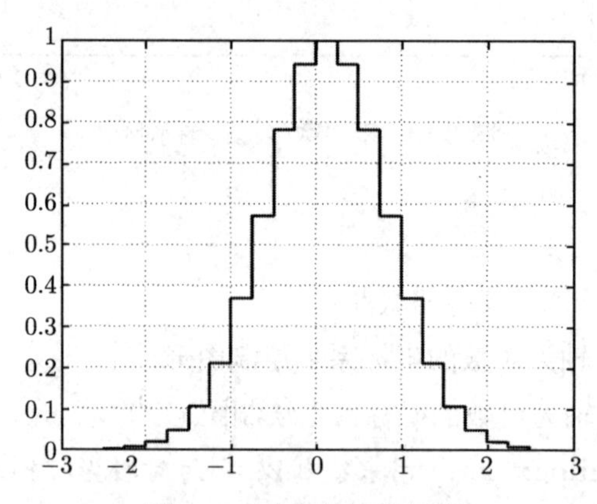

图 3.12 绘制的阶梯图形

四、 条形图形

函数 **bar** (x, y) 用来绘制条形图，即在每个 x 点上的 y 值。

例 3.20 绘制如下条形图：

```
x = -2.5:0.25:2.5;
y = exp(-x.*x);
bar(x, y)
title('条形图')
```

运行结果如图 3.13 所示。

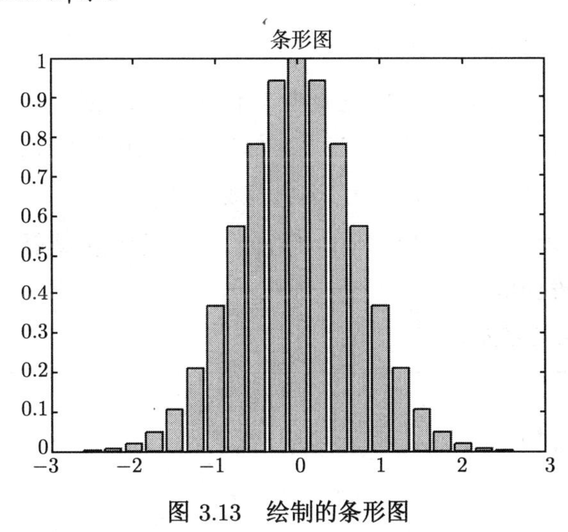

图 3.13 绘制的条形图

五、 二维绘图函数小结

(1) **plot**：绘制二维图形的函数；

(2) **subplot**：创建子图；

(3) **fplot**：$f(x)$ 函数曲线绘制 figure 创建图形窗口；

(4) **fill**：填充二维多边图形 grid 放置坐标网格线；

(5) **bar**：条形图；

(6) **stairs**：阶梯图形 xlabel 放置 X 轴坐标标记；

(7) **hold** on：打开添加图形功能的命令；

(8) **hold** off：关闭添加图形功能的命令；

(9) **loglog**：双对数坐标图；

(10) **semilogx**：X 轴为对数的坐标图；

(11) **semilogy**：Y 轴为对数的坐标图；

(12) **text**：放置文本；

(13) **title**：标注图形的文本标题；

(14) **axis**：设置坐标框大小；

(15) **xlabel**：放置 X 轴坐标标记；

(16) **ylabel**：放置 Y 轴坐标标记。

3.3.3 三维图形

为了显示所绘制的三维图形，系统提供了各种三维图形函数，如三维曲线、三维曲面以及设置图形属性的有关参数。

一、 plot3 函数

最基本的三维图形函数为 plot3。它是将二维函数 plot 的有关功能扩展到三维空间，用来绘制三维图形函数，除了增加了第三维坐标外，其他功能与二维函数 plot 相同。

调用格式：**plot3**(x1, y1, z1, c1, x2, y2, z2, c2, ⋯)

其中 $x1, y1, z1, \cdots$ 表示三维坐标向量; c1, c2, ⋯ 表示线型或颜色。函数功能以向量 x, y, z 为坐标绘制三维曲线。

例 3.21 绘制三维螺旋线:

```
t = 0:pi/50:10*pi;
y1 = sin(t); y2=cos(t);
plot3(y1, y2, t)
title('螺旋线'), text(0,0,0, '原点')
xlabel('sin(t)'), ylabel('cos(t)'), zlabel('t')
grid
```

运行结果如图 3.14 所示。

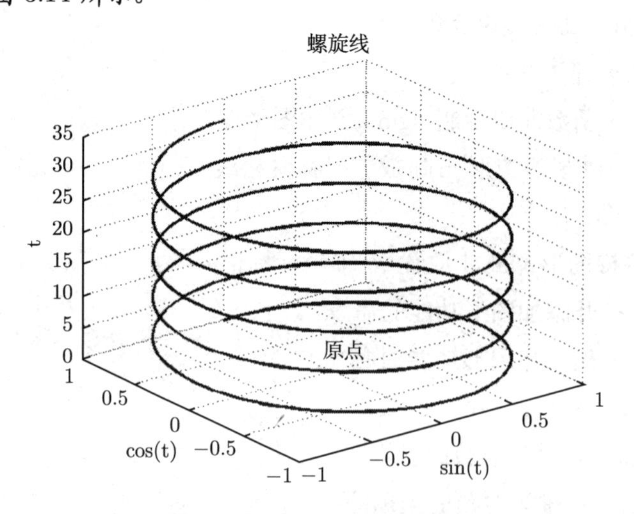

图 3.14 绘制的三维螺旋线

二、 mesh 函数

mesh 函数用于绘制三维网格图，在不需要绘制特别精细的三维曲面结构时，可通过绘制三维网格图来表示三维曲面图，三维曲面的网格图最突出的优点是它较好地解决了实验数据在三维空间的可视化问题。

函数调用格式：**mesh**(x, y, z, c)

其中 x, y 控制 X 和 Y 轴坐标；矩阵 z 是由 (x, y) 求得的 Z 轴坐标，x, y, z 组成了三维空间的网格点；而 c 是字符串变量，用于控制网格点的颜色。

例 3.22　下面语句绘制一个三维网格曲面图：

```
x = 0:0.15:2*pi;
y = 0:0.15:2*pi;
z = sin(y')*cos(x);      % 矩阵相乘
mesh(x, y, z)
title('三维网格图形')
```

运行结果如图 3.15 所示。

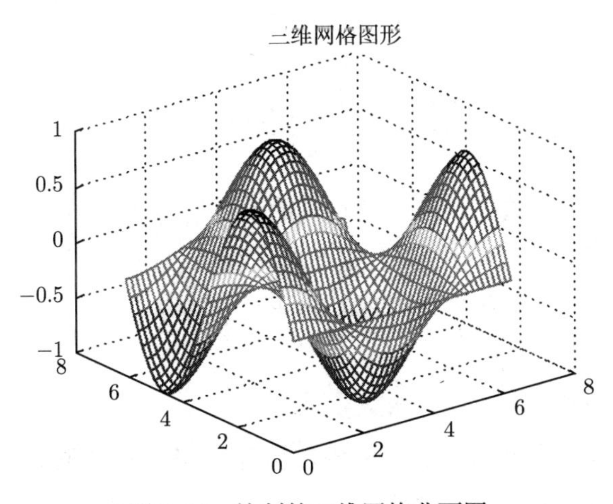

图 3.15　绘制的三维网格曲面图

三、 surf 函数

surf 函数用于绘制三维曲面图，各线条之间的补面用颜色填充，其函数调用格式与 mesh 函数一样：

surf (x, y, z)

其中 x, y 分别控制 X 和 Y 轴坐标，矩阵 z 是由 (x, y) 求得的曲面上 Z 轴坐标。

例 3.23　绘制三维曲面图语句：

```
x = 0:0.15:2*pi;
y = 0:0.15:2*pi;
z = sin(y')*cos(x);
surf(x, y, z)
```

```
title('三维曲面')
```

运行结果如图 3.16 所示。

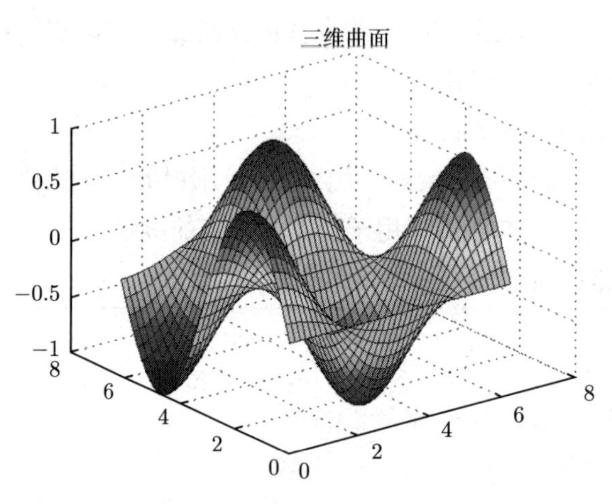

图 3.16 绘制的三维曲面图

3.4 Matlab 程序设计

Matlab 有两种工作方式：一种是交互式的命令行工作方式；另一种是 M 文件的脚本程序的工作方式。后者，Matlab 被当做一种高级编程语言为用户提供了二次开发的工具。我们介绍 Matlab 有关的程序设计的基本语句与方法。

3.4.1 M 文件

用 Matlab 语言编写的程序称为 **M 脚本文件**(简称 M 文件)，M 文件有两类命令文件和函数文件，两者区别在于命令文件没有输入参数，也不返回输出参数；而函数文件可以输入参数，也可以返回输出参数。命令文件对 Matlab 工作空间中的变量进行操作，而函数文件中定义的变量为局部变量，当函数文件执行完毕时，这些变量被清除。本节先介绍命令文件，函数文件将在 3.4.2 节介绍。

一、 建立新的 M 文件

M 文件可以用任何文本编辑程序建立和编辑，而一般常用且最为方便的是使用 Matlab 提供的 M 文件编辑器。

从 Matlab 命令窗口的 File 菜单中，选择 New 菜单项，再选择 M-file 命令将得到 M 文件窗口。在 M 文件窗口中输入 M 文件的内容，输入完毕后选择此窗口 File 菜单的 save as 对话框，在对话框的 File 框中输入文件名，注意其扩展名必须为“.m”，再选择 OK 按钮即完成新的 M 文件的建立。

二、编辑已有的 M 文件

从 Matlab 命令窗口的 File 菜单中，选择 Open M-file 命令，则屏幕出现 Open 对话框；在 Open 对话框中的 File Name 框中输入文件名，必要时加上路径或从右边的 Directories 框中，打开这个 M 文件所在的目录；再从 File Name 下面的列表框中，选中这个文件，然后按 OK 按钮，即打开这个 M 文件。在 M 文件窗口可以对打开的 M 文件进行编辑修改，在编辑完成后选择 File 菜单中的 Save 命令，可以把这个编辑过的 M 文件保存下来。

三、Matlab 语句后加分号

如果 Matlab 语句后没有分号，该语句执行结果会立即在 command window 中显示；而若有分号，则执行结果不会显示 (但本身是输出或显示的语句则不受影响)。这个技巧在 Script 文件中很重要，因为，如果运算过程中的迭代很多或者很长，大量的中间结果输出会大大地延长程序的执行时间，而我们却也不想知道这些中间结果。

四、数据的输入输出

Matlab 的输入输出方式包括命令窗口的输入输出以及图形界面的输入输出，此外它还允许对文件进行读写，这里先介绍命令窗口的输入输出，其他语句及其用法参看帮助系统。

input 函数：Matlab 提供了一些输入输出函数，允许用户和计算机之间进行数据交换，如果用户想给计算机输入一个参数，则可以使用 **input** 函数来进行。该函数的调用格式为：

A = **input**(提示信息选项)

其中提示信息可以为一个字符串，它用来提示用户输入什么样的数据。

例如，用户想输入 A 矩阵，则可以采用下面的命令来完成：

A = **input**(' 输入矩阵 A ：')

执行该语句时，首先给出"输入矩阵 A ："提示，然后等待用户从键盘按 Matlab 格式输入 A 矩阵。如果在调用 input 函数时采用了's' 选项，则允许用户输入一个字符串。例如，想输入一个人的姓名可采用此方式：

YourName = **input**(' 你的名字叫：', 's')

例 3.24　*求一元二次方程* $ax^2+bx+c=0$ *的根。程序如下：*

```
a = input('a=?');
b = input('b=?');
c = input('c=?');
d = b*b-4*a*c;
x = [(-b + sqrt(d))/(2*a), (-b - sqrt(d))/(2*a)]
```

```
第一次运行:
a = ? 2
b = ? 6
c = ? 1
输出结果为:
x = -0.1771, -2.8229
第二次运行:
a = ? 4
b = ? 1
c = ? 4
输出结果为:
x = -0.1250+0.9922i, -0.1250-0.9922i
```

注意 在上面输入命令提示光标处键入数字后需要按回车键 (后面例子也同样)。

pause 函数: 当程序运行时，为了查看程序的中间结果或观看输出的图形，有时需要暂停程序的执行，这时可以使用 pause 函数，其调用格式为:

pause (延迟秒数)

如果省略延迟时间，直接使用 pause，则将暂停程序，直到用户按任一键后程序继续执行。

disp 函数: Matlab 提供的命令窗口输出函数主要有 disp 函数(也可写成 display)，其调用格式为:

disp (输出项)

其中输出项既可以为字符串，也可以为矩阵。

例 3.25 输入:

```
A = [1, 2, 3; 4, 5, 6; 7, 8, 9];
disp(A)
输出为:
    1 2 3
    4 5 6
    7 8 9
```

注意 和前面介绍的矩阵显示方式不同，用 disp 函数显示矩阵时，将不显示矩阵的名字，而且其格式更紧凑。

五、 关系及逻辑运算

在执行关系及逻辑运算时，Matlab 将输入的不为零的数值都视为真 (true)，而为零的数值则视为否 (false)，运算的输出值将判断为真者以 1 表示，而判断为否者以 0 表示。Matlab 提供以下的关系判断及逻辑的运算元符号。

关系运算符有:

(1) < : 小于;

(2) <= : 小于等于;

(3) > : 大于;

(4) >= : 大于等于;

(5) == : 等于;

(6) ~= : 不等于;

(7) &&: 逻辑与 and;

(8) | : 逻辑或 or;

(9) ~ : 逻辑非 not。

上述的各个运算可以用于数也可以用于矩阵，以下是几个例子。

例 3.26　矩阵的运算举例：

```
a = 1:5, b = 5 - a,
d1 = a > 4
d2 = find(a > 4)
d3 = a == b
d4 = b - (a > 2)
d5 = ~(a > 4)
d6 = (a > 2) & (a < 6)
输出结果为:
a = 1 2 3 4 5
b = 4 3 2 1 0
d1 = 0 0 0 0 1
d2 = 5
d3 = 0 0 0 0 0
d4 = 4 3 1 0 -1
d5 = 1 1 1 1 0
d6 = 0 0 1 1 1
```

其中函数"**find** (关系式)"是给出满足关系式条件的元素的位置。

六、选择结构

选择结构是根据给定的条件，成立或不成立分别执行不同的语句。Matlab 提供的用于实现选择结构的语句，有 if 语句和 switch 语句。

if 语句：在 Matlab 中，if 语句有 3 种格式：

```
格式 1:
        if 条件
            语句组
        end
格式 2:
        if 条件
            语句组 1
        else
```

```
        语句组 2
    end
格式 3:
    if 条件 1
        语句组  1
    elseif 条件 2
        语句组  2
    ......
    elseif 条件 m
        语句组 m
    else
        语句组 m+1
    end
```

对于格式 1，当条件成立时，则执行语句组，执行完之后继续执行 if 语句的后继语句；如条件不成立，则直接执行 if 语句的后继语句。对于格式 2，当条件成立时，执行语句组 1，否则执行语句组 2，语句组 1 或语句组 2 执行后再执行 if 语句的后继语句。格式 3 的执行过程可用于实现多分支选择结构。下面将通过例子来说明 if 语句的使用方法。

例 3.27　输入三角形的三条边求面积。三角形的三条边分别看做 A 矩阵的三个元素，先从键盘输入 A 矩阵，再根据三条边能否构成三角形，决定求面积或给出有关信息，程序如下:

```
A = input('请输入三角形的三条边（格式是[?, ?, ?]）: ');
if A(1)+A(2) > A(3) && A(1)+A(3) > A(2) && A(2)+A(3) > A(1)
    p = (A(1)+A(2)+A(3))/2;
    s = sqrt(p*(p - A(1))*(p - A(2))*(p - A(3)));
    display(s)
else
    display('不能构成一个三角形！')
end
```

```
第一次运行:
请输入三角形的三条边(格式是[?, ?, ?]): [4, 5, 6]
9.9215674
第二次运行:
请输入三角形的三条边(格式是[?, ?, ?]): [3, 1, 5]
不能构成一个三角形!
```

switch 语句：switch语句根据变量或表达式的取值不同，分别执行不同的语句。其格式为:

```
switch 表达式
    case 值 1
        语句组 1
```

```
    case 值 2
        语句组 2
    ......
    case 值 m
        语句组 m
    otherwise     % 其他值
        语句组 m+1
end
```

其中表达式的值可能等于“值 1”、“值 2”、$\cdots$、“值 m”或者“其他值”。

例 3.28 根据变量 num 的输入内容来显示它是什么：当 num 的输入为负数时，则显示“这是一个负数。”；当 num 的输入为 0 时，则显示“这是零。”；当 num 的输入为正数时，则显示“这是一个正数。”；当 num 的输入不是一个数时，则显示“这不是实数!”。程序如下：

```
num = input('请输入一个数: ');
if isreal(num)      % 检验是否是实数
    t = sign(num);      % sign是符号函数
else
    t = 2;
end switch t case -1
   disp('这是一个负数。')
case 0
    disp('这是零。')
case 1
    disp('这是一个正数。')
otherwise
    disp('这不是实数! ')
end
```

七、 循环结构语句

循环是指按照给定的条件重复执行指定的语句，这是十分重要的一种程序结构。Matlab 提供了两种实现循环结构的语句：for 语句和 while 语句。

for 语句格式：

```
for 循环变量= 表达式 1: 表达式 2: 表达式 3
    循环体语句
end
```

其中表达式 1 的值为循环变量的初值，表达式 2 的值为步长，表达式 3 的值为循环变量的终值；如果步长为 1 时，表达式 2 可以省略。

例 3.29 给出公式：$y = 1 + 1/3 + 1/5 + \cdots + 1/(2n-1)$，求当 $n = 100$ 时的 y 值。其程序如下：

```
y=0; n=100;
for i = 1:n
    y = y+1/(2*i-1);
end
y
```

```
输出为:
y = 3.2843
```

在实际 Matlab 编程中，采用循环语句会降低其执行速度，所以程序通常由下面的程序来代替:

```
n = 100;
i = 1:2:2*n-1;
y = sum(1./i);
y
```

在这一程序中，首先生成向量 i，然后用 sum 函数求 i 向量各个元素的倒数之和。如果前面的 n 值由 100 改成 10000，再分别运行这两个程序，则可以明显地看出后一种方法编写的程序比前一种快得多。

Matlab 定义的 for 语句的循环变量可以是一个列向量。for 语句更一般的形式是:

```
for 循环变量 = 矩阵表达式
    循环体语句
end
```

其执行过程是依次将矩阵的各列元素赋给循环变量，然后执行循环体语句。实际上，前面的格式“表达式 1: 表达式 2: 表达式 3”是一个仅为一行的矩阵 (行向量)，是这里的一个特例。

例 3.30 写出下列程序的执行结果:

```
s = [0; 0; 0; 0];
a = [12 13 14; 15 16 17; 18 19 20; 21 22 23];
for k = a
    s = s + k;
end
disp(s')
执行结果是:
39 48 57 66
```

while 语句的一般格式为:

```
while 条件
    循环体语句
end
```

其执行过程为：若条件成立，则执行循环体语句，执行后再判断条件是否成立；如果不成立，则跳出循环。

例 3.31　给定：$y=1+1/3+1/5+\cdots+1/(2n-1)$，求解满足 $y<3$ 的最大 n 值，同时给出相应的 y 值。其程序如下：

```
y = 0;  i = 1;
while 1
    f = 1/(2*i-1);
    y = y + f;
    if y > 3
        break;
    end
    i = i + 1;
end
n = i-1
y = y - f
```

```
运行结果是:
n = 56
y = 2.9944
```

注意　在程序中循环的条件为 1(逻辑真)，即循环条件总是满足的，这是一个永真循环。为了使循环能正常结束，在循环体中加了一个if 语句，当 $y>3$ 时执行 break 命令，从而跳出 for 循环。

3.4.2　函数文件

Matlab 的函数文件是另一种形式的 M 文件，每一个函数文件都定义一个函数。事实上，Matlab 提供的标准函数大部分都是由函数文件定义的。

函数文件由 function 语句引导，其一般格式为：

function　输出形参表 = 函数名输入形参表

其中函数名的命名规则与变量名相同。输入形参为函数的输入参数，输出形参为函数的输出参数，当输出形参多于 1 个时，则应该用方括号括起来。

函数文件名通常由函数名再加上扩展名“.m”组成，不过函数文件名与函数名也可以不相同；当两者不同时 Matlab 将忽略函数名而确认函数文件名，调用时使用函数文件名，因此需要注意把文件名和函数名统一，以免出错。

例 3.32　编写函数文件求小于任意自然数 n 的 Fibonacci(斐波纳契) 数列各项。Fibonacci 数列定义如下：

$$f(k)=\begin{cases}1, & k=1,2,\\ f(k-1)+f(k-2), & k>2。\end{cases}$$

函数程序如下：

```
function f = myfib(n)      % 用于求数列的函数文件Fibonacci
    % 格式: f = myfib(n)
    f = [1 1];
    i = 1;
    while f(i)+f(i+1) < n
        f(i+2) = f(i)+f(i+1);
        i = i+1;
    end
```

将以上函数文件以文件名 myfib.m 保存，注意该文件目录要填加到 Matlab 文件列表中，然后可在 Matlab 命令窗口输入以下命令：myfib(2000)，来求小于 2000 的 Fibonacci 数列的各项。

```
myfib(2000)
输出结果是:
ans =
Columns 1 through 6
1 1 2 3 5 8
Columns 7 through 12
13 21 34 55 89 144
Columns 13 through 17
233 377 610 987 1597
```

注意　不要忽视写函数文件的注释说明部分，因为人们同样可以采用 help 命令或 lookfor 命令来显示其内容。

要注意的是函数调用时，几个实参出现的顺序及个数应与函数定义时形参的顺序及个数一致，否则会出错。函数调用时，先将实参传递给相应的形参，从而实现参数传递，然后再执行函数的功能。

在 Matlab 中，函数还可以嵌套调用，即一个函数可以调用别的函数，甚至调用它自身——递归调用，这又从一个侧面反应了 Matlab 功能的强大。

例 3.33　利用函数的递归调用，求阶乘：$n!$。该函数的代码为：

```
function f = factor(n)      % 计算阶乘n!
    if n <= 1
        f = 1;
    else
        f = factor(n-1)*n;
    end
return      % 返回结果
```

在命令窗口中调用函数文件 factor.m，计算 $1\sim10$ 的阶乘：

```
for i = 1:10
    fac(i) = factor(i);
end
```

```
fac
程序运行结果是:
fac =
Columns 1 through 6
1 2 6 24 120 720
Columns 7 through 10
5040 40320 362880 3628800
```

3.5　Matlab 的符号演算

除了数值计算以外，在数学应用和科学计算中经常遇到符号演算问题，也就是我们通常求解问题的解析解。Matlab 购买了以 Maple 系统的内核作为符号演算的工具箱：Symbolic Math Toolbox。下面对它的常用功能作简单介绍，详细用法请参阅帮助系统。

3.5.1　符号变量与符号表达式

符号运算工具箱处理的主要对象是符号和符号表达式，为此要定义新的数据类型符号变量，Matlab 中用 sym 来定义一个符号或符号表达式。

例 3.34　定义符号演算的变量和式子:

```
sym('x');
r = sym('(1+sqrt(x))/2')
输出:
r = (1+sqrt(x))/2
```

例 3.35　用 syms 可以定义多个符号:

```
syms a b c x k t y
f = a*(2*x - t)^3 + b*sin(4*y)
g = f + cos(k*x)
输出:
g = a*(2*x-t)^3 + b*sin(4*y) + cos(k*x)
用 findsym 来确认符号表达式中的符号:
findsym(g)
ans = a, b, k, t, x, y
```

3.5.2　微积分运算

一、 导数

求一个函数的导函数的演算格式是:

diff(f)：函数 f 对符号变量 x 或字母表上最接近字母 x 的符号变量求导数;

diff(f, t)：函数 f 对符号变量 t 求导数。

例 3.36 求函数的偏导数:

```
syms a b t x y
f = sin(a*x)+cos(b*t);
g = diff(f)
gg = diff(f,t)      % 可以看做二元函数求偏导数
g = a*cos(a*x)
gg = -b*sin(b*t)
```

例 3.37 用 **diff**(f, 2) 求二阶偏导数:

```
syms a b t x y
f = sin(a*x*t)+cos(b*t*x^2)-2*x*t^3;
diff(f, 2)
diff(f, t, 2)
ans = -sin(a*x*t)*a^2*t^2...
      -4*cos(b*t*x^2)*b^2*t^2*x^2-2*sin(b*t*x^2)*b*t
ans = -sin(a*x*t)*a^2*x^2-cos(b*t*x^2)*b^2*x^4-12*x*t
```

二、 积分

求一个函数的积分的演算格式是：

int(f)：函数 f 对符号变量 x 或接近字母 x 的符号变量求不定积分；

int(f, t)：函数 f 对符号变量 t 求不定积分；

int(f, a, b)：函数 f 对符号变量 x 或接近字母 x 的符号变量求从 a 到 b 的定积分；

int(f, t, a, b)：函数 f 对符号变量 t 求从 a 到 b 的定积分。

例 3.38 求不定积分:

```
syms a x
f = sin(a*x);
g = int(f)
gg = int(f, a)
输出的结果为:
g = -1/a*cos(a*x)
gg = -1/x*cos(a*x)
```

例 3.39 求定积分:

```
syms a x
f = sin(a*x);
g = int(f,0,pi)
输出的结果为:
g = -(cos(pi*a)-1)/a
```

如果定积分中不含未知参数，人们还可以对定积分的结果用 double 给出其定积分的数值。

例 3.40　计算定积分的数值：

```
syms x;
f = exp(-x^2);
g = int(f)
gg = int(f, 0, 1)
a = double(gg)
结果输出为：
g = 1/2*pi^(1/2)*erf(x)
gg = 1/2*pi^(1/2)*erf(1)
a = 0.7468
```

三、 极限

求一个函数的极限的演算格式是：

limit(f)：求当符号变量 x 或最接近字母 x 的符号变量趋于 0 时，函数 f 的极限；

limit(f, t, a)：求当符号变量 t 趋于 a 时，函数 f 的极限。

例 3.41　求极限：

```
syms x t a
f = sin(x)/x;
g = limit(f)
limit((1+x/t)^t, t, inf)
limit(1/x)
g = 1
ans = exp(x)
ans = NaN
```

四、 级数求和

级数求和的命令格式是：

symsum(s, x, a, b)：求 s 中的符号变量 x 从 a 到 b 的级数和。x 缺省时，设定为 x 或最接近 x 的字母。

例 3.42　求级数：

```
syms x k
symsum(1/x, 1, 3)
s1 = symsum(1/x^2, 1, inf)
s2 = symsum(x^k, k, 0, inf)
ans =11/6
s1 = pi^2/6
s2 = piecewise([1 <= x, Inf], [abs(x) < 1, -1/(x - 1)])
```

3.5.3　解方程

一、代数方程

求解代数方程的命令格式是：

solve(f, x)：对 f 中的符号变量 x 解方程 $f=0$，如果缺省 x，则选取 x 或者最接近 x 的字母。

例 3.43　解一元二次方程：

```
syms a b x c
f = a*x^2+b*x+c;
s = solve(f)
ss = solve(f, b)
显示结果为:
s = -(b+(b^2-4*a*c)^(1/2))/(2*a)
    -(b-(b^2-4*a*c)^(1/2))/(2*a)
ss = -(a*x^2+c)/x
```

注意　求形如 $f(x)=q(x)$ 形式的方程的解，则需要用单引号把方程括起来。

例 3.44　求解方程组：

```
[x, y] = solve('x^2+x*y+y = 3', 'x^2 - 4*x+3 = 0')
显示结果为:
x = 1
    3
y = 1
    -3/2
```

即解为 (1, 1) 和 (3, −3/2)。

二、微分方程

求解常微分方程的命令格式是：

dsolve('S', 's1', 's2', ⋯, 'x')

其中 S 为方程，$s1, s2, \cdots$ 为初始条件，x 为自变量，方程 S 中用 D 表示求导数，D2, D3, ⋯ 分别表示 2 阶、3 阶等高阶导数。初始条件缺省时，给出带任意常数 $C1, C2, \cdots$ 的通解，自变量缺省值为 t，也可求解微分方程组。

例 3.45　求一阶常微分方程的通解：

```
dsolve('Dy = 1+y^2')
显示结果为:
ans = tan(t+C1)
```

例 3.46　解二阶常微分方程：

```
y = dsolve('Dy = 1+y^2', 'y(0) = 1', 'x')
显示结果为:
```

```
y = tan(x+1/4*pi)
```

例 3.47 解二阶常微分方程：

```
x = dsolve('D2x + 2*Dx + 2*x = exp(t)', 'x(0) = 1', 'Dx(0) = 0')
显示结果为:
x = 1/5*exp(t) + 3/5*exp(-t)*sin(t) + 4/5*exp(-t)*cos(t)
```

例 3.48 解常微分方程组：

```
S = dsolve('Df = 3*f + 4*g', 'Dg = -4*f + 3*g')
结果显示:
S = f: [1x1 sym]
    g: [1x1 sym]
```

计算结果返回在一个结构 S 中，为了看到其中 f, g 的值，有如下指令：

```
f = S.f
g = S.g
显示结果为:
f = C2*cos(4*t)*exp(3*t) + C1*sin(4*t)*exp(3*t)
g = C1*cos(4*t)*exp(3*t) - C2*sin(4*t)*exp(3*t)
```

三、 其他

工具包中提供了 50 多个特殊函数，如 Bessel 函数、椭圆函数、误差函数及 Chebshev 正交多项式、Lagrange 正交多项式等。用指令 mfunlist 可以看到这些函数的列表；用指令 mhelp< 函数名 > 可以了解每个函数的细节。

✎ 练 习

1. 已知矩阵

$$A = \begin{pmatrix} 4 & 2 & -6 \\ 7 & 5 & 4 \\ 3 & 4 & 9 \end{pmatrix},$$

计算 A 的行列式和逆矩阵。

2. $y = \sin(x)$，x 从 0 到 2π，$\Delta x = 0.02\pi$，求 y 的最大值、最小值、均值和标准差。

3. 给定函数

$$f(x) = \frac{5 + x^2 + x^3 + x^4}{5 + 5x + 5x^2}。$$

(1) 画出 $f(x)$ 在区间 $[-4, 4]$ 上的图形；

(2) 画出区间 $[-4, 4]$ 上 $f(x)$ 与 $\sin(x)f(x)$ 的图形。

4. 画出极坐标方程为 $r = e^{t/10}$ 的对数螺线的图形。

5. 分别画出取整函数 $y=\lfloor x\rceil$ 和函数 $y=x-\lfloor x\rceil$ 的图形。

6. 观察函数 $f(x)=\dfrac{1}{x^2}\sin x$ 当 $x\to+\infty$ 时的变化趋势，并作图说明。

7. 定义数列 $x_0=1, x_n=\dfrac{1}{2}\left(x_{n-1}+\dfrac{3}{x_{n-1}}\right)$，$n=1,2,\cdots$，可以证明：这个数列的极限是 $\sqrt{3}$。计算这个数列的前 30 项的近似值，并作散点图，观察点的变化趋势。

8. 计算极限：

(1) $\lim\limits_{x\to 0}\left(x\sin\dfrac{1}{x}+\dfrac{1}{x}\sin x\right)$；

(2) $\lim\limits_{x\to+\infty}\dfrac{x^2}{\mathrm{e}^x}$；

(3) $\lim\limits_{x\to 0}\dfrac{\tan x-\sin x}{x^3}$；

(4) $\lim\limits_{x\to 0+}x^x$。

9. 对于函数 $f(x)=\ln(1+x)$，在区间 $[0,4]$ 上观察拉格朗日中值定理的几何意义。

(1) 画出函数 $y=f(x)$ 及其左、右端点连线的图形；

(2) 画出函数 $y=f'(x)-\dfrac{f(4)-f(0)}{4-0}$ 的曲线图，并求出 ξ 使得 $f'(\xi)=\dfrac{f(4)-f(0)}{4-0}$；

(3) 画出函数 $y=f(x)$ 在 ξ 处的切线及它在左、右端点连线的图形。

10. 求函数 $y=2\sin^2(2x)+\dfrac{5}{2}x\cos^2\left(\dfrac{x}{2}\right)$ 位于区间 $(0,\pi)$ 内极值的近似值。

11. 设 $f(x)=\mathrm{e}^{-(x-2)^2}\cos\pi x$ 和 $g(x)=4\cos(x-2)$，计算区间 $[0,4]$ 上两曲线所围成平面的面积。

12. 求曲线 $g(x)=x\sin^2x(0\leqslant x\leqslant\pi)$ 与 x 轴所围成的图形分别绕 x 轴和 y 轴旋转所成的旋转体体积。

13. 画出锥面 $x^2+y^2=z^2$ 和柱面 $(x-1)^2+y^2=1$ 相交的图形。

14. 计算 $\displaystyle\iint_D xy^2\mathrm{d}x\mathrm{d}y$，其中 D 为由 $x+y=2, x=\sqrt{y}$ 和 $y=2$ 所围成的有界区域。

15. 求函数 $y=\mathrm{e}^{-(x-1)^2(x+1)^2}$ 在 $x=1$ 处的 8 阶泰勒展开, 并通过作图比较函数和它的近似误差。

16. 编制 M 文件：等待键盘输入，输入密码 123，密码正确，显示输入密码正确，程序结束；否则提示，重新输入。

17. 从键盘输入若干个数，当输入 0 时结束输入，求这些数的平均值以及平方和。

18. 输入 x,y 的值，并将它们的值互换后输出。

19. 假设进行 10 次摇骰子的游戏，如果有 7 次以上摇出 5 或 6 的话，得到 2 元；4 次以上的话，得到 1 元；少于 3 次，则不能得到钱。编写名为 diceGame 的函数，输入代表骰子数的向量，返回赢钱的数量。例如：

diceGame([5 1 4 6 5 5 6 6 5 2]) should return 2

diceGame([2 4 1 3 6 6 6 4 5 3]) should return 1

diceGame([1 4 3 2 5 3 4 2 6 5]) should return 0

注意　该函数应当适用于任意长度的向量。

20. 请按照下面的步骤，编写计算标准化班级平均值的脚本：

给定测试成绩向量 tests，首先采用线性变换将其转化至 $0 \sim 100$ 的区间中，其中 0 仍然对应于 0，100 就对应于 tests 中的最高成绩。新的成绩值由向量 normTests 保存。利用下面的数据来检验这个脚本：

tests = [90 45 76 21 85 97 91 84 79 67 76 72 89 95 55];

给这个脚本加入计算班级平均值的字符等级的功能：

$\text{average} > 90 \rightarrow \text{A}$

$80 \leqslant \text{average} < 90 \rightarrow \text{B}$

$70 \leqslant \text{average} < 80 \rightarrow \text{C}$

$60 \leqslant \text{average} < 70 \rightarrow \text{D}$

$\text{average} < 60 \rightarrow \text{F}$

用下面的等级向量检验脚本：

[70 87 95 80 80 78 85 90 66 89 89 100] → B

[50 90 61 82 75 92 81 76 87 41 31 98] → C

[10 10 11 32 53 12 34 54 31 30 26 22] → F

(提示：使用内置函数**max**( ) 的功能。)

第四章　让电脑玩掷骰子：使用 Matlab 生成随机数

导读：

本章叙述怎样使用 Matlab 软件来生成各种服从常用分布的随机数。由于 Matlab 中提供了生成各种常用分布及其随机变量的函数，学习掌握这些函数将使得随机模拟变得十分方便且快捷。同时本章还介绍如何用 Matlab 来进行有关分布函数、概率密度函数的计算，及其如何拟合实际数据的分布。

Matlab 的统计工具箱提供多种常用概率分布计算及其随机数生成的函数，为随机模拟带来了极大的方便，我们将按离散和连续型分布分别来介绍相关的 Matlab 函数及其使用方法。

4.1　离散型概率分布及其随机数的生成

4.1.1　离散均匀分布

离散均匀分布用于描述等概率发生事件的状况，仅限于有限的事件数，这是一种人们最为熟悉的分布。

一、 生成离散均匀概率密度函数和累积分布函数

Matlab 提供生成在 $\{1,2,\cdots,N\}$ 上均匀分布的概率密度函数和累积分布函数的命令是：

unidpdf(X, N)：给出在 X 各个点上的概率值；

unidcdf(X, N)：给出在 X 各个点上的累积概率值，
其中矩阵 $X \subset \{1, 2, \cdots, N\}$ 存放指定的各个点。

例 4.1　模拟掷骰子的实验。这里 $N = 6$，则掷出 2，4 和 6 点的概率和它们的累积概率将由上面的函数计算：

```
p = unidpdf([2, 4, 6], 6)
cp = unidcdf([2, 4, 6], 6)
输出结果为:
p = 0.1667    0.1667    0.1667
cp = 0.3333    0.6667    1.0000
```

二、 生成离散均匀分布的随机数

下面命令提供生成离散均匀分布的随机数：

unidrnd(N)：给出均匀分布于 $\{1, 2, \cdots, N\}$ 上的一个随机数；

unidrnd(N, M1, M2) 或者 **unidrnd**(N, [M1, M2])：给出由均匀分布于 $\{1, 2, \cdots, N\}$ 上的随机数组成的 $M1 \times M2$ 矩阵；

randsample(N, K)：给出 K 个均匀分布于 $\{1, 2, \cdots, N\}$ 上的随机数；

randsample(X, K)：给出 K 个均匀分布于有限个离散数集合 X 上的随机数。

例 4.2　再考察模拟掷骰子的实验。这里 $N = 6$，则掷 10 次的点为：

```
unidrnd(6, 1, 10)
输出结果为:
ans =  4   1   6   6   5   5   5   3   4   2
```

如果再运行一次上面的命令，则读者会发现结果是不一样的。这是因为，每次运行时随机序列发生器的种子数不同所致。为了调试程序的需要，因此，我们有时要求每次运行能够产生相同的随机数序列，因此，我们必须控制随机数发生器的种子数，Matlab 提供了相应的操作命令：

s = **rng**：获得随机数发生器的种子数，这个命令需要在随机数生成函数之前使用；

rng(s)：将随机数发生器的种子数设置为上次使用的种子数 s，这样随后的随机数生成函数会产生与前面相同的随机数序列；

rng('default')：每次重新运行程序时将获得与上次相同的结果。

注意　随机模拟时往往需要重复多次试验，即重复运行该段模拟程序，这时就必须要求产生不同的随机数序列，当然采用 Matlab 默认的设置即可做到。但每当人们重新打开 Matlab 来运行该程序时会获得同样的结果，如果要使得这也不同的话，则可以使用如下的语句：

rng('shuffle')：基于时钟时间来设置随机数发生器的种子数。

例 4.3　以上例为例，它们产生相同的随机数序列：

```
s = rng;
r1 = unidrnd(6,1,10)
输出结果为:
r1 = 5   1   2   1   1   5   5   2   6   1
rng(s);
r2 = unidrnd(6,1,10)
r2 = 5   1   2   1   1   5   5   2   6   1
```

现在，我们使用这个函数来产生大量的随机数序列，如何能直观地查验这些随机数是否呈现均匀分布呢？Matlab 给出了一个绘制数据直方图的命令：

hist(data)：绘制数据 data 的直方图；

hist(data, nbins)：绘制数据 data 的直方图，其中 nbins 用于指定等间隔划分数据的间隔数，nbins 缺省时为 10；

hist(data, xcenters)：绘制数据 data 的直方图，其中 xcenters 用于指定划分数据间隔的中心点坐标。

我们也可以采用交互式的命令来查看数据的分布状况，这个命令是：

dfittool(data)：绘制数据 data 的 pdf，cdf 等图形，详情请参看联机帮助系统。这个命令极大地方便了人们识别调查数据所服从的分布类型，对于模拟研究实际系统时它将是非常有用的。

例 4.4　通过画数据的直方图来查验模拟掷骰子的点数是否服从均匀分布：

```
data = unidrnd(6, 1, 5000);
hist(data,[1, 2, 3, 4, 5, 6])
```

运行结果如图 4.1 所示。

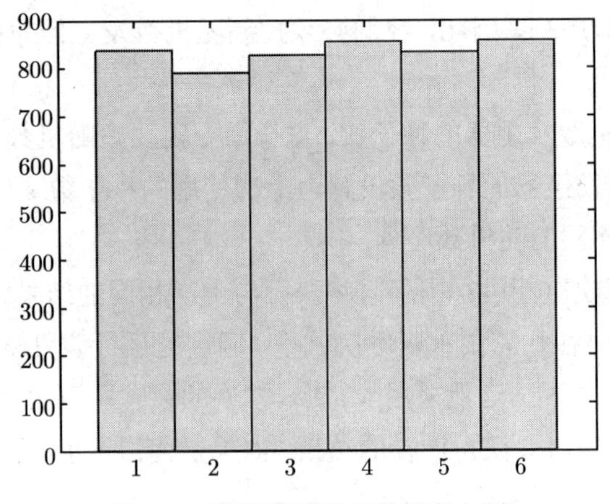

图 4.1　模拟掷骰子点数的直方图

如果使用交互式的命令来查看数据的分布，在命令窗口里输入命令：**dfittool**(data)，再在弹出的图形窗口菜单上选择 pdf，则将呈现与上面相似的直方图。

对于一般的离散均匀分布：$P(X=x_i)=1/N,\ i=1,\cdots,N$，我们可以定义一个一一对应的离散变换函数：$h(i)=x_i,\ i=1,\cdots,N$ 来产生其随机变量：

$$\mathrm{X}=h(\textbf{unidrnd}(\mathrm{N}))。\tag{4.1}$$

4.1.2　泊松分布

泊松分布常用于刻画某些随机到达的流量情况，其分布由参数 (到达率)$\lambda>0$ 决定，其密度分布函数为

$$P(k)=\mathrm{e}^{-\lambda}\frac{\lambda^k}{k!},\quad k=0,1,2,\cdots。\tag{4.2}$$

一、 生成泊松概率密度函数和累积分布函数

Matlab 提供了生成泊松分布的概率密度函数和累积分布函数的命令：

poisspdf(X, lambda)：给出变量取 X 各个数时的概率值，其中 lambda 是泊松分布的参数；

poisscdf(X, lambda)：给出变量取 X 各个数时的累积概率值。

(注：由于 Matlab 程序中的变量名不能用希腊字母，可用它的读音来写它，如 λ 就写成 lambda, ρ 就写成 rho)：

例 4.5　考察生成参数为 $\lambda=5$ 的泊松概率密度和累积概率分布图，这里变量取 $0\sim15$。

```
x = 0:15;
p = poisspdf(x, 5);
cp = poisscdf(x, 5);
subplot(2, 1, 1)
bar(x, p)
xlim([-1, 16])
title('泊松概率密度函数(pdf)')
subplot(2, 1, 2)
stairs(x, cp)
title('泊松概率分布函数(cdf)')
```

运行结果如图 4.2 所示。

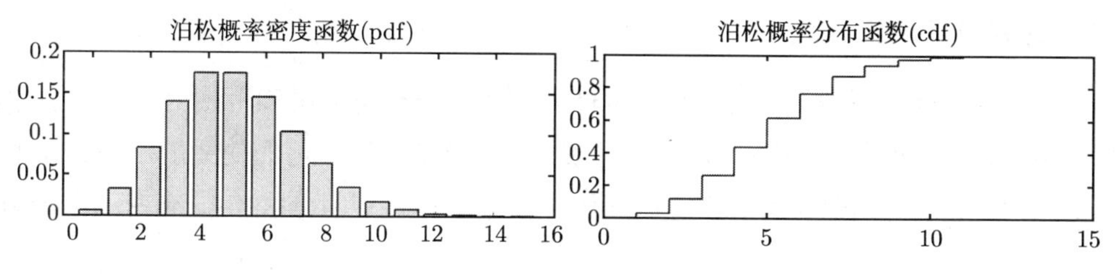

图 4.2　泊松分布的概率密度函数和累积分布函数的图形

二、 生成泊松分布的随机数

下面命令提供生成泊松分布的随机数:

poissrnd(a): 给出服从参数为 a 的泊松分布的一个随机数;

poissrnd(a, M, N) 或者 **poissrnd**(a, [M, N]): 给出由服从参数为 a 的泊松分布的随机数组成的 $M \times N$ 矩阵。

例 4.6 生成参数为 $a = 5$ 的泊松分布的随机数序列:

```
data = poissrnd(5, 1, 5000);
hist(data, [0:19])
xlim([-1, 20])
title('泊松分布随机数序列的直方图')
```

运行结果如图 4.3 所示。

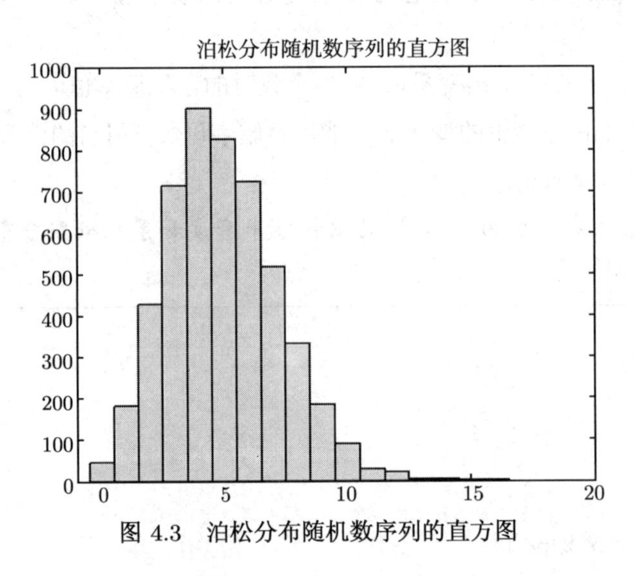

图 4.3 泊松分布随机数序列的直方图

4.2 连续型概率分布及其随机数的生成

4.2.1 连续均匀分布

连续均匀分布非常重要, 因为它不但能够刻画在一个有限区间范围内等可能性地出现任意值的情况, 而且其他连续分布的生成也出自于它, 甚至前面的离散概率分布的生成也是如此。连续均匀分布有着广泛的应用, 它在区间 $[a, b]$ 上的均匀分布密度函数为

$$f(x) = \begin{cases} \dfrac{1}{b-a}, & a \leqslant x \leqslant b, \\ 0, & \text{其他。} \end{cases} \tag{4.3}$$

一、 生成连续均匀概率密度函数和累积分布函数

Matlab 提供的生成在区间 $[a,b]$ 上的均匀分布的概率密度函数和累积分布函数的命令分别是：

unifpdf(X, a, b)：给出概率密度函数在 X 各个点上的值；

unifcdf(X, a, b)：给出累积分布函数在 X 各个点上的值，

其中矩阵 $X \subset [a,b]$ 存放指定的各个点，如果上面函数缺省参数 a 和 b，则是 $\mathrm{a}=0, b=1$ 的情形，即是区间 $[0,1]$。

例 4.7　考察在区间 $[0,1]$ 上的均匀分布，我们等间隔地在区间 $[-1,2]$ 范围内选取一组点，下面的命令将画出图 4.4。

```
X = [-1:0.05:2];
f = unifpdf(X);
cf = unifcdf(X);
subplot(2,1,1)
plot(X,f,'x')
axis([-1,2,0,1.1])
title('均匀概率密度函数')
subplot(2,1,2)
plot(X,cf,'-')
axis([-1,2,0,1.1])
title('均匀概率分布函数')
```

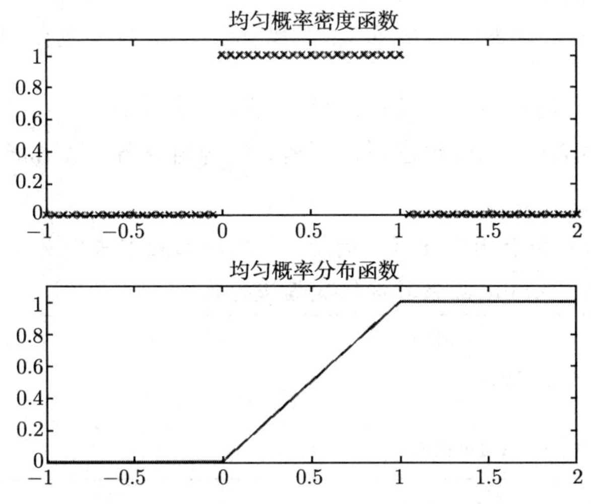

图 4.4　在区间 $[0,1]$ 上的均匀概率密度函数和分布函数的图形

二、 生成连续均匀分布的随机数

下面命令提供生成连续均匀分布的随机数：

unifrnd(a, b)：给出在区间 $[a,b]$ 上均匀分布的一个随机数；

unifrnd(a, b, M, N) 或者 **unifrnd**(a, b, [M, N])：给出由区间 $[a,b]$ 上均匀分布的随机

数组成的 $M \times N$ 矩阵；

rand：生成在区间 $[0,1]$ 上均匀分布的一个随机数；

rand(N, M)：生成一个 $N \times M$ 矩阵，其元素均是区间 $[0,1]$ 上均匀分布的随机数；

rand(N)：同上，但生成的是一个 N 阶方阵。

例 4.8　用连续均匀分布随机数来模拟掷骰子点数:

```
R = fix(unifrnd(1, 7, 1, 5000));
hist(R,[1, 2, 3, 4, 5, 6])
```

运行结果如图 4.5 所示。

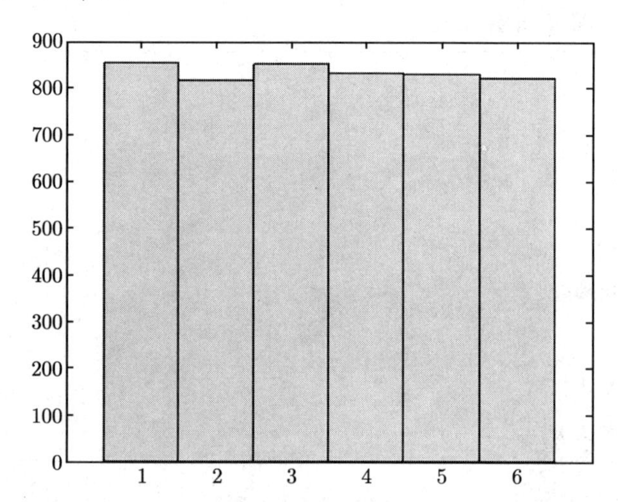

图 4.5　由连续均匀分布模拟掷骰子时，所生成点数的直方图

另外，Matlab 还提供了一个用均匀分布来拟合数据的命令：

[ahat, bhat] = **unifit**(data)：给出拟合所估计的均匀分布参数 ahat 和 bhat，其中 data 为存放数据的矩阵。

例 4.9　这是一个拟合均匀分布的例子: 首先用上面方法生成 5000 个在区间中均匀分布的随机数，再调用 unifit 函数对这组数据进行估计。

```
data = unifrnd(10, 15, 1, 5000);
[ahat, bhat] = unifit(data)
估计的参数为:
ahat = 10.0019      bhat = 14.9998
```

4.2.2　正态分布

正态分布很常用，因为人们认为很多常见现象，如误差、干扰或者波动等的变量都服从或者近似服从正态分布。它的分布由期望和方差这两个参数决定，其分布密度函数为

$$f(x) = \frac{1}{\sigma\sqrt{2\pi}}\mathrm{e}^{-\frac{(x-\mu)^2}{2\sigma^2}}。\tag{4.4}$$

一、 生成正态概率密度函数和累积分布函数

Matlab 提供的生成正态概率密度函数和累积分布函数的命令分别是：

normpdf(X, a, b)：给出概率密度函数在 X 各个点上的值；

normcdf(X, a, b)：给出累积分布函数在 X 各个点上的值，

其中 a 和 b 分别是分布的期望和标准差，如果缺省该两个参数，则是 $a=0, b=1$ 的情形，即为标准正态分布。

注意　在 Matlab 的正态函数命令中，使用的不是方差而是标准差。

根据中心极限定理 (定理 2.2)，多个独立且相同的均匀分布的变量累加将近似于正态分布。下面的例子就来说明这点。

例 4.10　我们用 300 个均匀分布的随机变量之和来近似标准正态分布。设 $R_i \sim U\left(-\dfrac{1}{2}, \dfrac{1}{2}\right)$, $i=1,\cdots,300$，其期望为 0 且方差为 $\sigma^2 = \dfrac{1}{12}$。

```
clear all, clf
m = 300;   n = 10000;   nbins = 100;
R = unifrnd(-0.5, 0.5, [m, n]);
Q = sum(R, 1)/5;      % 由累加生成的随机数据
w = (max(Q)-min(Q))/nbins;
[Y, X] = hist(Q, nbins);
Y = Y/n/w;
t = -3.5:0.05:3.5;
Z = 1/sqrt(2*pi)*exp(-(t.^2)/2);      % 标准正态分布的密度函数
hold on
bar(X, Y, 0.5)
plot(t, Z, 'r')
hold off
MSE = norm(Y - normpdf(X))/sqrt(nbins)      % 均方误差
```

上面第四行“除以 5”是中心极限定理公式 (2.52) 中的分母：$\sqrt{300}\times\sqrt{\dfrac{1}{12}}=5$。显示在图 4.6 中的结果表明，累加的变量近似为正态分布，其均方误差是：MSE $=0.0118$。

二、 生成正态分布的随机数

下面命令提供生成正态分布的随机数：

normrnd(a, b)：给出服从期望为 a 且标准差为 b 的正态分布的一个随机数；

normrnd(a, b, M, N) 或者 **normrnd**(a, b, [M, N])：给出由服从期望为 a 且标准差为 b 的正态分布的随机数组成的 $M\times N$ 矩阵。

Matlab 同时提供了一个用正态分布来拟合数据的命令：

[ahat, bhat] = **normfit**(data)：给出拟合所估计的正态分布的期望 ahat 和标准差 bhat，其中 data 为存放数据的矩阵。

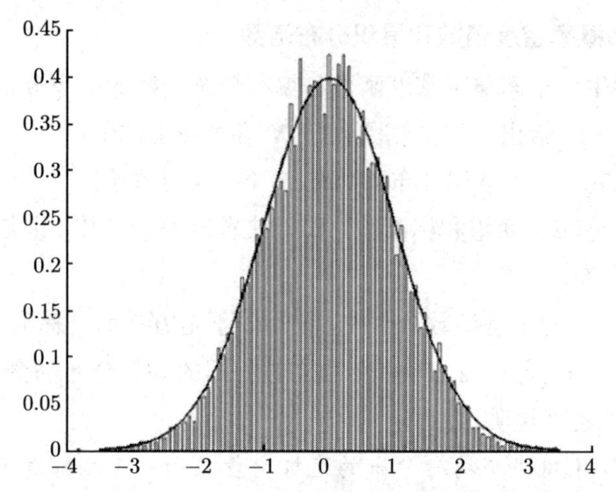

图 4.6　由 300 个均匀分布的随机变量之和模拟正态分布

直方图是模拟数据的频率分布，曲线是标准正态分布的密度函数

例 4.11　在金融市场中，股票的回报 (股价的变化率) 被假设服从期望为 0 且方差为 σ^2 的正态分布，这里方差被称为**波动率**(volatility)。我们令 $s(t)$ 表示在 t 时刻的股价，那么将回报写为

$$R(t) = \log(s(t)) - \log(s(t-1)) \approx \frac{s(t) - s(t-1)}{s(t-1)}。$$

因为，对于所有 t 都有：$R(t) \sim N(0, \sigma^2)$。所以

$$s(t) = s(t-1)\mathrm{e}^R, \quad R \sim N(0, \sigma^2)。$$

于是，我们可以用正态分布的随机数来模拟股价在一年内 (252 个工作日) 的变化轨迹：

```
n = 252;  s = zeros(1, n);
s(1) = 100;   sigma = 0.15;     % 设置初始股价与波动率
R = normrnd(0, sigma, 1, n);
for t = 2:n
  s(t) = s(t-1)*exp(R(t));
end
plot(s)
xlim([0,252])
xlabel('时间'),  ylabel('价格')
```

模拟的股价变化轨迹如图 4.7 所示。

4.2.3　生成对数正态分布

在金融中将会使用对数正态分布，例如，股票价格呈现显著的随机性，则股票价格被假设为服从对数正态分布。我们应该注意到：服从正态分布的随机变量可以为负值，用它来描述股票价格是明显不合适的。对数正态概率密度函数为

$$f(x)=\begin{cases}\dfrac{1}{x\sigma\sqrt{2\pi}}\mathrm{e}^{-\frac{(\ln(x)-\mu)^2}{2\sigma^2}}, & x>0,\\ 0, & x\leqslant 0。\end{cases} \tag{4.5}$$

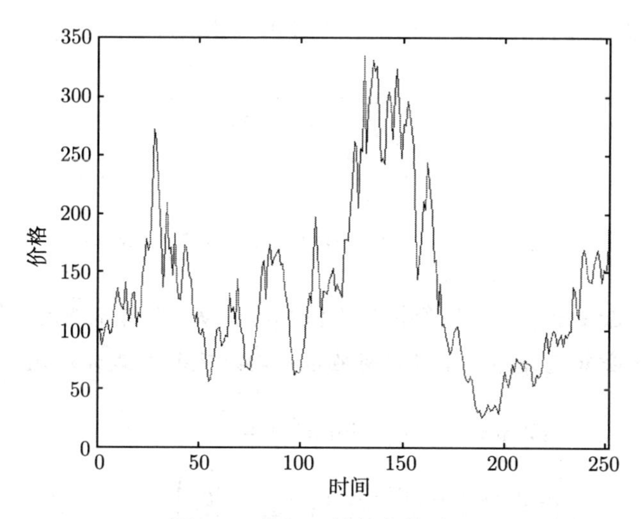

图 4.7　模拟股价的变化轨迹

Matlab 提供的生成对数正态概率密度函数和累积分布函数的命令分别是：

lognpdf(X, a, b)：给出概率密度函数在 X 各个点上的值；

logncdf(X, a, b)：给出累积分布函数在 X 各个点上的值；

[ahat, bhat] = **lognfit**(data)：用对数正态分布拟合数据 data 所给出的分布参数 ahat 和 bhat。

上面语句中的参数 a 和 b 分别是与该分布相对应的正态分布的期望和标准差，如果缺省该两个参数，则是 $a=0, b=1$ 的情形，即对应于标准正态分布。而 ahat 和 bhat 分别是分布参数 a 和 b 的估计值。

用 Matlab 生成对数正态分布的随机数的命令是：

lognrnd(a, b)：给出服从对数正态分布的一个随机数，其中与该分布对应的正态分布的期望为 a 且标准差为 b；

lognrnd(a, b, M, N) 或者 **lognrnd**(a, b, [M, N])：给出由服从对数正态分布的随机数组成的 $M\times N$ 矩阵，参数意义同上。

注意　对数正态分布的参数是使用与其对应的正态分布的参数，要计算它自己的期望 mu 和方差 sigma 也有 Matlab 命令：

[mu, sigma] = **lognstat**(a, b)。

例 4.12　续上例 4.11，我们已假设了股票价格的变化遵从如下的规律：

$$\ln\frac{s(t+1)}{s(t)}\sim N(0,\sigma^2),\quad t=0,1,2,\cdots。$$

但这样的假设忽略了资产存在无风险回报的事实，如设无风险回报率为常量 $r>0$，则上

面的关系被修正为

$$\ln\frac{s(t+1)}{s(t)} \sim N(r,\sigma^2),\quad t=0,1,2,\cdots。$$

令 $\{z(t)\}$ 代表一组服从标准正态分布的随机变量，且它们是相互独立的。于是我们可以写出

$$\ln\frac{s(t+1)}{s(t)} = r+\sigma z(t),$$

这样就有

$$\ln(s(t+1)) = \ln(s(0)) + rt + \sigma\sum_{k=1}^{t} z(k)。$$

后面我们将看到，这种分布特征的价格变化被称为遵从“几何布朗运动”。当时间 t 固定，股票价格就服从对数正态分布。可以容易地求得其期望和方差分别是:

$$\begin{aligned}\mathbf{E}[\ln(s(t+1))] &= \ln(s(0)) + rt,\\ \mathrm{var}[\ln(s(t+1))] &= \mathrm{var}\left(\sigma\sum_{k=1}^{t} z(k)\right) = \sigma^2 t。\end{aligned}$$

故当时间 t 变化时，它的期望和方差随时间线性地增大。

由此我们就可以模拟遵从布朗运动的股票价格的变化，这里令 $r=0.05/360$, $\sigma^2=0.0009$, 而初始股票价格仍然设为 $s(0)=100$。现在，我们问 20 天后股票的期望价格是多少？而上涨超过 15% 的概率又是多少？下面的程序将给出答案。

注意 计算时利率的时间单位，默认给出的都是年利率，这里必须将无风险年利率 (5%) 折算到天利率，即除以 360(天)；而这里的波动率是已经折算到天的。

```
t = 20;
s0 = 100;    r=0.05/360;  sigma = 0.03;     % 设置初始股价、无风险利率与波动率
[mu, v] = lognstat(log(s0)+r*t, sigma*sqrt(t))
pr = 1 - logncdf((1+0.15)*s0, log(s0)+r*t, sigma*sqrt(t))
n = 500000;     % 模拟50万次
s = lognrnd(log(s0)+r*t, sigma*sqrt(t), 1, n);
muhat = mean(s)      % 以模拟结果的平均作为期望
pshat = sum(s>(1+0.15)*s0)/n      % 以模拟结果计算事件的频率
```

计算结果给出: 那时的期望价格为 101.1847, 上涨超过 15% 的概率为 0.1536, 而模拟得到的相应结果分别是 101.1967 和 0.1533; 两者是很接近的。

4.2.4 生成指数分布

当人们考察相继发生事件的时间间隔，或者事件的存续时间，往往发现这些时间的长度是随机的，指数分布常被用来刻画它们。指数概率密度函数为

$$f(x) = \frac{1}{a}\mathrm{e}^{-\frac{x}{a}},\quad x\geqslant 0, \tag{4.6}$$

其中参数 $a>0$ 是分布的期望或标准差，而其倒数 a^{-1} 则反映在单位时间内发生时间的次数，即发生率。

Matlab 提供的生成指数概率密度函数和累积分布函数的命令分别是：

exppdf(X, a)：给出概率密度函数在 X 各个点上的值；

expcdf(X, a)：给出累积分布函数在 X 各个点上的值；

exprnd(a)：生成服从参数为 a 的指数分布的随机数；

exprnd(a, [M, N])：生成由服从指数分布的随机数所组成的 $M\times N$ 矩阵 (分布参数的意义同上)；

[ahat] = **expfit**(data)：用指数分布拟合数据 data 所给出的分布参数 ahat。

上面语句中的参数 a 是指数分布的期望或标准差，如果缺省，则是 $a=1$ 的情形。而 ahat 是指数分布参数 a 的估计值。

这些命令的使用方式与前面几个例子相同，我们这里就不再赘述，它们的具体运用将在后面的应用章节中展现。

✎ 练　习

1. 利用 rand 产生 10 个随机数，利用 for 循环对其进行排序 (从大到小)。

2. (掷硬币)　考虑将一枚硬币掷 N 次，当 N 很大时，正面出现的几率接近 0.5，设计一个随机模拟实验显示这一现象。

3. 对于第一章中的例 1.1“电池问题”编写 Matlab 程序加以模拟实现，并对模拟结果进行有效地讨论。

4. 对于第一章中的例 1.2“蒙提霍尔”问题编写 Matlab 程序加以模拟实现，并比较模拟与理论的结果。

5. 对于第一章中的例 1.3“商品优惠券”问题编写 Matlab 程序加以模拟实现，并比较模拟与理论的结果。

6. 对于第一章中的例 1.4“蒲丰投针”问题编写 Matlab 程序加以模拟实现，并比较模拟的计算精度。查阅有关蒲丰投针随机模拟的资料，并比较您获取的结果。

(1) 进行大量蒲丰投针试验，估计 π 的值，并写出试验次数与误差的函数。

(2) 执行蒲丰投针试验 10000 次估计 1/π，然后考虑：

(a) 将上面 10000 次的投针试验重复做 200 次，并检验误差；

(b) 将 1000 次的投针试验重复做 2000 次，并检验误差；

(c) 将 100 次的投针试验重复做 20000 次，并检验误差。

7. 模拟 1000 次投掷两颗骰子的结果，试计算下列事件的概率：

(1) 骰子的总和；

(2) 任意选择单点对，例如 (1, 1), (1, 2) 和 (6, 6) 出现的概率；

(3) 出现双 6 的概率。

8. 从某大学近年所有修过概率论课程的学生当中，随机选出一位。这位学生在该科目取得成绩的概率分布如下表所示：

成　绩	A	B	C	D 或 F
概　率	0.2	0.3	0.3	?

(1) 他得 D 或 F 的概率一定是多少？

(2) 若要模拟随机选择的学生的成绩，你会怎样分配数字来代表列出来的 4 种可能结果？

(3) 宿舍里面同一层楼有 5 个学生正在修这门课。他们不一起读书，所以他们的成绩互相独立。利用 Matlab 编程模拟来估计这 5 个人的修课成绩有至少 C 以上的概率 (模拟 1000 次)。

9. (班级排名问题)　随意选一位大学生，问他在大一时的班级排名。各结果的概率分布如下表所示：

班级排名	前 10%	非前 10% 但前 25%	非前 25% 但前 50%	后 50%
概 率	0.3	0.3	0.3	?

(1) 一个随机选择的学生，以前大一时在班上排名为后一半的概率是多少？

(2) 如要考虑模拟一个随机选择的学生的大一成绩排名，你会怎样分配数字来代表列出的 4 种可能？

(3) “随机基金会”决定要提供 8 位随机选择的学生全额奖学金。8 位随机选择的学生中，至多有 3 人大一时的班级排名在后一半的概率是多少？用 Matlab 编程模拟该基金会的选择 100 次，来估计这项概率。

10. (模拟意见调查)　一项近期做的意见调查显示，已婚女性中约有 70% 认为，她们的先生做了至少份内该做的家务。假设这是完全正确的，则假如随机选择一位已婚女性，她认为她的老公有做足够家务的概率是 0.7。如果我们个别访问一些女性，就可以假设她们的回答会是相互独立的。我们想要知道，一个 100 位女性的简单随机样本，会包含至少 80 位认为老公做了份内家务的女性的概率。试仔细说明这项模拟要怎么做，并且用随机数模拟一次调查。100 位女性中有几位说老公做了份内的家务？请编程模拟 100 次来估计我们要找的概率。

11. (姚明的罚球)　职业篮球运动员姚明在整个球季中的罚球，差不多有一半会中。我们就把他每次罚球的投中概率当做是 0.5。利用 Matlab 编程模拟他在一场球赛中罚 12 次球的表现，共模拟 25 回。这个模型就和掷 12 次铜板的模型一模一样。

(1) 估计姚明罚球 12 次至少中 8 次的概率。

(2) 检查你做的 25 回模拟当中，每一串投进及未投进的序列，最多的连续进球数为多少？最多又有多少次连续未中？

12. 卡车公司每年都要进行大量的轮胎修补工作。在即将到来的一年里，他们预计必须修补 2000 只瘪胎。瘪胎数随着业务的增长而增加，业务量每年增长 20%，且具有标准差为 4% 的正态分布。目前，司机们都将瘪胎送往最近的服务站修补。今年每只轮胎的平均修补成本是 200 元，每年的通胀率是 8%。该公司正在考虑某些选择。一位轮胎商人已向他们提供每只轮胎 220 元的 5 年修补合同。而该公司的经理提出，投资 500000 元购买设备，他们就能在第一年以每只轮胎 50 元的成本和 250000 元的固定成本自己修补轮胎。预计公司的成本每年以 3% 的比率增长。5 年后这台设备可以 10000 元的残值售出。建立模拟模型并利用 Matlab 编程来比较这三种系统，建立每种系统的成本净现值差异。

13. (观察随机数生成器的微妙变化)　测试下面这段 Matlab 生成随机数的程序。为了比较两者的结果，先用注释方式注释掉程序中的两行之后运行程序，然后恢复被注释掉的行后再次重新运行程序。报告你的结果，并分析可能的原因。

```
low = 0; high = 0;
for i = 1:100000000
    x = rand;
    if x<0.1
        low = low + 1;
        y = rand;       % 注释掉这语句
    else
        high = high + 1;
        y = rand; z = rand;       % 注释掉这语句
    end
end
low,  high
```

14. (确定概率分布)　从均匀分布 $U(0,1)$ 随机地产生 N 个点，然后排序 $X_1 \leqslant X_2 \leqslant \cdots \leqslant X_n$。设 $p_i = X_i - X_{i-1}, i = 2,3,\cdots,N$ 和 $p_1 = 1 + X_1 - X_N$。注意，$p_i \geqslant 0, p_1 + p_2 + \cdots + p_N = 1$。开始时，取 $N = 4$，模拟实验研究 p_i 的分布以及向量 $(p_1, p_2, \cdots, p_N)$ 的联合分布。然后你可以尝试考虑 $N > 4$ 的情形。是否所有的 p_i 具有相同的分布 (可以对每个 p_i 单独做它的直方图并加以比较)？如果是这样，这是什么分布？试问这样的二维随机向量的分布是什么？并绘制其概率密度函数曲面。(提示：可以先绘制直方图，再由此画出其密度函数曲面。)

15. (确定概率分布)　上面问题还有另一种方法来产生 N 个点 $(p_1, p_2, \cdots, p_N)$。先由均匀分布 $U(0,1)$ 随机地产生 $X_i \sim U(0,1),\quad i = 1,2,\cdots,N$，然后令

$$p_i = \frac{X_i}{\sum_{i=1}^{N} X_i}。$$

试问：

这样是否使得 $(p_1, p_2, \cdots, p_N)$ 中的 N 个分量具有等概率性？用随机模拟方法进行试验。分别绘制每个 p_i 的分布图，它们都具有相同的分布。而它们的联合分布还需要进一步试验确定，研究方法是绘制其中任意一对随机变量的联合概率密度函数。

第五章　掷骰子的进阶：特殊分布随机数的抽样

导读：

本章讲述如何从特殊分布产生随机数的方法，内容包括逆变换法、接受–拒绝法和多维分布的抽样方法。因为许多实际问题中的随机数并不服从前面所列出的那些常见的分布，生成那些非常见分布的随机数是随机模拟方法应用于这些实际问题的核心技术，所以人们需要有一些借助于常见分布来生成服从各种分布的随机数的方法。

人们在一些实际问题中所遇到的概率分布并不是通常介绍的那几种常见分布，例如，Matlab 统计工具箱中没有列入的分布，我们不妨将它们称为特殊分布。那么如何能够生成服从那些特殊分布的随机数呢？生成服从指定分布的随机数序列是一种抽样，本章我们将介绍两种最常见的生成随机数的抽样方法：逆变换法和接受–拒绝法。

5.1　逆变换法

在第二章的 2.5 节，我们已经介绍了逆变换法的原理，关键是能够从该累积分布函数 (CDF，简称分布函数) 明确地写出它的反函数。

5.1.1　逆变换算法

设 $F(x)$ 是某特定的一维概率分布函数，生成服从该分布的随机数的逆变换算法的具体步骤如下：

(1) 写出该分布函数的反函数 $F^{-1}(x)$；

(2) 生成随机数 $u \sim U(0,1)$；

(3) 计算 $x = F^{-1}(u)$，则 x 就是服从该特定分布的随机数。

为了演示这种方法的运用，我们仍然以例 2.16 的柯西分布为例来说明。

例 5.1 标准柯西分布的概率分布函数是

$$F(x) = \frac{1}{2} + \frac{\arctan(x)}{\pi}。$$

现在，我们运用逆变换算法来生成服从柯西分布的随机数序列。

首先，容易写出它的反函数为

$$F^{-1}(y) = \tan(\pi(y - 1/2))。$$

接着，使用 rand 函数生成区间 $(0,1)$ 上的均匀分布的随机数。这里，我们可以利用 Matlab 的特点一次性地生成一组均匀分布的随机数序列 (如 10^5 个):

U = rand(1,100000)

最后，将这组随机数序列代入上面的反函数即可得到服从柯西分布的随机数序列:

X = tan(pi*(U–1/2))

执行上面 Matlab 两句命令就生成了 10^5 个服从标准柯西分布的随机数序列。但是要形象地用图形来显示出如图 5.1 所示的直方图却要一点小小的技巧。事实上，我们只绘出了在有限区间 $(-20, 20)$ 上的图形，必须舍取超出这个区间范围的那些随机数。其原因正是由于柯西是厚尾性非常大的分布，它会生成出不少取值很大的随机数，而那样使用 hist 函数来画直方图就会破坏分布的形状。下面我们给出生成柯西分布随机数的 Matlab 程序。这样，图 5.1 中的柱状图形就显示那些随机数的直方图，而图中曲线是根据柯西密度函数计算的理论数值。由此可看出，生成的随机数很好地服从了柯西分布。

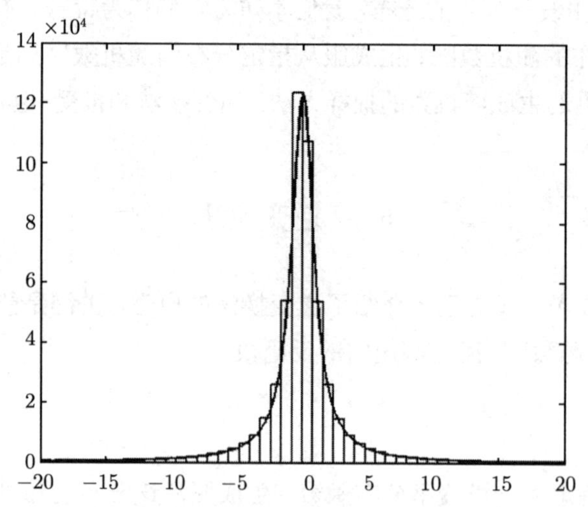

图 5.1 由逆变换法生成服从柯西分布的随机数的直方图

```
N = 500000;
x = zeros(1,N); count = 0;
```

```
for i = 1:N
    U = unifrnd(0,1);
    tmp = tan(pi*(U-0.5));
    if tmp>-20 && tmp<20
        count = count+1;
        x(count) = tmp;
    end
end
hist(x,60);
hold on
t = -20:0.1:20;
y = 1./(pi*(1+t.*t));
scale = count*(40/60);
plot(t,scale*y,'r')
hold off
```

5.1.2　逆变换的局限法

注意，这种逆变换方法虽然很简单，算法效率也很高，但却存在如下的一些局限：

(1) 程序运行有可能出错，有的分布函数的反函数在 0 或者 1 处的值是无穷大，例如柯西分布就是这样。如果计算机产生的 $(0,1)$ 均匀分布随机数中包含 0 或者 1，那么这个算法程序就会出错。幸运的是，迄今为止，Matlab 的 rand 函数生成的随机数确实不包括 0 和 1。但其他算法语言的情况可能不同，因此需要提醒读者在编程中注意这种情况。

(2) 分布函数必须严格单调递增，否则它的反函数不存在。

(3) 即使分布函数的反函数存在，如果它太复杂或者无法解析地写出，则可能导致计算速度过慢，甚至无法计算的后果。

5.2　接受–拒绝法

我们已经指出，上节的逆变换法并不能普遍地适用于所有分布。许多分布函数较复杂或者非严格单调，这使得人们无法写出它的反函数。一种几乎普遍适用的方法是所谓的**接受–拒绝法** (acceptance-rejection method)，它的思想可以形象地将其比喻为制作沙雕，经历由粗到细的雕琢过程。这方法首先要像沙雕堆砌出一个简单的雏形那样，设置一个形状简单的概率密度曲线 (函数)，使得抬高它到一定的高度就能够完全罩住所要抽样的概率密度曲线 (函数)。前者的概率密度函数称为建议概率密度函数，而后者称为目标概率密度函数，当然两者的定义域要相同。因为人们都知道，做沙雕时，最初堆出来的那堆沙堆要比最终的雕像大。接着就好似将多出部分削去的雕刻那样，我们将从建议概率密度函数生成的随机数按照一定的判定概率予以接受或者拒绝。用这样的方式来产生的随机数就服从概率密度函数为 $f(x)$ 的分布。

5.2.1 接受–拒绝算法

接受–拒绝算法的具体步骤如下：

(1) 首先选择一个容易抽样的某个分布作为建议分布，设它为 $g(x)$，接着要确定一个常数 $M>1$, 使得在 x 的定义域上均有 $f(x)\leqslant Mg(x)$ 成立 (这相当于 $Mg(x)$ 的图形完全“罩住”了 $f(x)$ 的图形，如图 5.2 所示)。

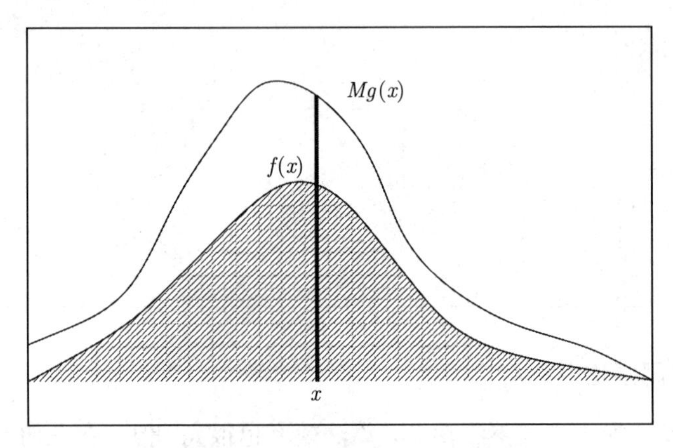

图 5.2 接受–拒绝法的图示

(2) 生成服从概率密度函数为 $g(x)$ 的建议随机数 y。

(3) 再生成一个服从均匀分布 $U(0,1)$ 的随机数 u。

(4) 计算接受准则的概率函数 $h(x)=\dfrac{f(x)}{Mg(x)}$，如果 $u<h(y)$，则接受所生成的该随机数 y；反之，则丢弃该随机数 y，并转到第 (2) 步。

由此所生成的随机数就是我们需要的服从概率密度为 $f(x)$ 的随机数。下面我们用一个简单例子，并结合图形来演示这种方法。

例 5.2 假设我们要抽样的目标概率密度函数是

$$f(x)=\frac{6(x-0.5)^2}{7},\quad x\in(0,2)。$$

这个密度函数的图形如图 5.3 所示。生成服从它的随机数的具体算法如下：

(1) 我们选用在相同定义域上的均匀分布 $U(0,2)$ 作为建议分布，即 $g(x)=0.5$。由于要求 $f(x)\leqslant Mg(x)$ 成立，不难求得 $\max\limits_{x\in[0,\,2]} f(x)=1.9286$，则我们可以选择 $M=3.858$。因为 M 选得越大，意味着我们堆砌的原始雏形就越大，需要削去的部分也越多，效率就会越低，所以我们要选择尽可能小的 M。图 5.3 绘出了接受–拒绝法所要求的几条曲线的位置情况。

(2) 生成建议的随机数 $y\sim U(0,2)$。

(3) 然后再生成一个随机数 $u\sim U(0,1)$。

(4) 计算接受准则的概率函数 $h(y)=\dfrac{f(y)}{Mg(y)}$，如果 $u<h(y)$，则生成的 y 就是我们

需要的随机数；反之则丢弃生成的 y 并转到第 (2) 步去重新生成。

不断地重复步骤 (2)—(4) 就可以生成出一组服从目标概率密度函数 $f(x)$ 的随机数序列。

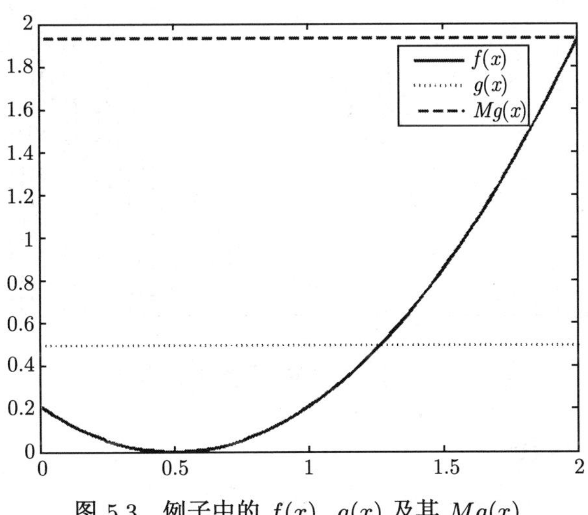

图 5.3　例子中的 $f(x)$, $g(x)$ 及其 $Mg(x)$

我们充分利用 Matlab 矩阵运算的优势，整批地产生一堆随机数，其程序代码如下：

```
N = 500000;    M = 3.858;
Y = unifrnd(0,2,1,N);
U = unifrnd(0,1,1,N);
gy = 0.5;
fy = 6*(Y-0.5).*(Y-0.5)/7;
X = Y(U < fy./gy/M);
sample = length(X);
[Xnumber,Xcenters] = hist(X,50);
bar(Xcenters,Xnumber/sample)
title('f(x) = 6(x-0.5)^2/7')
hold on
t = 0:0.04:2;
z = 6*(t-0.5).*(t-0.5)/7;
scale = 2/50;
plot(t,scale*z,'r')
hold off
```

这里我们使用 bar 语句来画直方图，绘图数据由下面语句的返回所获得：

[Xnumber,Xcenters] = **hist**(X,bins)

由这个程序生成的随机数的分布情况如图 5.4 所示，它们非常贴近密度为 $f(x)$ 的分布。

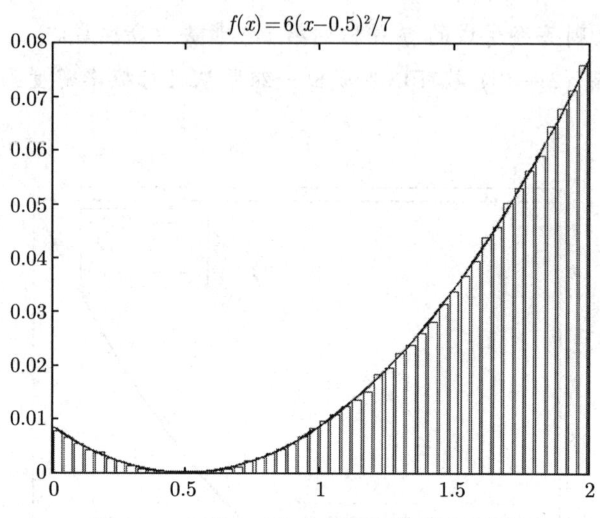

图 5.4 由例 5.2 生成的随机数的直方图

5.2.2 接受–拒绝法的原理

接受–拒绝法的原理很直观，证明也是简单的。设 F 和 G 分别是对应于目标概率密度函数 f 和建议概率密度函数 g 的分布函数，我们只需要证明

$$P\left(Y \leqslant y \middle| U \leqslant \frac{f(Y)}{Mg(Y)}\right) = F(y)。$$

记事件 $A = \{Y \leqslant y\}$ 和 $B = \left\{U \leqslant \dfrac{f(Y)}{Mg(Y)}\right\}$。因为我们知道，条件概率

$$P\left(U \leqslant \frac{f(Y)}{Mg(Y)} \middle| Y = y\right) = \frac{f(y)}{Mg(y)}。$$

那么，它的无条件概率是

$$\begin{aligned}P\left(U \leqslant \frac{f(Y)}{Mg(Y)}\right) &= \int_{-\infty}^{\infty} P\left(U \leqslant \frac{f(Y)}{Mg(Y)} \middle| Y = y\right) g(y)\mathrm{d}y \\ &= \int_{-\infty}^{\infty} \frac{f(y)}{Mg(y)} g(y)\mathrm{d}y = \frac{1}{M}\int_{-\infty}^{\infty} f(y)\mathrm{d}y = \frac{1}{M}。\end{aligned}$$

这个概率反映了算法的效率，M 越大，则效率越低。

由条件概率公式 $P(A|B) = P(B|A)P(A)/P(B)$，可得

$$\begin{aligned}P\left(Y \leqslant y \middle| U \leqslant \frac{f(Y)}{Mg(Y)}\right) &= P(A|B) = \frac{P(B|A)P(A)}{P(B)} \\ &= \frac{P\left(U \leqslant \dfrac{f(Y)}{Mg(Y)} \middle| Y \leqslant y\right) P(Y \leqslant y)}{1/M} \\ &= M\int_{-\infty}^{y} P\left(U \leqslant \frac{f(Y)}{Mg(Y)} \middle| Y = w < y\right) g(w)\mathrm{d}w\end{aligned}$$

$$= M\int_{-\infty}^{y}\frac{f(w)}{Mg(w)}g(w)\mathrm{d}w = \int_{-\infty}^{y}f(w)\mathrm{d}w = F(y)。$$

这就证明了接受–拒绝法。

接受–拒绝法似乎更简单，不需要求分布函数的反函数，但它也有如下缺陷：

(1) 由于算法要随机地拒绝掉许多建议的随机数 y，根据算法效率，我们估计迭代 N 次后最终会得到随机数的数量大约是 N/M。

(2) 选择合适的建议概率密度函数 $g(x)$ 是算法的关键地方。在完全使 $Mg(x)$ 罩住 $f(x)$ 的前提下，$g(x)$ 的选择原则是：

(a) M 要尽可能小；

(b) 建议概率密度函数 $g(x)$ 要容易被抽样，即要求它是很常用的分布或者可以应用上面的逆变换法来抽样；

(c) 在满足前两个要求的基础上，$Mg(x)$ 尽可能与 $f(x)$ 形似，两者形状越相似，需要削去的部分就越少，这种算法的效率就会越高。

需要记住的是：很多时候，人们不采用这种方法的原因几乎都在于它的效率过低。

5.2.3　接受–拒绝法的两种特殊情形

接受–拒绝法的应用还面临两种特殊情形：一是概率密度函数是无界的，二是离散的概率分布。对于第一种情形，我们用下面的例子来说明如何处理，而至于第二个情形是简单的。

例 5.3　抽样无界的贝塔分布：Beta(α,β)。贝塔分布的概率密度函数如下：

$$f(x) = cx^{\alpha-1}(1-x)^{\beta-1},\quad x\in(0,1),$$

其中 $\alpha,\beta>0$ 是该分布的参数，c 是归一化常数。我们仅考虑当 $\alpha=\beta<1$ 的情形，这时上面的密度函数在区间 $(0,1)$ 的端点 $x=0$ 或 $x=1$ 是无界的。事实上读者将会看到，我们并不需要知道归一化常数 c 的值，这是接受–拒绝法应用上的一个优点。注意到该密度函数关于区间中点 $x=1/2$ 是对称的，那么我们只需要限于在区间 $(0,1/2]$ 上的抽样，并将生成的随机数 X 以 $1/2$ 的概率作为 X 或者 $1-X$ 即可。于是，我们使用如下的建议概率密度函数：

$$g(x) = c'x^{\alpha-1},\quad x\in(0,\ 1/2],$$

其中 c' 是相应的归一化常数。它的分布函数是

$$G(x) = \int_0^x g(t)\mathrm{d}t = \int_0^x c't^{\alpha-1}\mathrm{d}t = \frac{c'x^{\alpha}}{\alpha},$$

故 $c'=\alpha(1/2)^{-\alpha}$。容易写出该建议分布函数的反函数是

$$Y = \left(\frac{\alpha}{c'}U\right)^{1/\alpha} = \frac{1}{2}U^{1/\alpha},\quad U\in(0,1]。$$

因为对于 $\alpha<1$, $(1-x)^{\alpha-1}$ 在区间 $(0,1/2]$ 上的最大值是在 $x=1/2$ 处，所以我们可以取 $M=(1/2)^{\alpha-1}c/c'$，这样就有

$$Mg(x)=(1/2)^{\alpha-1}cx^{\alpha-1}\geqslant c(1-x)^{\alpha-1}x^{\alpha-1}=f(x),\quad \forall x\in(0,1/2]。$$

因此，我们得到了接受准则的概率密度函数为

$$h(x)=\frac{f(x)}{Mg(x)}=(2(1-x))^{\alpha-1},\quad x\in(0,1/2]。$$

我们看到，归一化常数 c 不出现了，即我们并不需要它。因而，抽样该贝塔分布 Beta (α,α) 的算法如下：

(1) 生成随机数 $u\sim U(0,1)$，并计算 $y=(1/2)u^{1/\alpha}$;

(2) 再生成随机数 $r\sim U(0,1)$，如果 $r<h(y)$，则接受 y，否则转到步骤 (1);

(3) 还要再生成随机数 $s\sim U(0,1)$，如果 $s\leqslant 1/2$，则输出 $x=y$，否则输出 $x=1-y$。

下面的 Matlab 程序给出抽样贝塔分布 Beta(0.5, 0.5) 的算法：

```
N = 500000;   alpha = 0.5;
U = unifrnd(0,1,1,N);
R = unifrnd(0,1,1,N);
Y = 0.5*U.^(1/alpha);
h = (2*(1-Y)).^(alpha-1);
X = Y(R < h);
sample = length(X);
S = unifrnd(0,1,1,sample);
S = (S>0.5);
X = (1-S).*X + S.*(1-X);
[Xnumber,Xcenters] = hist(X,50);
bar(Xcenters,Xnumber/sample)
title('Beta(0.5,0.5)')
hold on
dt=0.005;      t = dt:dt:1-dt;
z = (t.^(alpha-1)).*((1-t).^(alpha-1))/pi;
scale = 1/50;   plot(t,scale*z,'r')
hold off
```

图 5.5 是由此程序所生成的这些随机数的直方图，结果显示它们很好地服从该贝塔分布。

关于离散分布的情形，设 $p(k)$ 和 $q(k)$ 分别是目标概率密度函数和建议概率密度函数，并且存在常数 M 使得成立 $p(k)\leqslant Mq(k)$, $\forall k$。令判别准则函数为 $h(k)=\dfrac{p(k)}{Mq(k)}$，离散的接受–拒绝算法可类似地写为：

(1) 生成服从建议概率密度函数 $q(k)$ 的随机数 y;

(2) 再生成随机数 $u\sim U(0,1)$，如果 $u<h(y)$，则接受 y，否则转到步骤 (1)。

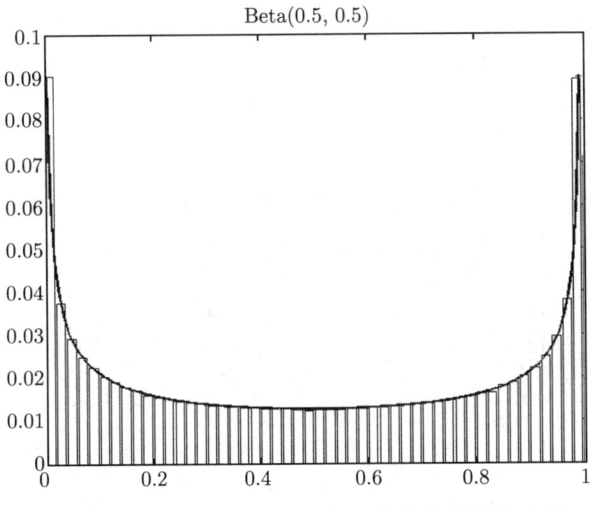

图 5.5　贝塔分布 Beta(0.5, 0.5) 抽样数据的直方图

5.3　抽样多维联合分布的方法

前面给出的抽样方法都是关于一维随机变量的，而要抽样多维概率分布就涉及生成多维分布的随机数——随机向量生成问题。要生成多维随机向量，其方法的一般思路是，按照维度逐一地生成随机向量的各分量，最后再将这些分量按各自的相应位置合成一个向量。例如，按照维度依次生成各分量的随机数 $x_1, x_2, \cdots, x_n$，则合成得到随机向量 $(x_1, x_2, \cdots, x_n)$，这里向量指行向量。这个方法就等同于分别地生成一维的随机数，但关键的问题在于各维度上的随机变量并不是独立的，它们之间往往有某种相关性存在。因此，我们必须要考虑这些相关性才能够生成正确的随机向量。

5.3.1　最简单的情形——各分量独立

生成各分量独立的联合分布的随机向量是最为方便的，由于联合分布函数就是每个维度上分量的边缘分布函数的直接乘积，所以只要分别 (独立地) 生成每个维度的随机数分量，然后合成为随机数向量即可得到服从该联合分布的随机向量。

例 5.4　生成一个在正方形区域 $(0 \leqslant x \leqslant 2,\ 0 \leqslant y \leqslant 2)$ 上的二维均匀分布。二维均匀分布在每个维度上的分量都是均匀分布 (即两个分量的边缘分布都是 $(0,2)$ 上的均匀分布)，且两个分量互相独立。我们生成 2500 个二维均匀分布的随机向量，其 Matlab 程序如下：

```
N = 2500;
X = unifrnd(0, 2, N, 2);
scatter(X(:,1), X(:,2),'k.')
```

这里，$X(:,1)$ 和 $X(:,2)$ 分别是取矩阵 X 的第 1 列向量和第 2 列向量。图 5.6 显示了这些随机向量 (点) 是否很好地符合二维均匀分布的特性。

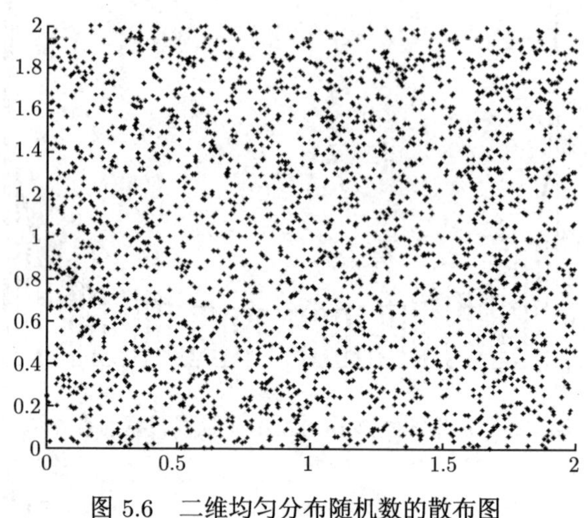

图 5.6　二维均匀分布随机数的散布图

5.3.2　基于乔莱斯基分解的多元正态分布的抽样法

一个 n 维的随机向量，各分量之间的相关性由协方差矩阵或者相关系数矩阵来表示。其协方差矩阵为一个 n 阶矩阵，该矩阵对角线上的元素是随机向量各个分量的方差，其他位置上的元素是各维分量两两之间的协方差；它的相关系数矩阵也是一个 n 阶矩阵，该矩阵对角线上的元素都是 1，其他位置上的元素是各维分量两两之间的相关系数。

一般而言，仅仅依据协方差矩阵或相关系数矩阵再加上各分量的边缘分布信息，我们还不能完全确定此随机变量的联合分布，例子如下。

例 5.5　表 5.1 是一个二维的离散型随机变量。两个分量的边缘分布都是 $\left(\frac{1}{4},\frac{1}{2},\frac{1}{4}\right)$，两分量之间的相关系数是 0。

表 5.1　一个二维的离散型随机变量

变量 1 \ 变量 2	1	2	3	变量 1 的边缘分布
1	0	1/4	0	1/4
2	1/4	0	1/4	1/2
3	0	1/4	0	1/4
变量 2 的边缘分布	1/4	1/2	1/4	

表 5.2 也是一个二维的离散型随机变量。两个分量的边缘分布也都是 $\left(\frac{1}{4},\frac{1}{2},\frac{1}{4}\right)$，两分量之间的相关系数也是 0。但是，这两个表的联合分布是不同的，即两者是两个不同的随机变量。

这个例子说明边缘分布和相关系数并不能完全代表多维分布的所有信息。

表 5.2　另一个二维的离散型随机变量

变量 1 \ 变量 2	1	2	3	变量 1 的边缘分布
1	1/8	0	1/8	1/4
2	0	1/2	0	1/2
3	1/8	0	1/8	1/4
变量 2 的边缘分布	1/4	1/2	1/4	

但我们知道有一些特殊的分布，如多元正态分布，它的全部信息可以浓缩成边缘分布和相关系数。多元正态分布的边缘分布都是正态分布，只要我们知道每个维度上的边缘正态分布的均值和标准差，再加上相关系数矩阵，我们就可以得到整个多维联合正态分布。下面我们就限于讨论这种情况。

设这个多维正态分布的随机向量为 $\boldsymbol{X}$，其相关系数矩阵为 ρ，将它做乔莱斯基 (Cholesky) 分解：

$$\rho = L\,L^{\mathrm{T}},$$

其中 L 是下三角矩阵。令 $\boldsymbol{Y} = L^{-1}\boldsymbol{X}$，则容易证明随机向量 $\boldsymbol{Y}$ 的各分量是互不相关的。

事实上，因为其协方差矩阵为

$$\mathrm{cov}(\boldsymbol{Y}) = \mathrm{cov}(\boldsymbol{X}L^{-1}) = L^{-1}\,\mathrm{cov}(\boldsymbol{X}\boldsymbol{X}^{\mathrm{T}})(L^{-1})^{\mathrm{T}} = L^{-1}\rho(L^{-1})^{\mathrm{T}} = I。$$

由于它们都是正态分布的随机变量，所以上式表明各分量是两两相互独立的。

这样，我们只要首先生成独立的多维正态分布的随机向量 $\boldsymbol{Y}$，然后再做变换 $\boldsymbol{X} = L\boldsymbol{Y}$，即得所要求的随机向量。因而，我们就有关于多维正态分布随机向量的如下生成算法：

(1) 依照给定的边缘分布的均值和标准差，分别独立地生成各个维度上的服从正态分布的随机数，并按照分量的位置合成一个向量 $\boldsymbol{Y}$；

(2) 将相关系数矩阵 ρ 做乔莱斯基分解：$\rho = L\,L^{\mathrm{T}}$；

(3) 用分解得到的矩阵乘以第 (1) 步中所生成的向量，即 $\boldsymbol{X} = L\boldsymbol{Y}$，这个 $\boldsymbol{X}$ 就是我们需要的随机向量。

例 5.6　生成一个三维的多元正态分布。各个维度的均值和标准差如表 5.3 所示：

表 5.3　一个三维的多元正态分布

维　度	均　值	标准差
(1)	2	3
(2)	−1	2
(3)	0	1

其相关系数矩阵为

$$\rho = \begin{pmatrix} 1 & 0.3 & 0.4 \\ 0.3 & 1 & 0.2 \\ 0.4 & 0.2 & 1 \end{pmatrix}。$$

它的抽样算法步骤如下:

(1) 生成各维度上的独立的正态分布随机数, 将它们合成向量 $\boldsymbol{Y}$;

(2) 将相关系数矩阵 ρ 做乔莱斯基分解, 得到矩阵 $L(\rho = L L^{\mathrm{T}})$;

(3) 计算 $\boldsymbol{X} = L\boldsymbol{Y}$, 即可得到服从上述要求的多元正态分布随机向量 $\boldsymbol{X}$。

注意　算法中的矩阵 L 是采用下三角矩阵形式的乔莱斯基分解所得, 不能错用上三角阵的分解形式。

由此, 我们很容易写出这个算法的如下 Matlab 程序

```
N = 10000;
Y = [normrnd(2,3,1,N); normrnd(-1,2,1,N); normrnd(0,1,1,N)];
rho = [1,0.3, 0.4; 0.3, 1, 0.2; 0.4, 0.2, 1];
L = chol(rho,'lower');
X = L*Y;
subplot(2,2,1)
scatter(X(1,:), X(2,:), 'marker', '.', 'sizedata', 1)
xlabel('X轴');  ylabel('Y轴');
subplot(2,2,2)
scatter(X(2,:), X(3,:), 'marker', '.', 'sizedata', 1)
xlabel('Y轴');  ylabel('Z轴');
subplot(2,2,3)
scatter(X(3,:), X(1,:), 'marker', '.', 'sizedata', 1)
xlabel('Z轴');  ylabel('X轴');
subplot(2,2,4)
scatter3(X(1,:), X(2,:), X(3,:),'marker', '.', 'sizedata', 1)
xlabel('X轴');  ylabel('Y轴');  zlabel('Z轴');
```

我们将这 10^4 个随机向量 (点) 分别向坐标面投影, 画出它们在二维平面上的散布图, 同时我们也画出了它们的三维散布图, 见图 5.7。

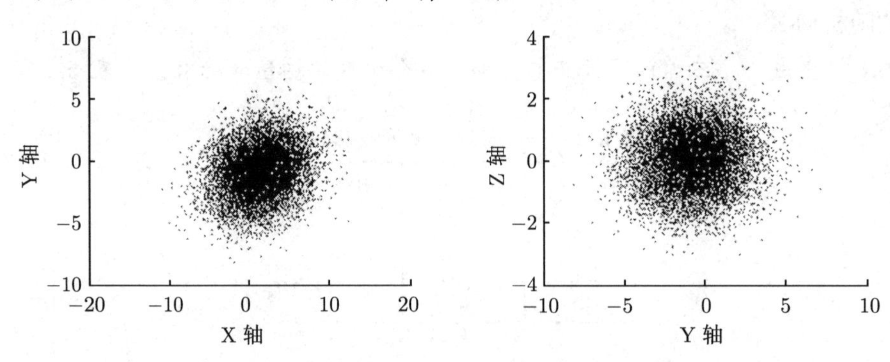

图 5.7　三维正态分布随机向量的散布图

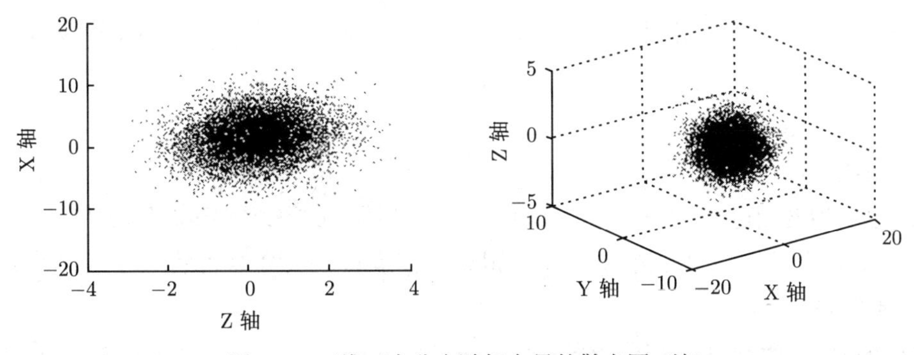

图 5.7　三维正态分布随机向量的散布图 (续)

应该指出，Matlab 已经提供了生成多维正态分布随机向量的函数：

mvnrnd(mu, sigma, N)

其中 mu 是均值向量，sigma 是协方差矩阵，而 N 是要生成的随机向量的个数。读者可以尝试用它来做上面的例子。

5.4　关于伪随机数的问题的注释

随机模拟的“心脏”是伪随机数发生器，但读者必须明白任何计算机生成的随机数都不是真正意义上的随机数，而是伪随机数。这种伪随机数最大的问题是存在周期性，虽然该周期很长，但使用伪随机数序列模拟可能会带来潜在的偏歧危害。这个问题的确不可忽视，但我们也不必杞人忧天。以现在的技术水平，读者想要生成比 Matlab 更“真”的随机数基本不可能。也正是基于这点理由，本教程不赘述伪随机数的生成算法。所以，一般读者也不要把时间花在这方面 (除非想成为这方面的专家)，我们仅仅提醒读者注意以下两点：

(1) 由于同一编程语言 (在同台计算机上)生成的随机数有固定的算法，总会有一定的周期性规律。所以，如果模拟程序由同一个随机数种子来生成很长的随机数序列，则会陷入周期性的境况，那将导致结果出现偏歧。

(2) 在不同的计算机上运行同一随机模拟程序，结果可能会略有差别，但随着重复试验的次数趋于很大，则平均意义上的结果差别应该趋于极其微小。否则，如果结果悬殊，则说明模拟程序存在问题。

✎ 练　习

1. (圣彼得堡问题)　玩家 A 支付庄家 B 人民币 5 元，然后投掷硬币，如果出现反面，则游戏结束；如果出现正面，则 B 付给 A 奖金 1 元，如果再一次正面则 A 赢得

$2\times2=4$ 元；每个连续的正面，则翻倍赢得奖金，直到硬币出现反面结束。模拟这个游戏 100 次，1000 次，10000 次，你能观察出什么情况？

(1) 画出 A 赢得奖金的分布直方图；

(2) 在该游戏过程中，跟踪 A 的财富变化。

2. (巴黎沙龙问题)　(1) 设 X 是投掷均匀骰子第一次得到 6 的次数的随机变量，这等价于投掷 6 个骰子的平均值，对吗？模拟这个实验 (很多次) 来得到 X 的直方图，并估计 X 的期望值。

(2) 给出 (1) 的结果，并且你会下注 10 元，如果在 4 次投骰子没有出现 6，你将赢得 10 元？模拟这个实验并给出结果报告。

3. 设

$$g(x)=\begin{cases} c, & 0\leqslant x<0.1,\\ 2c, & 0.1\leqslant x<0.7,\\ c/3, & 0.7\leqslant x<1 \end{cases}$$

是分段常数的密度函数，其他为 0。求 c, 使得 $g(x)$ 是一个概率密度函数，并说明如何从 g 的累积分布函数求逆来生成样本。

4. (复合密度)　设

$$f(x)=\begin{cases} x/4, & 0\leqslant x<1,\\ 1/4, & 1\leqslant x<3,\\ (x-3)/60-(x-6)/12, & 3\leqslant x<6,\\ 1/20, & 6\leqslant x<15 \end{cases}$$

是分段线性函数，其他为 0。试求常数 c，使得 $g(x)=cf(x)$ 是一个概率密度函数，并抽样出属于下列各自区间

$$A[0,1),\quad B[1,3),\quad C[3,6),\quad D[6,15)$$

的样本？设计出一种从 $g(x)$ 产生样本的方法，并实现它。

5. 设函数定义如下：

$$g(x)=\frac{8}{7}+\frac{118}{63}x^2-\frac{74}{63}x^4+\frac{10}{63}x^6,\quad x\in[-2,2]。$$

试求常数 c，使得 $f(x)=cg(x)$ 是一个概率密度函数，并说明如何从这个密度抽样。

6. (盒中的点距问题)　假设 N 点被均匀随机放置在单位正方形盒子中。它们之间最小距离的期望是多少？对于不同的 N 取值来模拟这一问题，并画 N 与距离的关系图。

7. (多元正态分布的抽样问题)　如果 $X_1,X_2\sim N(0,1)$，假设向量 $\boldsymbol{X}=(X_1,X_2)$ 的概率密度函数具有对称性。事实上，概率密度函数是 (其中 C 是一个归一化常数)

$$f(x_1,x_2)=C\mathrm{e}^{-(x_1^2+x_2^2)/2}。$$

这是一个二元正态分布的一个例子。现在，给定 2×2 矩阵 A 和向量 $\boldsymbol{\mu} = (\mu_1, \mu_2)$，设

$$\boldsymbol{Y} = (Y_1, Y_2) = A\boldsymbol{X} + \boldsymbol{\mu},$$

并讨论 $\boldsymbol{Y}$ 的分布。

第六章　神奇的马尔可夫链蒙特卡罗方法

导读:

本章首先介绍一种基本的随机过程——马尔可夫链，它的应用非常广泛。接着讲述很重要的马尔可夫链蒙特卡罗方法，给出 Metropolis 算法，并举例说明如何用这种方法来抽样复杂的概率分布。最后简要叙述统计力学的基本概念，尤其介绍伊辛模型及其模拟方法。

6.1　马尔可夫链

如果我们将处于全空间 Ω 中的单个概率试验扩展到按时间 $t=1,2,\cdots$ 依次进行试验的实验序列，这样就获得了一连串前后相关的试验结果。令 X_t 表示第 t 次试验结果，我们将它看成为是从状态 X_{t-1} 转移而来的，并称这种从状态 X_{t-1} 转移到状态 X_t 的过程为第 t 次迭代。俄国数学家马尔可夫 (Andrey Andreyevich Markov，见右图) 对此做了一个重要假设：这种转移仅依赖于当前状态，而与以前的状态无关，由此所产生的试验序列 $\{X_t\}$ 就被称为**马尔可夫链**。这样，决定马尔可夫链的关键就是其**转移概率**，即从一个状态转移到其他状态 (可能包括自身) 的概率。如果这些转移概率不随时间而变化，那么我们称这种马尔可夫链是齐次的，否则它是非齐次的。除非特别声明，我们涉及的马尔可夫链都是齐次的。

通常，从任意一个给定状态 X 出发，一步迭代只能转移到 Ω 的部分状态，这个部分状态被称为 X 的邻域。

马尔可夫链的精髓是简化了系统从一个时刻到下一个时刻的随机演化方式，即假设该系统的下一步状态只取决于当前时刻的状态，而无关于其整个历史。也就是说，马尔可夫链具有“遗忘性”，这也被称为马尔可夫性。事实证明，这种马尔可夫链的模型有着广泛的适用性。例如，一个随时间变化的热力学系统；改变一个物种的 DNA 序列的突变，蛋白质分子一步一步折叠的序列；一天又一天的股价波动；一个赌徒的赌博资金等。马尔可夫链后来又被推广到时间连续和状态连续的情况，统称为马尔可夫过程。因为随机模拟仅仅涉及时间离散的马尔可夫过程，故在本教程里我们也仅限于介绍这方面的知识。

6.1.1　马尔可夫链的表示方式

马尔可夫链可以由一个图来形象地演示，即由一组节点和一些连接节点的边所构成的几何图形。我们用图的节点表示状态，显然全体节点的集合就是全空间 Ω。这里仅考虑状态数是有限的情形，我们不妨将状态予以编号，即 $\Omega=\{x_1,x_2,\cdots,x_n\}$。另外，我们用连接节点 x_i 到另一个节点 x_j 的有向边来表示从 x_i 到 x_j 的转移，并在此条边上标注该转移概率 p_{ij}。

在一次迭代中，从一个节点 x_i(状态) 可能转移到的所有节点就是它的邻域，将这些节点的编号集合记为 N_i。显然，我们必然有归一性条件：$\sum\limits_{j\in N_i} p_{ij}=1$。而对于在一次迭代中那些不可能转移到的节点 (状态)，我们赋予其转移概率为零。这样，我们可以方便地定义一个 n 阶的**转移矩阵**：

$$P=\begin{pmatrix} p_{11} & p_{12} & \cdots & p_{1n} \\ p_{21} & p_{22} & \cdots & p_{2n} \\ \vdots & \vdots & & \vdots \\ p_{n1} & p_{n2} & \cdots & p_{nn} \end{pmatrix}。\tag{6.1}$$

它必定满足归一性条件：$\sum\limits_{j=1}^{n} p_{ij}=1$。马尔可夫链的转移矩阵是一种非负矩阵 (所有元素都是非负的)，并且每行都是归一的。具有这样性质的矩阵也被称为**随机矩阵**。

理论上，马尔可夫链可以拥有可数无限多个状态，但我们仅限于考虑状态数是有限的情形。另外，马尔可夫链的转移矩阵也可以随时间发生变化，这是所谓非齐次的情形，同样这也不在本教程考虑范围之内。

例 6.1　考察一个拥有 4 个状态的马尔可夫链，其转移情况由图 6.1 所示，则相应的转移矩阵为

$$P=\begin{pmatrix} p_{11} & p_{12} & 0 & p_{14} \\ p_{21} & 0 & p_{23} & 0 \\ p_{31} & 0 & 0 & p_{34} \\ 0 & 0 & p_{43} & p_{44} \end{pmatrix}。$$

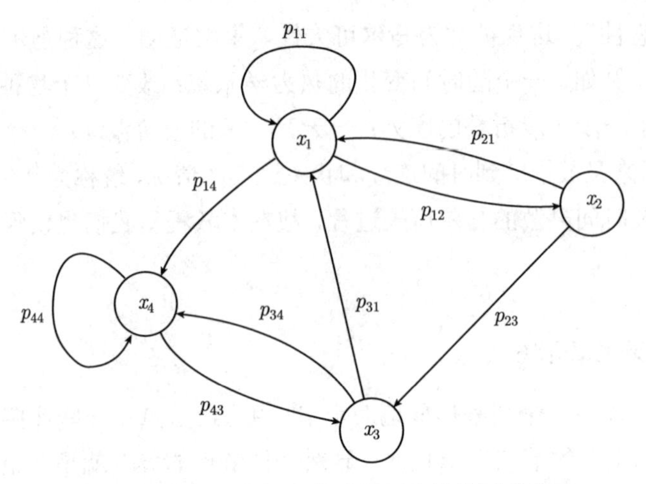

图 6.1 一个 4 个状态的马尔可夫链的图形表示

我们设初始的状态是 x_1，那么下一步的状态将是哪个呢？我们只需要生成服从均匀分布的一个随机数 $r \sim U(0,1)$，看 r 落在 $[0,p_{11}]$，$(p_{11},p_{11}+p_{12}]$ 或 $(p_{11}+p_{12},1]$ 的哪个区间里，则下一步状态就转移到它们分别对应于的状态 x_1，x_2 或 x_4。依次类推，不断地进行转移，则产生了该马尔可夫链的一条状态演化路径。很显然，状态的演化是随机的，我们以向量 $\boldsymbol{p}_t=(p_1,p_2,p_3,p_4)$ 表示经过 t 步转移后状态的概率分布 (注：这里用行向量)，这个向量被称为概率向量。那么，概率向量 $\boldsymbol{p}_0=(1,0,0,0)$ 就是初始时状态处于 x_1 的概率分布。根据概率公式，我们可得概率分布的转移关系式：

$$\boldsymbol{p}_{t+1}=\boldsymbol{p}_tP=\boldsymbol{p}_{t-1}P^2=\cdots=\boldsymbol{p}_0P^{t+1}。\tag{6.2}$$

因此，马尔可夫链的状态演化完全由其转移概率所决定。

6.1.2 一个股市的马尔可夫链模型

为了更形象地说明马尔可夫链的应用，考虑一个股票市场的模型。因为根据金融市场有效性假设：股价的下一次变化只取决于当前状态，具有马尔可夫性，所以股价的变化可以用马尔可夫链来建模描述。

例 6.2 众所周知，明天的股价相对于今天来说有“涨”、“持平”或者“跌”三种可能的状态，分别以数字 1，2，3 表示之；我们再假设其状态转移的变化规律是：

(1) 如果股价今天是涨，那么明天再涨的概率是 0.3，持平的概率是 0.2，而跌的概率是 0.5；

(2) 如果股价今天是持平，那么明天上涨的概率是 0.4，再持平的概率是 0.2，而跌的概率是 0.4；

(3) 如果股价今天是跌，那么明天会涨的概率是 0.4，持平的概率是 0.3，而再跌的概率是 0.3。

我们用一个图 (见图 6.2) 来描述这个马尔可夫链，其中节点表示那三个状态：涨、平 (持平) 和跌；有向边和标出的数值分别表示状态转移方向及其概率，即其转移概率矩阵为

$$P=\begin{pmatrix}0.3 & 0.2 & 0.5\\ 0.4 & 0.2 & 0.4\\ 0.4 & 0.3 & 0.3\end{pmatrix}。$$

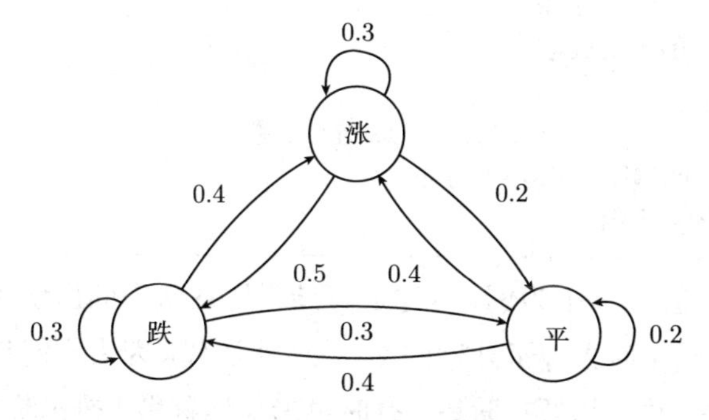

图 6.2 股市的马尔可夫链

这样，我们可以来模拟股市的变化状况。我们首先需要给定一个起始状态，可以随机选择或确定一个状态。如果我们假定今天状态是“涨”，接下来我们需要生成服从于转移概率分布 $\{p_{11}=0.3, p_{12}=0.2, p_{13}=0.5\}$ 的随机变量 x。为此，我们使用连续均匀分布的随机数 $r\sim U(0,1)$ 来产生下面的随机数：

$$x=\begin{cases}1, & 0\leqslant r\leqslant p_{11},\\ 2, & p_{11}<r\leqslant p_{11}+p_{12},\\ 3, & p_{11}+p_{12}<r\leqslant 1。\end{cases}$$

对于其他初始状态情形，譬如状态 “平”，则相应的转移概率分布为：$\{p_{21}=0.4, p_{22}=0.2, p_{23}=0.4\}$，类似地, 我们可以生成所要的随机数。事实上，我们可以定义关于转移概率的累积分布矩阵：

$$C=\begin{pmatrix}0.3 & 0.5 & 1\\ 0.4 & 0.6 & 1\\ 0.4 & 0.7 & 1\end{pmatrix},$$

其中元素 $c_{ij}=\sum_{k=1}^{j}p_{ik}$ 是累积概率。下面是使用 Matlab 编制的模拟该马尔可夫链的程序。

```
n = 2500000;   t0 = 2000000;      % n: 迭代次数; t0: 暂态的长度
P = [0.3,0.2,0.5;0.4,0.2,0.4;0.4,0.3,0.6];      % 转移概率矩阵
C = cumsum(P,2);      % 产生累积转移概率矩阵
state = ones(1,n);      % 将存放迭代产生的状态序列
r = unifrnd(0,1,[1,n]);      % 在[0, 1]中的均匀随机数
```

```
i0 = input('初始状态: ');
i = i0;
for t=1:n
    j = state(t);
    while r(t) > C(i,j)     % 此段循环生成随机状态
        j = j+1;
    end
state(t) = j;     % 转移到的状态
i = j;     % 更新下次的出发状态
end
h = hist(state(t0+1:n), [1,2,3]);     % 统计次数
p = h/(n-t0)     % 计算频率获得不变分布
bar(p)     % 画频率的直方图
```

我们选择初始状态 $x_0=1$ 为例，程序运行结果以各状态的出现频率的直方图形式呈现，其中我们在统计结果时去掉了开始的 2×10^6 次迭代，因为它们是系统运行还未进入**稳定阶段**之前的状态，称之为**暂态阶段**，有时也形象地称做“热机阶段”。暂态的结果是依赖于所产生的随机数的特定序列，虽然充分长的链序列能够忽略暂态的影响，但去掉它们能提高结果的精确度。读者可以自己尝试多次运行上面的程序来观测结果的变化情况，但每次要选择不同随机数种子和迭代次数。所以，我们应该仅统计系统进入稳态后的结果。如图 6.3 所示，这个例子所显示的分布 (频率) 是十分稳定的，也就是说，即使再增加更多的迭代次数，其分布仍然不变，这正是马尔可夫链的一个重要性质：存在**不变分布**，也被称为**“稳定分布”**或者**“均衡分布”**。程序给出的不变概率分布是：

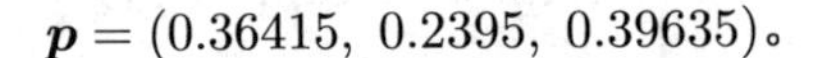

$$\boldsymbol{p}=(0.36415,\ 0.2395,\ 0.39635)。$$

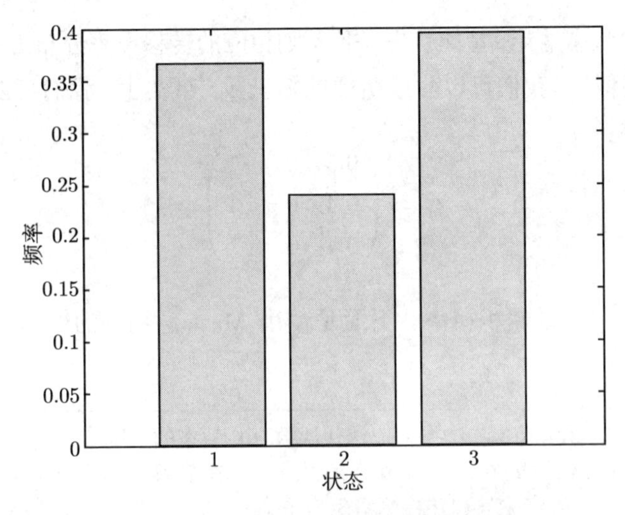

图 6.3　股市的马尔可夫链的频率直方图

同样地，从其他初始状态出发，程序运行的结果也将呈现同一个不变分布，即不变分布作为极限的分布是和初始状态无关的。

因此，在这个股市模型中，如果我们知道转移概率，就能根据不变分布来预测今后股价所呈现的涨跌趋势。结果告诉我们，今后股价出现上涨的比例约为 36%，而出现下跌的比例约为 40%，高于上涨的比例。

当然，这个例子有两个问题值得注意：

(1) 人们如何获得转移概率？

(2) 为什么要假设该马尔可夫链是齐次的，即转移概率不随时间变化？

显然，要回答第一个问题需要先回答第二个问题。因为只有当股价变化有稳定的转移规律存在，转移概率才有意义。应该知道，假设马尔可夫链是齐次的往往是一种对问题的简化，这使得我们能够方便地获得结果。事实上，后面我们介绍的布朗运动就是一种非齐次的马尔可夫过程。如果认为齐次性是可接受的，那么我们就可以收集股市上那只股票在较长一段时期内的价格变化数据，然后简单地统计在此段时期内所有连续两天股价的如下 9 种变化情况的出现频率：涨–涨、涨–平、涨–跌、平–涨、平–平、平–跌、跌–涨、跌–平、跌–跌。这样，我们就可以获得所要的转移概率。

6.1.3　不变分布

上面的例子让我们看到不变分布的出现，它是经过长时间迭代后呈现出的一种不变性，也就是说，这是一个稳定的极限分布。

对于一般的马尔可夫链，因为我们有迭代关系式：

$$\boldsymbol{p}_{t+1} = \boldsymbol{p}_t P, \tag{6.3}$$

上式对 t 取极限，假设概率向量 $\boldsymbol{p}_t$ 的极限存在，设为 $\boldsymbol{\pi}$，则成立

$$\boldsymbol{\pi} P = \boldsymbol{\pi}, \tag{6.4}$$

这个 $\boldsymbol{\pi}$ 就被称为不变分布。由线性代数知识可知，不变分布是转移概率矩阵的特征值为 1 所对应的左特征向量 (归一的)，当然这个特征向量必须是非负的。所以不变分布的存在性就归结成这样的问题：转移概率矩阵存在特征值为 1 且其对应的左特征向量为非负。这个问题由所谓的 Perron-Frobenius 定理给予回答：

定理 6.1 (Perron-Frobenius)　*如果概率转移矩阵 P 具有*

$$p_{ij} > \delta > 0, \quad \forall i, j,$$

那么有

(1) P 存在特征值为 1 且对应的左特征向量 $\boldsymbol{w}$ 严格为正，它还是唯一的；

(2) 如果此特征向量被归一化，则进一步有：$\lim\limits_{n\to\infty} P^n = \mathbf{1}\boldsymbol{w}$；

(3) 特别地，对于任意概率 (行) 向量 $\boldsymbol{\alpha}$ 有：$\lim\limits_{n\to\infty} \boldsymbol{\alpha} P^n = \boldsymbol{w}$，其中 $\boldsymbol{w}$ 是归一的。这里 $\mathbf{1}$ 是分量均为 1 的列向量，左特征向量 $\boldsymbol{w}$ 是行向量。

定理的证明此略，请参考有关的教材。

定理的条件要求了转移矩阵是正矩阵，这样的马尔可夫链必然是各状态都能被遍历到不会出现周期性循环。在此条件下，定理的最后一点 (3) 告诉我们：对于任意初始的概率向量 $\boldsymbol{p}_0$ 都有 $\boldsymbol{p}_t$ 趋于向量 $\boldsymbol{w}$。事实上，只要令 $\boldsymbol{p}_0 = \boldsymbol{\alpha}$ 即得结论。再令 $\boldsymbol{\alpha} = \boldsymbol{w}$，由定理的 (2)，显然这个向量 $\boldsymbol{w}$ 就是不变概率分布，即 $\boldsymbol{\pi} = \boldsymbol{w}$，这是因为

$$\boldsymbol{w}P = \lim_{n\to\infty} \boldsymbol{w}P^n P = \boldsymbol{w} \lim_{n\to\infty} P^{n+1} = \boldsymbol{w}\mathbf{1}\boldsymbol{w} = \boldsymbol{w},$$

上式也说明该特征向量也是 P 的特征值为 1 的左特征向量。这个定理保证了在一定条件下不变分布的存在性和收敛性，同时定理也说明不变分布是一个极限分布，并且它是唯一的且和初始状态无关。从收敛和不变的意义上说，将不变分布称做稳定分布或者均衡分布更容易理解。

定理的要求条件可以放松，只需要求转移矩阵是不可约的和非周期性的。

所谓不可约性是指从任意一个状态出发都有一定的概率转移到其他状态，即它的转移是遍历的。不具有遍历性意味着整个状态空间被分割成几个互不相通的子空间，即处在某个子空间里的状态是不会被迭代转移到其他的子空间里的，那样显然不会存在不变分布。如果我们画出该马尔可夫链的图，则可以看到：遍历性要求从任意一个节点出发都存在由有向边头尾相连组成的路径通往所有其他节点 (包括它自己)。而现在定理的条件明显地满足了遍历性的要求。

另外，转移矩阵不能是周期性的，否则存在一个最小正整数 $d > 1$，使得 $P^d = P$ 成立。因为周期性将使得概率向量 $\boldsymbol{p}_t = \boldsymbol{p}_0 P^t$ 出现振荡，从而不收敛。这样的周期性将使得从任意状态出发再返回原状态的迭代次数是 $d-1$ 的倍数。所以，定理的条件必须要求排除周期性。

例 6.3　如图 6.4 所示的转移概率情况就是周期性的，其转移概率矩阵是

$$P = \begin{pmatrix} 0 & 1 & 0 \\ 0.5 & 0 & 0.5 \\ 0 & 1 & 0 \end{pmatrix}。$$

容易验证有：$P^3 = P$，则对任意概率向量 $\boldsymbol{\alpha}$ 有：$\boldsymbol{\alpha}P = (\boldsymbol{\alpha}P)P^2$，即该链的周期是 2。

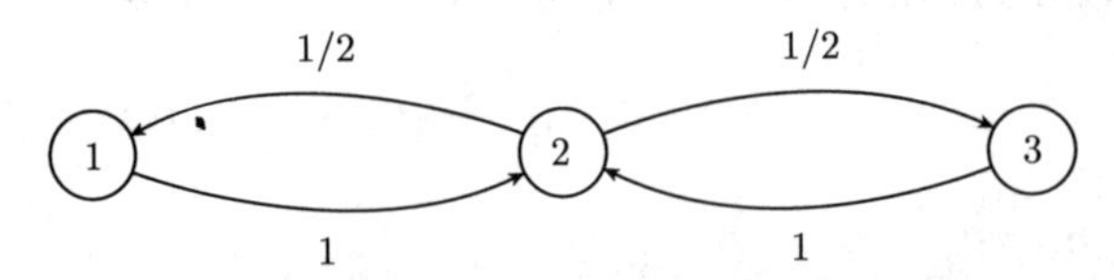

图 6.4　链的周期为 2，对于从任意状态 $\boldsymbol{x}$ 出发再返回到 $\boldsymbol{x}$ 的迭代次数是 2 的倍数

显然，现在有两种方法来求不变分布：一种是从任意概率向量出发迭代计算；另一种是直接求转移概率矩阵的特征值为 1 的左特征向量 (还要归一化)。我们推荐前一种方法，因为这是一个迭代的极限过程，可借助 Matlab 软件轻松获得其近似解，人们不需要判别转移矩阵是否满足那些存在不变分布的条件。在上面股市的例子中，我们不难求得其结果是：

$$\boldsymbol{\pi} = (0.3636 \quad 0.2397 \quad 0.3967)。$$

6.2　MCMC 抽样 ——Metropolis 算法

马尔可夫链蒙特卡罗 (简记为 MCMC) 抽样方法的想法可追溯到 1953 年 N. Metropolis(见右图) 等人在研究关于原子和分子的随机性运动问题时所引入的随机模拟方法。该方法被命名为“Metropolis 模拟算法”。事实上，这个算法已被列为影响科学和工程技术发展最伟大的十大算法之首。

Metropolis 算法是 MCMC 的核心。MCMC 的基本思想是构造一个遍历的马尔可夫链，使得其不变分布成为人们所需要的抽样分布。做到这点似乎相当复杂，但实际上由于人们可以非常灵活地选择简单的转移概率，所以构造该算法并不困难。

Metropolis 算法的动机是推广接受–拒绝抽样方法。回忆在接受–拒绝抽样方法中，我们有目标概率密度函数f、建议概率密度函数 g 和一个接受准则(概率函数)$h(x,y)$。同样地我们假设：f 是全空间 Ω 上的目标概率密度函数，人们需要在 Ω 上产生样本马尔可夫链 $\{x_1, x_2, \cdots, x_t, \cdots\}$，使得它的稳定分布恰好是这个目标概率密度函数 f 的分布。类似于接受–拒绝抽样方法，在当前状态 x_t 下产生下一个状态将分两个步骤进行：

(1) 从建议概率密度函数 $g(\cdot|x_t)$ 产生一个随机数 y 作为建议的下一个状态 (注意，这是依赖当前状态的条件概率)；

(2) 然后按均匀分布生成一个随机数 r，如果 $r < h(x,y)$ 则接受该建议的随机数，即 $x_{t+1} = y$，否则放弃 y 而采用原状态 $x_{t+1} = x_t$。重复这个过程产生随机序列。很显然，这个过程所产生的随机序列做到了下一随机数仅依赖于当前的随机数，而和以前产生的随机数无关。

显然，在算法中建议概率密度函数 g 的主要目的是用来产生状态转移，即为每个状态构造出一个邻域，并使邻域中的某个邻居状态被选中。要使得它产生的序列是马尔可夫链，这要求建议概率密度函数 g 必须在整个 Ω 上都有定义，这通常是容易做到的。接

受–拒绝抽样方法是最简单的情况：对所有的 x，$g(\cdot|x)=g(\cdot)$。但 MCMC 推广了它，使它变成为了一个条件概率密度函数，而 Metropolis 算法的魅力就在于此。当然必须要求在 x 的某个邻域 N_x 里有 $g(y|x)>0,\ \forall y\in N_x$，这样才能够使状态产生遍历性的转移。

一种特殊的 Metropolis 算法要求 g 满足对称性，即满足条件：

$$g(y|x)=g(x|y)。\tag{6.5}$$

这种对称性条件在大多数情况下可以很自然地做到，当然它也可以稍减弱成下面的条件：

$$g(y|x)>0 \quad \Leftrightarrow \quad g(x|y)>0,\tag{6.6}$$

即要求状态转移是可逆的。

算法接下来要做的是，将选中的状态和当前状态进行比较，以一定的概率接受其中之一为随机序列链的下一状态。这里与接受–拒绝抽样方法的另一不同之处在于，接受概率不但取决于下一步状态 y，而且还与当前状态 x 有关。具体的方法是所谓的 Metropolis-Hastings 算法，该算法的接受概率定义为

$$h(x,y)=\min\left\{1,\ \frac{f(y)g(x|y)}{f(x)g(y|x)}\right\}。\tag{6.7}$$

当对称性条件满足时，上式简化成

$$h(x,y)=\min\left\{1,\ \frac{f(y)}{f(x)}\right\}。\tag{6.8}$$

这就是说，如果建议的下一状态 y 具有比当前状态 x 的概率较大，即 $f(y)\geqslant f(x)$，则肯定接受它；否则，接受概率是 $\dfrac{f(y)}{f(x)}$。这里需要指出：MCMC 算法只需知道 f 的相对值，即只要给出一个正比于 f 的函数即可，这种方便也是 MCMC 的优势之一，因为有些应用问题难以将 f 归一。

虽然这个 Metropolis-Hastings 算法看起来很简单，但它却非常有用，连同所有改进的算法在一起，它们已在许多学科领域里有着重要的应用。

下面是 Metropolis-Hastings 算法的伪语言代码：

```
select x_0   // 选择一个初始状态，一般选择 f 大的状态
for t = 1 to N do   // 重复迭代 N 次
    y ~ g(·|x_{t-1})   // 生成服从概率密度 g 的随机数
    h(x_{t-1}, y) ← min{1, f(y)g(x_{t-1}|y) / (f(x_{t-1})g(y|x_{t-1}))}   // 计算接受概率
    if r ~ U(0,1) ⩽ h(x_{t-1}, y) then
        x_t ← y   // 接受新状态
    else
        x_t ← x_{t-1}   // 状态不变
    end if
end for
draw histogram of {x_0, x_1, x_2, ..., x_N}   // 输出抽样序列
```

如果建议概率密度函数 g 满足对称性条件，则概率函数 h 简化成 (6.8) 式，此时算法被称为**对称 Metropolis-Hastings 算法**。

最后我们还需要指出，Metropolis-Hastings 算法能够直接推广到可数多状态和连续状态空间上去，下面的例子将展示这种算法的具体运用方法。

6.3 几个 MCMC 的例子

我们举几个熟悉的例子，第一个例子是模拟掷双骰子的游戏。它的状态空间为 $\Omega = \{2, 3, \cdots, 12\}$，下面的表 6.1 给出了未归一的目标概率密度函数 f。为了比较采用不同建议概率密度函数 g 对 MCMC 的影响，我们用两种不同的方法来构造建议概率密度函数：极小邻域法和极大邻域法。

表 6.1　掷双骰子的未归一的概率密度

x	2	3	4	5	6	7	8	9	10	11	12
$f(x)$	1	2	3	4	5	6	5	4	3	2	1

6.3.1　极小邻域法

所谓极小邻域法是指：这个方法为每个状态构造的邻域是由与它最相邻的状态组成，即邻域只有一个或者两个元素。具体说，对于每个状态 x，定义建议概率密度函数为

$$g(y|x) = \begin{cases} 1/2, & y = \max\{x-1,\ 2\}, \\ 1/2, & y = \min\{x+1,\ 12\}, \\ 0, & \text{其他。} \end{cases}$$

注意到：$g(3|2) = g(2|2) = 1/2$，$g(11|12) = g(12|12) = 1/2$。这样的定义保证了对称性条件被满足。显然，它也可由下面的 11 阶方阵来表示：

$$G = \begin{pmatrix} 1/2 & 1/2 & 0 & \cdots & 0 & 0 & 0 \\ 1/2 & 0 & 1/2 & \cdots & 0 & 0 & 0 \\ 0 & 1/2 & 0 & \cdots & 0 & 0 & 0 \\ \vdots & \vdots & \vdots & \ddots & \vdots & \vdots & \vdots \\ 0 & 0 & 0 & \cdots & 0 & 1/2 & 0 \\ 0 & 0 & 0 & \cdots & 1/2 & 0 & 1/2 \\ 0 & 0 & 0 & \cdots & 0 & 1/2 & 1/2 \end{pmatrix}。 \tag{6.9}$$

第一行指的是：如果当前状态为 $x = 2$，则建议的下一个状态是 2 或 3，且两个状态等概率。因此，第一行表示 $g(\cdot|2)$，同理可知其他行的意义。可以看到，这样的建议矩阵是对称的。

这样的状态转移方式明显是能够遍历的，因为只要有足够多的迭代次数，它会在各状态之间不断地游走。只有这样，MCMC 才能够生成正确的数据，提供了一个满足目标要求的不变分布。

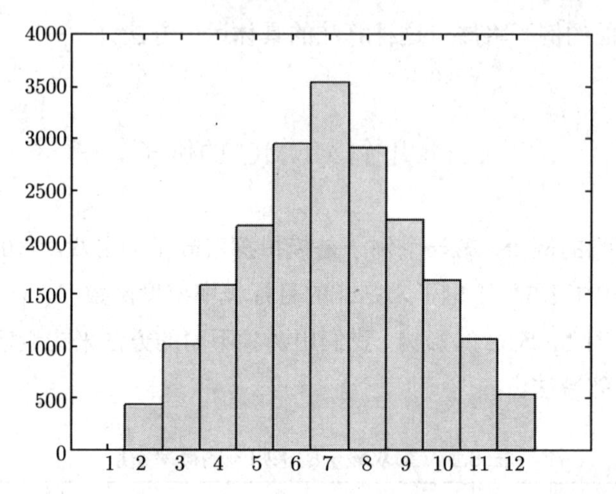

图 6.5 模拟掷双骰子的 MCMC 给出的 20000 次抽样结果

图 6.5 展示了采用这种建议函数方式的 MCMC 的抽样结果，算法迭代了 20000 次，其 Matlab 代码如下：

```
f = [0,1,2,3,4,5,6,5,4,3,2,1];
d = zeros(1,20000);      % 为画直方图存放数据
x = 5;
for i = 1:20000
    U = rand;
    if x == 2
        if U < 0.5
            y = 3;
        else
            y = 2;
        end
    elseif x == 12
        if U < 0.5
            y = 11;
        else
            y = 12;
        end
    else
        if U < 0.5
            y = x-1;
        else
            y = x+1;
        end
```

```
    end
    h = min(1,f(y)/f(x));
    U = rand;
    if U < h
        x = y;
    end
    d(i) = x;      % 记录产生的状态
end
a = 1:1:12;
hist(d,a)
```

我们看到，MCMC 模拟结果几乎精确地再现了目标概率的分布。

6.3.2 极大邻域法

所谓极大邻域法是指：对所有的 x 定义其邻域为 $N_x = \Omega$，也就是说，对于任意状态 x，任何其他状态都可能会被建议。如果以等概率取所有可能状态，这样的建议矩阵如下：

$$G = \begin{pmatrix} 1/11 & 1/11 & \cdots & 1/11 \\ 1/11 & 1/11 & \cdots & 1/11 \\ \vdots & \vdots & & \vdots \\ 1/11 & 1/11 & \cdots & 1/11 \end{pmatrix}。\tag{6.10}$$

这种邻域方式的建议概率密度函数 $g(\cdot|x)$ 是常量函数，它当然也满足对称性条件。注意，这种邻域选择方法将产生独立的抽样序列。模拟的结果同前面是一样的，这体现了 MCMC 的灵活性。

6.3.3 连续马尔可夫链的蒙特卡罗模拟

在接下来的例子中，我们给出如何将 MCMC 应用于连续分布的抽样。考虑密度函数为 $f = 0.5x^2\mathrm{e}^{-x}$ 的伽玛分布，我们要涉及的马尔可夫链是连续的状态空间 $\Omega = [0, +\infty)$。

这里要注意，目标概率密度函数有定义域的限制，也就是说，建议概率密度函数不能产生 $y < 0$ 的状态；但同时要使得建议概率密度函数是对称的，即满足 $g(y|x) = g(x|y)$。我们定义这样的建议概率密度函数：对所有的 x，取半径为 1、中心在 x 的均匀分布密度，但在任何状态不能小于 0。如果 $y < 0$，则令 $y = x$，这样类似于上面离散例子的做法避免了不对称的情况。

运行下面的 Matlab 程序：

```
f = inline('0.5*x*x*exp(-x)')      % 定义目标概率密度函数
d = zeros(1, 40000);      % 为画直方图存放数据
x = 2;
for i = 1:40000
```

```
    y = unifrnd(x-1, x+1);
    if y < 0
        y = x;
    end
    h = min(1, f(y)/f(x));
    U = rand;
    if U < h
        x = y;
    end
    d(i) = x;       % 记录状态
end
a = 0:0.08:20;
hist(d(20001:40000), a)
```

由此产生的抽样序列的频率情况如图 6.6 所示。

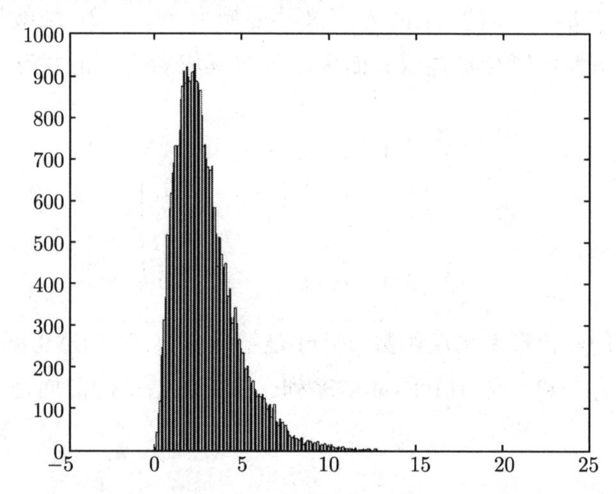

图 6.6 MCMC 抽样 20000 次产生分布密度为 $f=0.5x^2\mathrm{e}^{-x}$ 的序列

6.4 为什么 Metropolis 算法能有效工作

为何 Metropolis 算法可以构成一个其不变分布为正比于目标函数 f 的马尔可夫链呢？我们仅对离散的有限状态空间情形的对称 Metropolis 算法给予证明。

我们可以把概率密度分布想象为有数目很大的一群行人分处在各个状态位置上形成的人数分布，在每一时间步，每个行走者都在空间 Ω 中从不同的目前状态位置相互独立地行走。我们记 $m_t(x)$ 为：经过 t 步行走之后处在 x 状态位置的行走者的数目。那么第 $t+1$ 步，从 x 状态到 y 状态的行走者的数目与反方向的行走者的数目之差为

$$\begin{aligned}\delta_{xy} &= m_t(x)P(x\to y)-m_t(y)P(y\to x)\\ &= m_t(y)P(x\to y)\left(\frac{m_t(x)}{m_t(y)}-\frac{P(y\to x)}{P(x\to y)}\right),\end{aligned}$$

其中 $P(x \to y)$ 是在 x 状态处的行走者行走到 y 状态的概率，$P(y \to x)$ 是在 y 状态处的行走者行走到 x 状态的概率。

如果足够大的迭代次数 t 能够使得 Metropolis 算法生成的马尔可夫链达到稳定分布，则行走者处在各状态的数目分布 $m_t(x)$ 应满足动态平衡性：$\delta_{xy} = 0$。记达到平衡时在 x 状态处的行走者的数目为 $m_e(x)$，于是有

$$\frac{m_e(x)}{m_e(y)} = \frac{m_t(x)}{m_t(y)} = \frac{P(y \to x)}{P(x \to y)}。\tag{6.11}$$

接下来我们证明：$m_e(x) \propto f(x)$。在 Metropolis 算法中，由 x 到 y 的转移概率为

$$P(x \to y) = g(y|x)h(x,y)。$$

根据算法的对称性条件，有 $g(y|x) = g(x|y)$，那么

$$\frac{m_e(x)}{m_e(y)} = \frac{P(y \to x)}{P(x \to y)} = \frac{h(y,x)}{h(x,y)}。$$

由 Metropolis 算法的判别准则：

(1) 如果 $f(x) > f(y)$，则 $h(y,x) = 1$，这时由 x 转移到 y 且被接受的概率为

$$\frac{m_e(x)}{m_e(y)} = \frac{1}{h(x,y)} = \frac{f(x)}{f(y)};$$

(2) 如果 $f(y) \geqslant f(x)$，则 $h(x,y) = 1$，这时由 x 转移到 y 且被接受的概率为

$$\frac{m_e(x)}{m_e(y)} = \frac{h(y,x)}{1} = \frac{f(x)}{f(y)}。$$

因此，这就证明了：$m_e(x) \propto f(x)$。

上面的动态平衡式 (6.11) 可以将 m_e 换成 f，则该式就是所谓的**细致平衡关系**：

$$f(x)P(x \to y) = f(y)P(y \to x)。\tag{6.12}$$

我们可以直接验证上面设计的对称 Metropolis 算法，使得这个细致平衡关系成立。因为对称性，这只需要验证：

$$f(x)h(x,y) = f(y)h(y,x)。\tag{6.13}$$

显然，重复上面证明过程中的步骤 (1) 和 (2)，即得所证。

最后，我们需要证明该 Metropolis 算法产生的马尔可夫链能够达到稳定分布，从而随着迭代次数的增加，它们渐近趋向于目标概率密度函数 f。这只要说明，该算法所隐含的转移是不可约的和非周期性的即可。显然，由建议概率密度函数 g 的构造可知转移是遍历的，故是不可约的。因为 f 存在至少一个最大点 y^*，使得对所有的 x 有 $f(y^*) \geqslant f(x)$，则在迭代过程中至少会有一个状态转移到 y^* 处并有可能留在那里，所以这样的链不能成为周期性的。到此，我们完成了 Metropolis 算法的证明。

6.4.1 MCMC 抽样和遍历性定理

只要求产生的链收敛于不变分布这个性质对于应用 MCMC 抽样方法来说还不够，这个性质本身只说明我们等待足够长的时间就可以从不变分布的链里抽取样本。然而对蒙特卡罗模拟而言，人们还需要计算抽样的期望值，所以需要从不变分布中取很大的样本。由于在一个马尔可夫链的结构中，抽样出来的序列不是独立的，而是相关的，这就给计算期望值带来了问题。有幸的是，由于这种马尔可夫链并不是任意的，具有前面所述的不可约性和非周期性条件，这样的马尔可夫链将有下面的遍历性定理。

定理 6.2 (遍历性) 若 $\{x_1, x_2, \cdots, x_N\}$ 是一个在有限状态空间 Ω 上的不可约且非周期的马尔可夫链，其平稳分布为 π。设 $\xi: \Omega \to \mathbb{R}$ 为任意映射，则

$$\lim_{N\to\infty} \frac{1}{N}\sum_{i=1}^{N} \xi(x_i) = \mathbf{E}_\pi(\xi), \tag{6.14}$$

其中 $\mathbf{E}_\pi$ 指相对于分布 π 的期望。

这个定理说明了 MCMC 方法的意义：人们可以运用它来计算期望值，这是 MCMC 的标准用法。

6.5 统计力学

在本节中，我们介绍统计力学的基本原理。我们的目的是为伊辛模型提供理论基础，并在下一段中解释玻尔兹曼分布与 Metropolis 算法的渊源。事实上，Metropolis 算法的原始应用是从玻尔兹曼分布出发来解决统计力学问题的。如果读者时间有限的话可以跳过本节而不影响后面的阅读，但本节的知识对于致力于开发应用模型的读者来说，还是相当有启发性的。

统计力学 (statistical mechanics) 或统计物理学是由玻尔兹曼 (Ludwig Eduard Boltzmann，见左图) 等人提出的以最大无序程度——熵 (即不确定性) 的概念为基础，将由非常大量粒子 (通常为分子) 组成的物理系统中的微观状态 (例如：粒子动能、相互作用能) 的统计规律与宏观物理量 (例如，压力、体积、温度等其他热力学函数) 联系起来的一门学科。其典型例子是在密闭容器中的气体，它的宏观性质是该系统的热力学变量：温度、压力和体积等。在这其中，玻尔兹曼分布和它的配分函数扮演着关键的角色。它有效地解释了诸多热力学现象，如理想气体分子系统中的压力、体积、温度等物理量的关系，用伊辛模型解释了磁性物质的总磁矩的形成和相变温度出现的机理。

通常人们会认为：建立一个精确的物理模型来描述每个气体分子运动的所有微小细节，包括它的位置、动量 (或速度)、量子态、旋转等，即使是非常近似的模型也至少需要六个状态坐标：位置和动量 (或速度) 向量。而 1m^3 的空气中可包含 10^{25} 个分子，这样的系统模型将由一个 6×10^{25} 维的状态向量来描述。人们希望该系统的一切性能可以从所有这些微观状态 x 来确定。但是，这是不可能完成的任务，因为天文数字般的状态向量的维数远远超出人类分析能力的极限。因此，人们必须采用概率方法来刻画大量粒子的微观状态所服从的分布，以统计平均来计算系统所呈现的宏观特征量。这样，概率方法进入到物理学之中。

然而统计力学对概率方法的运用是极具创意和成效，彰显出物理学家的智慧成就。李政道先生将统计力学赞誉为是理论物理中最完美的科目。

统计力学通常可分为平衡态统计力学与非平衡态统计力学。其中成熟的是平衡态统计力学，而非平衡态统计力学仍处于发展之中。所谓平衡态是指系统的这样一种状态：即在没有外界 (指与系统有关的周围环境) 影响的条件下，系统的各种宏观性质长时间内不发生变化的状态。在这种状态下，构成系统的大量分子仍在不停地做各种运动，那是一种动态的平衡。需要指出，统计力学中的许多理论方法深刻地影响了其他的学科，如信息理论中的信息熵、化学中的化学反应、耗散结构、非线性复杂系统理论和正在兴起的经济物理学等。

本教程将要重点介绍的伊辛模型是一个有趣而且重要的统计力学模型，它是 1920 年德国人恩斯特 • 伊辛 (Ernst Ising，见右图) 在他的博士论文中提出的。该模型的最初目的是解释铁磁体在温度变化时呈现出相变现象。这个相变是比埃尔 • 居里发现的：当温度超过一个临界值后铁磁体的磁性完全消失；而一旦当温度回落到这个临界值以下，铁磁体的磁性就立即恢复，该临界温度值也被称为居里点。后来，人们推广了伊辛模型，它被用来研究不同的相变问题，甚至应用于研究经济与社会问题。

伊辛模型是一个简单的格点系统，它呈现空间上的晶格排列，每个格点上安置了一个自旋子 (简称自旋)，并且自旋只能取“向上”或“向下”两个方向，在数学上可以对应地表示为 $+1$ 或 -1。伊辛模型可以模仿一些实际的物理系统，例如铁磁材料中，所有电子可被视为一个小磁针 (即自旋) 并带有磁性向上或向下。如果这些电子的自旋方向呈现非常无序的排列，这样向上或向下的自旋几乎彼此配对而抵消了磁性，从而使得该材料宏观上 (整体上) 表现出无磁性；然而当这些电子的自旋方向呈现某种有序的排列，则该材料宏观上就会表现出磁性。伊辛模型抓住了这种微观机理，使得它能够解释相变现象。

6.5.1 系统的微观态和熵

我们设想系统的微观状态是随机变化的，每个微观状态有相应的微观态变量与之对应。实际上，对于一个实际的宏观系统，所有可能的微观状态数都是天文数字。现在设系统的微观状态数为 K。玻尔兹曼为统计力学做的基本假设是:

假设 6.1 (几率均等性) 系统演化过程中每一个微观状态是等概率发生的。

因为确实没有任何理由认为哪个微观状态有特殊的优势而具有较大的发生概率。这样，系统的演化结果是趋于不确定程度最大。这点完全相似于掷骰子的情形，掷少数几次骰子显示的结果并不均匀，但随着掷骰子的次数愈来愈大，其结果就愈发趋近于均匀分布。不同的仅是骰子只有六个结果，而热力学系统的微观状态数目是一个非常大的数，因而后者的不确定程度也就更大。

为了度量系统这种不确定程度，也就是无序程度，玻尔兹曼引进了**熵**的概念。简单地说，熵与状态数有关。热力学熵定义为

$$S = k_{\mathrm{B}} \ln K, \tag{6.15}$$

其中 k_{B} 是一个物理学的常量，称为玻尔兹曼常量。熵是一个重要的热力学物理量。后来，1948 年香农 (Claude Shannon，见左图) 在创立信息论时将热力学熵引入到数学之中，并将它做了推广。数学形式的熵是信息熵，它的离散形式定义是:

$$S_{\inf} = -\sum_j p_j \ln p_j,$$

其中 $\{p_j\}$ 是某一概率分布。联系到上面系统的情形，由于系统每个状态发生的概率是 $1/K$，那么该系统的信息熵就是

$$S_{\inf} = -\sum_j p_j \ln p_j = -\sum_{j=1}^{K} \frac{1}{K} \ln \frac{1}{K} = \ln K。$$

它与热力学熵只相差一个玻尔兹曼常量因子。

最大熵的作用是可以用来确定热力学系统的演化结果，那就是所谓的**最大熵原理**。后面我们就会看到它的威力。

6.5.2 系统的能量

一个能量 E 总是与热力学系统的微观状态密切相关。对于容器中的气体，其中各分子的动能是 $\frac{1}{2}m{v_i}^2$，它们的总和是该系统能量的一部分，但还可能有其他部分的能量，比如相互作用的能量。为了研究问题的简化需要，往往需要忽略一部分能量。例如，理想气体模型就忽略了气体分子之间的相互作用，只考虑各分子的动能之和。

在伊辛模型中，我们并不考虑各粒子的动能，而仅考虑每对相邻的自旋 i 和 j 之间存在的相互作用能量 $-Jx_ix_j$，它们的总和将构成该系统能量的一部分。这里，J 是相互作用的强度系数，而 x_i 是自旋的状态 (取 $+1$ 或 -1)。如果系统还处在外部磁场之中，其磁场强度是 h，则每个自旋与外部磁场也有相互作用能，其总和 $-h\sum\limits_i x_i$ 是系统能量的另一部分。

6.5.3　组合系统

现在考虑以这样的方式将两个系统接触，它们之间只可以交换能量，而不交换粒子。这样的组合将大大地增加组合系统的微观状态数目。如果以 K_i 表示系统 i 的微观态数 $(i=1,2)$，则组合系统的微观状态数 $K=K_1K_2$。按照熵的定义有

$$S=k_{\mathrm{B}}\ln(K_1K_2)=k_{\mathrm{B}}(\ln K_1+\ln K_2)=S_1+S_2。\tag{6.16}$$

因此熵具有可加性，具有这种性质的物理量被称为广延量。同样，组合系统的能量是各个系统能量之和：

$$E=E_1+E_2。\tag{6.17}$$

人们能够预测组合系统会有什么样的变化吗？答案就在于组合系统中能量的交换方式将使得熵最大化。由 (6.17) 式 $E_2=E-E_1$，这表明流入到系统 1 中的能量等于流出系统 2 的能量。设总能量不变，将组合系统的熵 S 视为 E_1 的函数，最大化 S，有

$$0=\frac{\mathrm{d}S}{\mathrm{d}E_1}=\frac{\mathrm{d}S_1}{\mathrm{d}E_1}+\frac{\mathrm{d}S_2}{\mathrm{d}E_2}\frac{\mathrm{d}E_2}{\mathrm{d}E_1}=\frac{\mathrm{d}S_1}{\mathrm{d}E_1}-\frac{\mathrm{d}S_2}{\mathrm{d}E_2}。$$

因此，我们看到最终达到平衡态的结果是：$\mathrm{d}S_i/\mathrm{d}E_i$ 为常量，它应该具有温度的特征，因为温度是预料趋于相等的量。故将它记为 $1/T$，这里 T 就是温度，即

$$\frac{1}{T}\triangleq\frac{\mathrm{d}S_1}{\mathrm{d}E_1}=\frac{\mathrm{d}S_2}{\mathrm{d}E_2}。\tag{6.18}$$

上式反映了实际观察所看到的能量流动方向：能量从高温系统流向低温系统，而最终趋于温度相等。很显然，组合系统的最终平衡态的熵将大于或等于原来单独系统熵的总和，即熵是不减少的。这是因为两个单独系统的能量 E_1 和 E_2 可以任意变化，但仅有的约束是保持组合系统的总能量 E 不变。

6.5.4　系综方法与玻尔兹曼分布

什么是系综呢？**系综**(ensemble) 是处在相同宏观条件下的大量结构完全相同的系统的集合，即它可以被看成是人们将系统的大量复制品放置在相同环境条件下的情景。然而，各系统中的微观状态 (比如粒子的位置和速度) 仍然可以是大不相同的。系综的概念是由约西亚 · 吉布斯在 1878 年提出的，它是统计力学的一种假想的分析工具，并不是实际客体。理解它的作用可以看下面这样的例子。

通常掷骰子游戏是把时间延长，进行次数很大的投掷以求得其频率 (近似的概率分布)。但是也可以把很多个同样的骰子分发给众人，让众人在相同条件下同时掷骰子来实现。这两种办法是等价的，而后者就是系综的方法。因此，以上把许多同样的系统放在一起构成系综也是进行统计的一种基本方法。

系综理论的基本原理是：对于一个处于平衡态的系统，其宏观量是相应微观状态量的时间平均，而时间平均等价于系综平均。这里所依据的基本假设是**各态遍历性**：

假设 6.2 (各态遍历性) *只要等待足够长的时间，系统必将经历在宏观约束条件下的所有可能的微观状态。*

这里所说的“足够长的时间”是指超过系统从初始到平衡态的时间长度 (弛豫时间)。那么理论上说，人们可以在这段时间内进行一系列时间间隔极短的相继测量来获得系统各微观状态量，而这样的测量又可以等价于在同一时间对系综的各系统进行测量。当然这仅是一种思维实验，其目的是系综方法更容易确定微观状态的分布。因此，下面我们就来构造这种系综的具体模型。

假设系综中的各系统是封闭的，即它们之间不交换粒子。通常，这样的系综的总能量 E 就可写成各个系统的能量 E_j 之和：$E=\sum_{j=1}^{N}E_j$；系综的微观态数 K 就是各个系统微观态数 K_j 之积：$\prod_{j=1}^{N}K_j$；其中 N 是系综的系统总数。我们将符合这两个条件的系综称为**正则系综**(canonical ensemble)。正则系综中的各系统都具有相同的温度和体积，是被用来研究在固定温度和体积下的系统的特性。这里要使得各系统温度恒同的方法是让它们和一个很大的热库 (thermal bath) 相接触，它们与热库之间只交换能量而不交换粒子。然而，正则系综中各系统的能量是可以发生涨落变化的。

给定了正则系综后，假设我们只知道系综总能量为 E，并设共有 m 个微观状态：$\psi_1, \psi_2, \cdots, \psi_m$。这里 m 是一非常大的数，所以这种离散的情况甚至允许数学上被近似地看成是连续的。但我们并不知道哪些系统处在微观态 ψ_i，应该问的问题是：一个系统处在微观态 ψ_i 上的概率是多少？

令 n_i 表示处在微观态 ψ_i 上的系统数，E_i 表示第 i 微观态 ψ_i 的能量。于是，$\{n_1, n_2, \cdots, n_m\}$ 就是系综的构型 (即频数)。当然，它们满足下面关系式：

$$\sum_{i=1}^{m}n_i=N \qquad \text{(系综的系统总数)}, \tag{6.19}$$

$$\sum_{i=1}^{m}n_iE_i=E \qquad \text{(系综的总能量)}。 \tag{6.20}$$

即使我们知道了总能量 E 和系统总数 N，并且给定了构型 $\{n_i\}$，但是各系统的状态仍然没有完全确定。例如，已知有 2 个系统在 ψ_1 态，3 个系统在 ψ_2 态，但是到底哪 2

个系统在 ψ_1 态，哪 3 个系统在 ψ_2 态，还是不确定的。很容易证明，对某一给定频数的构型 $\{n_i\}$，系综的微观态数 K 为

$$K = \frac{N!}{n_1! \cdots n_m!}。 \tag{6.21}$$

事实上，因为 N 个系统所有不同排列的总数是 $N!$，但是在同一状态的系统之间的置换并不产生新的微观态，因此，应该再除以它们的排列数，于是上式得证。

由此可知，尽管给定了 N 和 E，以及构型 $\{n_i\}$，但系统的状态并不确定。我们要问，哪种构型 $\{n_i\}$ 会出现呢？统计力学的基本假设 (最大熵) 是：相同构型的各个微观态是等概率的。那么，显然每种构型的概率应与所对应的微观态数 K 成正比。为了确定概率，根据最大熵假设，我们对构型的概率求极大值，即

$$\begin{aligned} &\max_{\{n_i\}} S = k_{\mathrm{B}} \ln K, \\ &s.t. \quad \sum_{i=1}^{m} n_i = N, \\ &\qquad\quad \sum_{i=1}^{m} n_i E_i = E。 \end{aligned} \tag{6.22}$$

为求上面的极大值问题，我们定义拉格朗日函数：

$$L(\{n_i\}, \alpha, \beta) \triangleq k_{\mathrm{B}} \ln K - \alpha \sum_{i=1}^{m} n_i - \beta \sum_{i=1}^{m} n_i E_i, \tag{6.23}$$

其中 α 和 β 分别是两个约束式的拉格朗日乘数。所以极值的条件是

$$k_{\mathrm{B}} \frac{\partial}{\partial n_i} \ln K - \alpha \frac{\partial}{\partial n_i} \sum_{i=1}^{m} n_i - \beta \frac{\partial}{\partial n_i} \sum_{i=1}^{m} n_i E_i = 0。 \tag{6.24}$$

因为系综中的系统总数 N 非常大，并且各 n_i 也很大，故可以利用斯特林公式来近似地计算阶乘：$\ln n! \approx n \ln(n) - n$，则有

$$\ln \frac{N!}{n_1! \cdots n_m!} \approx N \ln N - N - \sum_i n_i \ln n_i + \sum_i n_i = N \ln N - \sum_i n_i \ln n_i。$$

于是

$$\frac{\partial \ln K}{\partial n_i} = -\ln n_i - 1。$$

代入 (6.24) 式，得

$$-k_{\mathrm{B}} \ln n_i - k_{\mathrm{B}} - \alpha - \beta E_i = 0,$$

即有

$$n_i = \mathrm{e}^{-1-\alpha/k_{\mathrm{B}} - (\beta/k_{\mathrm{B}}) E_i} \propto \mathrm{e}^{-(\beta/k_{\mathrm{B}}) E_i}。$$

所以上式表明：在给出的正则系综中，在系统总数 N 给定和总能量 E 固定的条件下，系统处在第 i 微观态 ψ_i 上的概率可以写成为

$$p_i = \frac{\mathrm{e}^{-(\beta/k_{\mathrm{B}}) E_i}}{Z}, \tag{6.25}$$

其中 Z 是归一化因子，这是一个重要物理量，称为**配分函数**，即

$$Z=\sum_{i=1}^{m}\mathrm{e}^{-(\beta/k_{\mathrm{B}})E_i}。\tag{6.26}$$

配分函数是作为归一化因子的出现就消去了系数 α，而我们来解释系数 β。它可以通过平均能量来确定。我们将模型 (6.22) 改写成如下的等价形式：

$$\begin{aligned}&\max_{\{n_i\}} S=-k_{\mathrm{B}}p_i\ln p_i,\\ &s.t.\quad \sum_{i=1}^{m}p_i=1,\\ &\qquad\quad \sum_{i=1}^{m}p_iE_i=\overline{E},\end{aligned}$$

这里 $\overline{E}$ 是平均能量。于是相应的拉格朗日函数成为

$$L(\{p_i\},\alpha,\beta)=-k_{\mathrm{B}}\sum_{i=1}^{m}p_i\ln p_i-\alpha\sum_{i=1}^{m}p_i-\beta\sum_{i=1}^{m}p_iE_i。\tag{6.27}$$

上面的函数可以将整个概率分布看成一个变元，那该函数就成为一个定义在所有可能的概率分布之上的泛函。由此，我们可以应用变分法来求最大熵，这完全等价于前面求极值的方法。为此，将上式对概率分布求变分，得

$$\delta L=\sum_{i=1}^{m}(-k_{\mathrm{B}}\ln p_i-k_{\mathrm{B}}-\alpha-\beta E_i)\,\delta p_i=0。$$

由于 δp_i 的任意性，则必须有

$$-k_{\mathrm{B}}\ln p_i-k_{\mathrm{B}}-\alpha-\beta E_i=0,$$

两边同乘 p_i，再对 i 求和，可得

$$-k_{\mathrm{B}}\sum_{i}p_i\ln p_i=\sum_{i}(k_{\mathrm{B}}p_i+\alpha p_i+\beta p_iE_i)=k_{\mathrm{B}}+\alpha+\beta\overline{E},$$

即有

$$S=k_{\mathrm{B}}+\alpha+\beta\overline{E}。$$

注意到，系统是处在平衡态，可以利用 (6.18) 式对系统的温度定义，就得到

$$\beta=\frac{\partial S}{\partial\overline{E}}=\frac{1}{T}。\tag{6.28}$$

于是，将上式代入 (6.25) 式，就有系统处于第 i 微观态 ψ_i 上的概率为

$$p_i=\frac{1}{Z}\mathrm{e}^{\frac{-E_i}{k_{\mathrm{B}}T}}。\tag{6.29}$$

这就是所谓的**玻尔兹曼分布**，而式中的项 $\mathrm{e}^{-\frac{E_i}{k_{\mathrm{B}}T}}$ 也称为玻尔兹曼因子。这表明微观状态的概率分布既与其所处的能量有关，也与系统温度相关，是呈现负指数形式。当温度 T

越低时，系统越倾向处于低能量状态；反之，则系统较可能出现高能量状态。这确实表现了温度对系统行为的特性。事实上，理论上可以证明 $1/\beta$ 就是绝对温度。因此，配分函数也就具体写为

$$Z = \sum_{i \in \Omega} \mathrm{e}^{-\frac{E_i}{k_{\mathrm{B}} T}}, \tag{6.30}$$

其中我们以 Ω 表示系统的所有可能微观状态的集合，即系统的状态空间。配分函数在决定系统热力学性质中起着核心的作用，但计算它却非常困难甚至是不可能的。关于这些方面的进一步讨论已超出了本书的范围，而我们的目的是如何模拟这些热力学系统的微观状态分布并估计系统的宏观可测量。由于其概率分布函数往往不能被完全确定，而前面引进的 Metropolis 算法恰好适合于这种只能将分布函数确定到相差一个正比因子的情形。

6.5.5　宏观可测量与统计平均

一般讲，如果一个系统的物理特性可以在普通尺度上被人们测量，则称该量为系统的宏观可测量。例如，容器中气体的压力、温度，铁磁体的磁矩量。

而作为铁磁体的伊辛模型，与磁矩量所对应的是模型中定义的总磁矩量，它是系统所有自旋方向的统计平均量。

由于系统具有热能，各分子的热运动使得微观状态不断发生随机变化，其结果是微观状态在相空间里经过充分的随机转移后达到平衡态。同样地，伊辛模型中的所有自旋方向都可能发生翻转，那么总磁矩是系统达到平衡态后的特性。

在统计力学中，**统计平均量**是状态空间 Ω 上的玻尔兹曼分布的期望。人们用记号 $\langle \cdot \rangle$ 来代替期望的运算符号 (这是统计力学的标准表示法)，一个宏观可测量 A 的期望由下式给出：

$$\langle A \rangle = \sum_{x \in \Omega} A_x \frac{\mathrm{e}^{-\frac{E_x}{k_{\mathrm{B}} T}}}{Z}。 \tag{6.31}$$

6.5.6　伊辛模型和 Metropolis 算法

在本小节中，我们进行伊辛模型的模拟。其关键方法是应用 Metropolis 算法，产生渐近收敛于玻尔兹曼分布的抽样。

需要指出，只有二维及以上的伊辛模型才能产生相变。为了数学上描述**伊辛模型**，让我们设想有一个 $N \times N$ 尺寸的平面网格 (见图 6.7)，每个整数格点以坐标 (i, j) 表示，$i, j = 1, 2, \cdots, N$，即整个网格有 N^2 个格点。在网格的每个格点上放置一个自旋 $s(i, j)$。每个自旋仅取两态：向上或向下，我们分别以 $+1$ 和 -1 值与之对应，即 $s(i, j)$ 的取值为 ± 1。在网格上，所有自旋的取值排列 (构型) 构成一个微观态 $S = \{s(i, j)\} \in \Omega$。对于 $S \in \Omega$，定义系统的 (总) 磁矩为所有自旋之和，即**平均磁化率**：

$$M(S)=\frac{1}{N^2}\sum_{i,j=1}^{N}s(i,j)。\tag{6.32}$$

显然，如果在一个状态 S 中正自旋与负自旋个数差不多，则磁矩 $M(S)$ 将接近于 0。

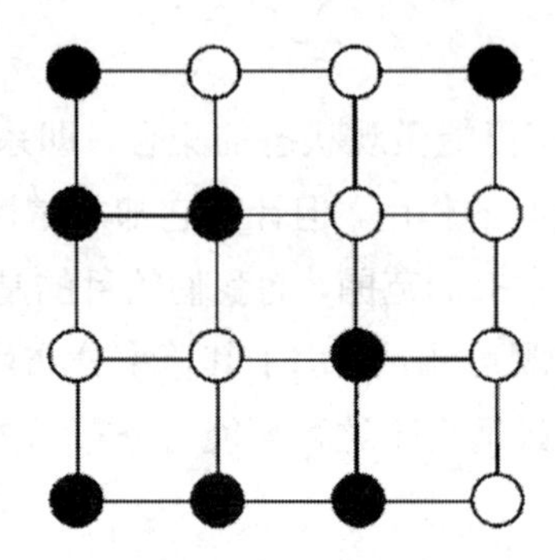

图 6.7 伊辛模型网格示意图 (白点表示自旋向上，黑点则表示自旋向下)

给定一个格点 (i,j)，它的四周相邻格点就构成它的邻域 $\Lambda(i,j)$，即

$$\Lambda(i,j)=\{(i-1,j),(i,j-1),(i,j+1),(i+1,j)\}。\tag{6.33}$$

而对于边界上的各点，其邻域的定义通常有两种类型：周期性边界和自由边界。

(1) 周期性边界：网格被看成左右相连上下相接的，就好像一个甜甜圈似的环面。于是，边界格点的邻域也有四个邻居，仍然可使用 (6.33) 式，只需做 $0\to N$, $N+1\to 1$ 的更换。

(2) 自由边界：边界格点的邻域将自动减少不存在的邻居，如处在最左边但非角点的格点仅有三个邻居：上、下和右边格点；处于左下角那个格点的邻居只有两个：上和右边格点；其余类推。

在不存在外场的伊辛模型中，系统的能量来自各对相邻自旋的相互作用能。于是，能量函数 E 可以由下式给出：

$$E(S)=-\frac{1}{2}J\sum_{i,j=1}^{N}\sum_{(\mu,\nu)\in\Lambda(i,j)}s_\mu s_\nu,\tag{6.34}$$

其中 $J>0$ 是相互作用的强度系数。这样的相互作用能有点类似于势能，当格点邻域内的各个自旋方向趋于一致时，能量下降。

因此，根据统计力学的推断，状态为 S 的概率服从玻尔兹曼分布，即有

$$P(S)=\frac{1}{Z}\mathrm{e}^{\frac{-E(S)}{k_{\mathrm{B}}T}},\quad S\in\Omega。\tag{6.35}$$

模拟的目的是为了计算某些宏观可测量，在这里我们将计算伊辛模型在不同温度下的磁矩量 M。这是在玻尔兹曼分布下状态空间 Ω 中自旋净向上的平均值，而这可以应用 (6.31) 式来计算

$$\langle M \rangle = \frac{1}{Z} \sum_{S \in \Omega} M(S) \mathrm{e}^{-\beta E(S)}, \tag{6.36}$$

这里为简单起见我们记 $\beta = 1/(k_{\mathrm{B}}T)$，而 Z 是相应的配分函数。

我们采用对称的 Metropolis 算法，建议状态 S' 的产生是对现有状态 S 的某一随机选择的格点上的自旋方向进行反转。我们从 (6.29) 的玻尔兹曼分布函数得到

$$\frac{P(S')}{P(S)} = \frac{\mathrm{e}^{-\beta E(S')}/Z}{\mathrm{e}^{-\beta E(S)}/Z} = \mathrm{e}^{-\beta \left[E(S') - E(S)\right]}。$$

于是，判别概率函数为

$$h(S, S') = \min\left\{1,\ \mathrm{e}^{-\beta \left[E(S') - E(S)\right]}\right\}。 \tag{6.37}$$

需要注意的是，归一化因子 Z 已经消失。

在模拟的初始阶段，抽样出来的数据不太可能服从玻尔兹曼分布。但随着运行的进行，Metropolis 算法的抽样将渐近地近似玻尔兹曼分布。因此，统计数据时去掉处于暂态阶段的迭代，而利用后面的迭代结果来计算磁矩的平均值。一般事前并不知道这个暂态阶段要多长时间，这是系统的弛豫时间，通常其长度需要由模拟实验来确定。

伊辛模型的蒙特卡罗模拟的算法如下：

```
select β = 1/T;   // 给定温度T
select N × N网格的初始状态S;
M ← 0;   // 置磁矩初始值为0
for t = 1 to startup + nTrials do
    计算状态S的能量: E(S);
    select 随机的(i, j) ∈ N × N;   // 选择反转的自旋坐标
    Y ← S;   // 将状态S拷贝给Y
    Y(i, j) = −S(i, j);   // 产生状态S的建议状态Y
    计算状态Y的能量: E(Y);
    h(S, Y) = min(1, e^{−β[E(Y)−E(S)]})   // 计算接受概率
    if U ~ U(0, 1) < h then
        S ← Y   // 状态S更新为Y
    else 状态S不改变
    if t > startup then
        计算状态S的磁矩: M(S)
        M ← M + M(S)   // 求和
    end if
end for
output ⟨M⟩ = (M/nTrials)/(N × N)   // 每个自旋的平均磁矩
```

下面是伊辛模型的 Matlab 程序：

```
function M = Ising(T)      % T: 温度
nTrials = 100000;   startup = 100000;
```

```
d = zeros(1, nTrials);      % 为画直方图
beta = 1/T; M = 0;
s = 2*round(rand(1,4))-1;      % 产生随机状态
Es = -(s(1)*s(2)+s(3)*s(4)+s(1)*s(3)+s(2)*s(4));
for t = 1:startup + nTrials
    k = fix(1+4*rand);      % 被反转的自旋号
    y = s;  y(k) = -s(k);
    Ey = -(y(1)*y(2)+y(3)*y(4)+y(1)*y(3)+y(2)*y(4));
    h = min(1, exp(-beta*(Ey-Es)));
    if rand < h
        s = y;
    end
    if t > startup
        Ms = s(1)+s(2)+s(3)+s(4);
        M = M + Ms;      % 为求平均磁矩.
        d(t-startup) = Ms;
    end
end
x = -4:1:4;
hist(d, x)
M = (M/nTrials)/4;      % 计算每个自旋的平均磁矩
end
```

在模拟中，我们选择最简单的自由边界条件下以 2×2 网格为例来进行模拟，共迭代了 200000 次，并舍去前后半部分的暂态结果。模型选用自然单位制，即 $k_{\mathrm{B}}=1$，也就是 $\beta=1/T$。例如，高温情形，取 $T=100$，即 $\beta=1/(k_{\mathrm{B}}T)=0.01$；而低温情形，取 $T=1$。另外，取 $J=2$。

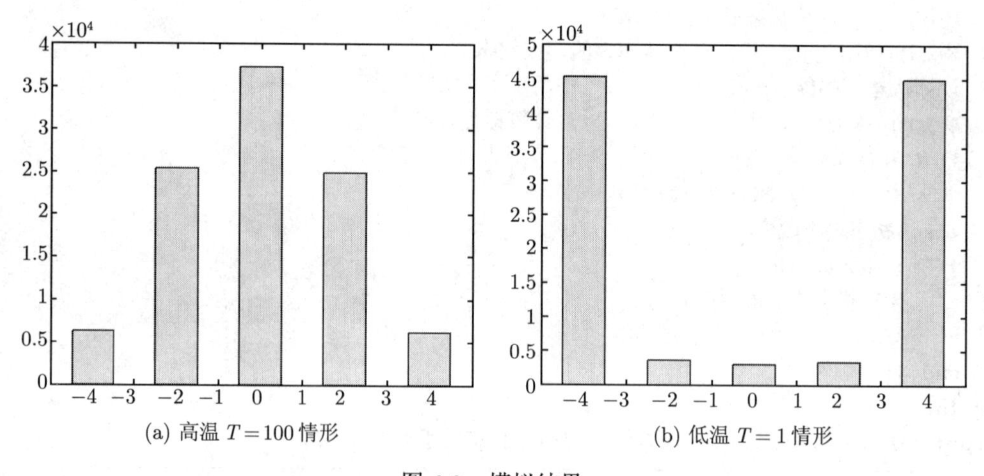

(a) 高温 $T=100$ 情形　　(b) 低温 $T=1$ 情形

图 6.8　模拟结果

模拟结果显示在图 6.8 中，给出了两种情况下磁矩分布的直方图。其中，图 (a) 显示了处于高温 $T=100$ 时的情形，频数是关于零磁矩对称的钟形，几乎难以鲜明地呈现磁

性；而图 (b) 显示了低温 $T=1$ 的情形，直方图表现出极大部分的自旋都转向同一方法的情形，即呈现出鲜明的磁性。从计算结果看：在低温时，微观态中大约有 90% 的自旋呈平行方向很可能发生的，而微观态中与邻居反平行的自旋对则以微乎其微的概率发生；但在高温时，情况就截然不同。

在低温度时分布变成双峰，这时最有可能的情况是自旋都转起来或全部停止转动。我们称该系统已经发生了相变，而且可以找到一个临界温度——居里点。伊辛模型的非常有趣的特征是，它是一个相当简单的模型，但仍然会发生相变。这就是该模型的理论价值之处。

如果该系统的温度维持在高于居里点，自旋子将失去所有的记忆而呈现随机化。但必须注意的是，如果将温度降低过快，则系统会锁定到自旋向上和自旋向下的“岛屿域”图案，请参看图 6.9，这些被称为亚优状态。然而，如果将温度降低足够慢，使得岛域变化直到两个全局最低能量态之一出现，此时所有的自旋向上或全部停止转动，这个过程被称为退火。这种情况对于后面讲述的模拟退火方法将很有意义。

图 6.9　16×16 伊辛模型的亚优状态

6.5.7　关于伊辛模型的几点注释

我们已经指出，一维伊辛模型 (自旋排列在直线的格点上) 是不会产生相变的，这点可以直接用数学来证明。二维伊辛模型的数学求解较复杂，证明了确实存在相变。但与实物一样，维数为三维的伊辛模型，其数学求解至今仍悬而未决，虽然近年有人在 3 个猜想的基础上给出了三维情形的证明，但这还不是彻底的解决。伊辛模型的数学研究令人生畏。然而，从模拟研究来看，三维甚至更高维模型的编程与低维情形并没有实质上的不同，即使将伊辛模型做较大的改变也是如此，不同的只可能是程序运行时间上的显著增加。读者已经看到，这类程序编程简单，一般的读者都可以为自己的研究目的尝试改造上面的程序。

迄今为止，伊辛模型已获得诸多的推广和应用，下面举一些典型的工作：

(1) Potts 模型：将伊辛模型中两态的自旋推广到多态情形。

(2) 次近相互作用的伊辛模型：原模型中自旋之间只考虑最近一对邻居的相互作用，现在考虑与次近邻居之间的相互作用。但就是二维情形的这种模型，其数学求解也未获解决。

(3) 复杂网络上的伊辛模型：将原模型中的规则网格改变成一个不规则的复杂网络。

(4) 平行更新的伊辛模型：原模型的动态过程是每一时间步只考虑一个自旋的变化，这是异步更新方式。而现在每一时间步同时考虑所有自旋的变化，即平行更新方式。

(5) 非玻尔兹曼分布的伊辛模型：模型中系统的状态 (构型) 服从其他的概率分布。这种推广对于将伊辛模型应用于其他学科问题特别值得重视，因为原模型中的能量概念已经不再适用了。

(6) 自旋玻璃模型：将伊辛模型中的相互作用的强度系数推广为随机变化的情形。这种模型是用来理解无序磁性材料的一些奇异特性，但有着其他方面的应用。

(7) 拟伊辛模型：这主要是应用于社会、经济等领域里的模型，但具体规则已有较大的改变，故称之为拟伊辛模型。

总而言之，人们能够发挥自己的想象来发展出更多的新模型或者做出更多的实际应用。

✎ 练　习

1. 我们计算在本章股市例子 6.2 中的不同初始分布 p_0 下的概率分布 p_t。例子中已经完成了对 $p_0=(1\ 0\ 0)$ 情况的模拟。试对同样的问题，做 $p_0=(0\ 0\ 1)$ 情况下的模拟。对两种不同选择的情况下计算 $p_t, t=1,2,\cdots,10$。再次利用这些计算，计算更一般情况 $p_0=(a\ b\ 1-a-b)$, 其中 $a,b\geqslant 0, a+b<1$(事实上，矩阵乘法是线性的)。试随机模拟对于任何初始起点 p_0，分布 p_t 收敛于不变分布。

2. 利用 Metropolis 算法从掷两个均匀六面骰子之和的样本空间 $\Omega=\{2,3,\cdots,12\}$ 取样，首先用 $\Omega=\{2,3,\cdots,12\}$ 上的均匀分布作为系统邻域，其次运用转移矩阵

$$G=\begin{pmatrix}1/2 & 1/2 & 0 & \cdots & 0 & 0 & 0\\ 1/2 & 0 & 1/2 & \cdots & 0 & 0 & 0\\ 0 & 1/2 & 0 & \cdots & 0 & 0 & 0\\ \vdots & \vdots & \vdots & \ddots & \vdots & \vdots & \vdots\\ 0 & 0 & 0 & \cdots & 0 & 1/2 & 0\\ 0 & 0 & 0 & \cdots & 1/2 & 0 & 1/2\\ 0 & 0 & 0 & \cdots & 0 & 1/2 & 1/2\end{pmatrix}$$

给出随机游走作为系统邻域。记录下计算时间，并画出直方图和相关图。发表评论你的意见。

3. 继续考察上例的取样问题，探讨 MCMC 方案的收敛速度。首先采用由上题转移矩阵所给出的随机游走的系统领域分布。设样本序列是 $X_1, X_2, \cdots, X_N$，计算样本均值 $\overline{X} = \dfrac{1}{N}\sum_{i=1}^{N} X_i$。运行 $N = 100$ 的 100 个实例，画出样本均值的直方图，并计算样本方差。再次重复运行 $N = 200$ 的 100 个实例，以及 $N = 1000$ 的 100 个实例。这给出了样本均值估计随迭代次数增加怎样收敛的启发。现在除了最大邻域系统外，所有状态都选择等可能的。比较这两个不同邻域系统在其收敛性 (分布直方图和方差图)。

4. 运用 Metropolis 算法从密度函数 $f(x) = cx^2\mathrm{e}^{-x}, 0 \leqslant x < \infty$ 取样，x 的邻域取为区间 $[x-\delta, x+\delta]$, 存在 $\delta > 0$(对于 $x = 0$ 的邻域不予考虑，见本书)，从任一点开始检验分布、相关性及特征量 (同样考虑从不同点的模拟分布的比较结果)。

5. 模拟马尔可夫链转移矩阵

$$P = \begin{pmatrix} c_0 & \frac{1}{2}\mathrm{e}^{-3} & 0 & 0 \\ \frac{1}{2} & 0 & \frac{1}{2} & 0 \\ 0 & \frac{1}{2}\mathrm{e}^{-1} & c_2 & \frac{1}{2} \\ 0 & 0 & \frac{1}{2}\mathrm{e}^{-1} & c_3 \end{pmatrix},$$

其中 c_i 是互补的概率 (所以行之和为 1)，试模拟几百次迭代以获得不变分布并画出直方图，另外手工计算其不变分布，并比较计算以下结果：

$$w_i = \frac{\mathrm{e}^{-f_i}}{Z},$$

其中 $Z = \sum_{i=0}^{3} \mathrm{e}^{-f_i}$，$f_0 = -1, f_1 = 2, f_2 = 1, f_3 = 0$。

第七章　仿真随机服务系统

导读:

本章讲述基本的排队论模型及其模拟方法，它们是马尔可夫链的一种应用。本章特别注重实例的建模分析过程，并给出了完整的 Matlab 的模拟程序供读者学习和参考。

随机服务系统是人们在日常生活中经常要与之打交道的对象，如顾客到商店购物有时需要排队、患者到医院求诊常常要排队等待。原因是到达的顾客数超过了服务机构的容量 (如服务台、库容、舱位等)，到达的顾客不能立即得到服务，因而出现了排队现象。服务系统的这种不确定现象的随机源来自：

(1) 顾客的到达时间和数量的不确定；

(2) 每一顾客的服务时间通常也不确定。

随机服务系统还包括了像公路收费站、机场等交通枢纽，设备的修理部，水库的库容调节等都可以归结为一种随机服务系统。

研究随机服务系统的数学理论起源于 1909 年丹麦电话工程师爱尔朗 (Agner Krarup Erlang，见右图) 的工作，他对当时电话呼叫占线问题进行了研究。他的研究成果为运筹学的分支——排队论奠定了基础，该理论研究的目标就是既要保证系统服务质量指标较好，又要使服务系统的成本费用经济合理。目前排队论的应用已涉及广泛的领域，但其中许多实际问题所写出的数学模型并不是排队论中的那些标准可解模型，除非对模型做出不切实际的简化。然而，采用随机模拟的方法来分析这些系统就不存在技术障碍，即使对于那些标准的排队论可解模型，我们的方法也是简便直观的，其优点是灵活可变，例如对原假设做某种推广。

关于随机服务系统的主要研究内容是：

(1) 系统性态问题，即研究各种服务系统的概率特性，如系统的队长分布、等待时间分布和忙期分布等，包括了暂态和稳态两种情形。

(2) 系统优化问题，分为静态优化和动态优化，前者指系统的最优设计 (如容量)，后者指现有系统的最优运营 (效率)。

这里我们首先将介绍排队论的一些基本概念，了解如何以数学方式来描述随机服务系统。

7.1　随机服务系统的组成与特征

随机服务系统一般有如下三个基本组成部分 (如图 7.1 所示)：

(1) 输入过程；(2) 排队规则；(3) 服务机构。

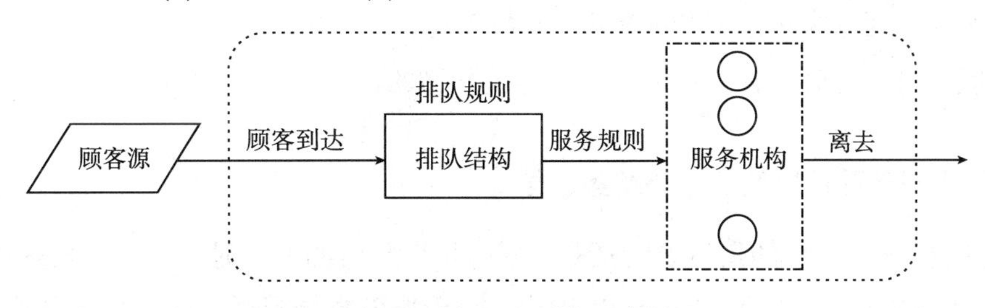

图 7.1　随机服务系统示意图

首先，输入过程是指顾客的到达情况 (顾客到达流)，可分为下列几种情形：

(1) 顾客源可能是有限的，也可能是无限的。

(2) 顾客是成批到达，或是单个到达。

(3) 顾客到达间隔时间可能是随机的，或确定的。

(4) 顾客到达可能是相互独立，也可能是相关的。所谓独立就是先前顾客的到达对以后顾客的到达无影响，通常我们研究的是独立的情形。

(5) 输入过程可能是平稳的，也可能是非平稳的。这里说的平稳过程是指顾客相继到达的间隔时间所服从的概率分布与时间无关 (通常只要求均值和方差与时间无关)，而非平稳的则依赖于时间。

其次，排队规则是指顾客进入服务系统的等待方式，可分为损失制、等待制、混合制三大类：

(1) 损失制：指如果顾客到达排队系统时，所有服务台都已被先来的顾客占用，那么他们就自动离开系统。典型例子是，如停车场，顾客来时如果遇到位满，则自动离去。

(2) 等待制：当顾客来到系统时，所有服务台都不空，顾客加入排队行列等待服务。例如，排队等待售票，故障设备等待维修等。等待制中，服务台在选择顾客进行服务时，还有四种规则：

(a) 先到先服务 (FCFS)，按顾客到达的先后顺序对顾客进行服务，这是最常见的情形；

(b) 后到先服务 (LCFS)；

(c) 随机服务；

(d) 优先权服务。

(3) 混合制：这是等待制与损失制相结合的一种服务规则，一般是指允许排队，但又不允许队列无限长下去。具体说来，大致分成三种：其一是限制队长，当排队等待服务顾客人数超过规定数量时，后来顾客就自动或被迫离去，如水库的库容、展览馆等；另两种情况指等待时间和逗留时间有限制的情形。

最后，服务机构是指服务系统的功能情况，通常关心的是服务时间，它可分为：

(1) 服务机构可以是单个服务台或者由并列的多服务台组成；

(2) 服务方式分为单个顾客服务和成批顾客服务；

(3) 服务时间分为确定型和随机型，一般以随机型为多；

(4) 服务时间的分布在这里通常被假定是平稳的。

7.1.1 随机服务系统模型的分类及其记号

一个随机服务系统的最重要特征是：顾客相继到达的间隔时间分布，服务时间的分布和服务台的数目。肯特尔 (Kendall) 给出了关于服务系统模型的分类及其记号，即

$$X/Y/Z/A/B/C。$$

在上面记号中：

- X—— 顾客相继到达间隔时间分布，常见的记号是：
  - M—— 指数分布 (泊松过程)，这种输入过程属于马尔可夫过程；
  - D—— 确定型情形；
  - E_k——k 阶爱尔朗分布；
  - GI—— 一般相互独立随机分布；
  - G—— 一般随机分布；
- Y—— 服务时间分布，常见记号同上；
- Z—— 并列的服务台数；
- A—— 排队系统的最大容量；
- B—— 顾客源数量；
- C—— 排队规则，如先到先服务 (FCFS) 方式等。

同时约定，如略去记号后面的三项，即指：$X/Y/Z/\infty/\infty/\text{FCFS}$。另外，$M/M/1/\infty/\infty/$ FCFS 可简写为 $M/M/1$，它指顾客到达为泊松过程、服务时间为指数分布和单服务台的随机服务系统模型 (注：到达流为泊松过程的时间间隔是服从指数分布的)。

7.1.2　随机服务系统的基本模型

对于一个实际的随机服务系统问题，我们一般需要做如下两项工作：

(1) 确定或拟合系统中顾客到达的时间间隔分布 (或者到达流的分布) 和服务时间分布；

(2) 研究系统状态的概率特性，评估服务系统的性能指标。

系统状态是指系统中顾客数 n，状态概率用 $P_n(t)$ 表示, 即在 t 时刻，系统中有 n 个顾客的概率，也称暂态概率。

求解状态概率 $P_n(t)$ 的方法是建立含 $P_n(t)$ 的微分差分方程，通过求解微分差分方程得到系统的暂态解。由于暂态解一般来说难以被用来评估系统的性能状况，因此常常使用它的极限 (如果存在的话) 情况，即稳态解：

$$\lim_{t\to\infty} P_n(t) = p_n。$$

然后，根据稳态解来判断系统运行性能的优劣。反映系统运行特性的数量指标主要有：

(1) 平均顾客数 L_s：指系统中的顾客数；

(2) 平均队列长 L_q：指系统中排队等待服务的顾客数；

(3) 平均逗留时间 W_s：指一个顾客在系统中的停留时间；

(4) 平均等待时间 W_q：指一个顾客在系统中排队等待的时间；

(5) 平均忙期 T_b：指服务机构连续繁忙时间，即从顾客到达空闲服务机构起到服务机构再次为空闲这段时间长度。忙期和一个忙期中平均完成服务顾客数都是衡量服务机构效率的指标，忙期与工作强度有关。

注意　以上这些指标均为期望值，所以它们非常适合采用随机模拟方法来统计确定。

一、 泊松过程

在随机服务系统中，顾客的到达过程常常被假设为一个**泊松过程**。设 $N(t)$ 表示在时间区间 $[0,\ t)$ 内到达的顾客数，以 $P_n(t_1,\ t_2)$ 表示在时间区间 $[t_1,\ t_2)$ 内有 n 个顾客到达的概率。那么，所谓的泊松过程指 $P_n(t_1,\ t_2)$ 满足如下的泊松概率分布：

$$\begin{aligned} P_n(t_1,t_2) &= P(N(t_2)-N(t_1)=n) \\ &= \frac{(\lambda(t_2-t_1))^n}{n!}\mathrm{e}^{-\lambda(t_2-t_1)}, \quad n=0,1,2,\cdots, \end{aligned} \tag{7.1}$$

并且对于足够小的 Δt，显然有

$$P_1(t,t+\Delta t) = \lambda\Delta t + o(\Delta t), \tag{7.2}$$

其中 $\lambda>0$ 是常数，它表示单位时间顾客的平均到达数。上式表明，在 $[t,t+\Delta t)$ 内有一个顾客到达的概率与 t 无关，而与 Δt 成正比。泊松过程是一种马尔可夫过程，具体地说它具有如下性质：

(1) **马尔可夫性**：各时间区间的顾客到达相互独立，即无后效性。也就是说，过程在 $t+\Delta t$ 所处的状态与 t 以前所处的状态无关，即对于 $t_1<t_2<\cdots<t_{k-1}<t_k$，有

$$\begin{aligned}&P(N(t_k)=n|N(t_1)=n_1,\ N(t_2)=n_2,\ \cdots,\ N(t_{k-1})=n_{k-1})\\&\quad=P(N(t_k)=n|N(t_{k-1})=n_{k-1})。\end{aligned}$$

(2) **平稳性**：上面 (7.1) 式表明 $P_n(t_1,\ t_2)$ 在 $[t_1,t_2)$ 内有顾客到达的概率与 t_1 无关，而仅与时间的间隔 (t_2-t_1) 有关。

(3) **排斥性**：对充分小的 Δt, 在时间区间 $[t,\ t+\Delta t)$ 内有 2 个或 2 个以上顾客到达的概率是一高阶无穷小, 即

$$\sum_{n=2}^{\infty}P_n(t,t+\Delta t)=o(\Delta t),$$

因此，我们可以忽略它们的发生。

因为 $P_0+P_1+P_{\geqslant 2}=1$，于是可知在 $[t,t+\Delta t)$ 区间内没有顾客到达的概率为

$$P_0(t,t+\Delta t)=1-\lambda\Delta t+o(\Delta t)\approx 1-\lambda\Delta t。\tag{7.3}$$

若令 $t_1=0,t_2=t$，则有 $P_n(t_1,t_2)=P_n(0,t)=P_n(t)$。

二、 指数分布

当输入过程是泊松过程时，我们来看两顾客相继到达的时间间隔的概率分布是什么？设 T 为时间间隔，分布函数为 $F_T(t)$，则 $F_T(t)=P(T\leqslant t)$。此概率等价于在 $[0,t)$ 区间内至少有 1 个顾客到达的概率。

由于没有顾客到达的概率为：$P_0(t)=\mathrm{e}^{-\lambda t}$，则概率分布函数为

$$F_T(t)=1-P_0(t)=1-\mathrm{e}^{-\lambda t},\quad t>0,$$

其概率密度函数为

$$f_T(t)=\frac{\mathrm{d}F_T}{\mathrm{d}t}=\lambda\mathrm{e}^{-\lambda t},\quad t>0,$$

即 T 服从指数分布，它的期望及方差分别是：

$$\mathbf{E}(T)=1/\lambda,\quad \mathrm{var}(T)=1/\lambda^2,$$

这里 λ 就是前面的顾客在单位时间内的平均到达数。这样，$1/\lambda$ 就表示顾客到达的平均间隔时间。这就证明了：顾客到达的间隔时间 T 服从指数分布，当然前后不同时间的顾客到达间隔时间是相互独立的。同时，我们看到，顾客到达的间隔时间服从指数分布等价于顾客的到达流服从泊松过程，两者的参数相同。

三、 服务时间的分布

对顾客的服务时间 H 是指系统处于忙期时两顾客相继离开系统的时间间隔，一般地，人们也假设它服从指数分布，即设它的概率密度函数为

$$f_H(t) = \mu e^{\mu t},$$

其中 μ 表示单位时间内被服务的顾客数，即平均服务率，则 $1/\mu$ 表示一个顾客的平均服务时间。显然，服务时间的分布有着与上面泊松过程完全类似的性质。若要计算在 Δt 时间内有一个顾客服务完毕和没有顾客服务完毕的概率，只要将上面公式 (7.2) 和 (7.3) 中的参数 λ 换成 μ 即可。令

$$\rho = \lambda/\mu,$$

则 ρ 称为服务强度，一般要求它满足条件：$\rho < 1$，否则队列会无限，永远达不到稳态。

7.1.3 M/M/1 模型

在给定输入和服务条件下，这个模型在数学上是一个可解的系统。下面我们先来确定系统状态的稳定分布，然后计算该系统的性能指标。

确定稳定分布需要先求出系统状态的暂态概率，即在时刻 t，系统状态为 n 的概率 $P_n(t)$，它决定了系统的运行特征。

已知顾客到达服从参数为 λ 的泊松过程，服务时间服从参数为 μ 的指数分布。现仍然通过研究区间 $[t, t+\Delta t)$ 的状态变化来求解。在时刻 $t+\Delta t$，系统中有 n 个顾客不外乎有表 7.1 所列的四种情况 (注：由于排斥性质，我们不需要考虑在时期 $[t, t+\Delta t)$ 内有 2 个及以上顾客的同时到达或同时离开)。

表 7.1　在泊松过程假设下顾客到达与离开的四种情况 ($n > 0$)

情　况	时期 $[t, t+1)$ 内顾客数的变化	时期 $[t, t+\Delta t)$ 内		转移概率 $P_n(t, t+\Delta t)$
		到　达	离　去	
A	$n \to n$	×	×	$(1-\lambda\Delta t)(1-\mu\Delta t)$
B	$n+1 \to n$	×	✓	$(1-\lambda\Delta t)(\mu\Delta t)$
C	$n-1 \to n$	✓	×	$(\lambda\Delta t)(1-\mu\Delta t)$
D	$n \to n$	✓	✓	$(\lambda\Delta t)(\mu\Delta t)$

由于这四种情况是互不相容的，所以 $P_n(t+\Delta t)$ 应是这四项之和，则有：

$$\begin{aligned}P_n(t+\Delta t) &= P_n(t)(1-\lambda\Delta t)(1-\mu\Delta t) + P_{n+1}(t)(1-\lambda\Delta t)(\mu\Delta t)\\ &\quad + P_{n-1}(t)(\lambda\Delta t)(1-\mu\Delta t) + P_n(t)(\lambda\Delta t)(\mu\Delta t) + o(\Delta t)\\ &= P_n(t)(1-\lambda\Delta t-\mu\Delta t) + P_{n+1}(t)(\mu\Delta t) + P_{n-1}(t)(\lambda\Delta t) + o(\Delta t)。\end{aligned}$$

事实上，我们看到上面第四种情况 D 也可以忽略，所以有

$$\frac{P_n(t+\Delta t) - P_n(t)}{\Delta t} = \lambda P_{n-1}(t) + \mu P_{n+1}(t) - (\lambda+\mu)P_n(t) + \frac{o(\Delta t)}{\Delta t}。$$

令 $\Delta t \to 0$，得到关于 $P_n(t)$ 的微分差分方程：

$$\frac{\mathrm{d}P_n(t)}{\mathrm{d}t} = \lambda P_{n-1}(t) + \mu P_{n+1}(t) - (\lambda+\mu)P_n(t)。 \tag{7.4}$$

当 $n=0$ 时，只有表中的 A，B 两种情况，因为在较小的 Δt 内可以忽略情况 D，则有

$$P_0(t+\Delta t) = P_0(t)(1-\lambda\Delta t) + P_1(t)(1-\lambda\Delta t)(\mu\Delta t)。$$

故得

$$\frac{\mathrm{d}P_0(t)}{\mathrm{d}t} = -\lambda P_0(t) + \mu P_1(t)。 \tag{7.5}$$

方程 (7.4) 和 (7.5) 的解是暂态解，我们需要对 $P_n(t)$ 取极限来求得稳态解 (稳定分布)。因为它与时间无关，可以写成 $\{P_n\}$，它对时间的导数为零，所以 (7.4) 和 (7.5) 两式分别变为

$$\lambda P_{n-1} + \mu P_{n+1} - (\lambda+\mu)P_n = 0, \tag{7.6}$$

$$-\lambda P_0 + \mu P_1 = 0。 \tag{7.7}$$

于是，我们得到关于 P_n 的差分方程。由此我们看到，该随机服务系统可以作为一种马尔可夫过程的状态转移图，如图 7.2 所示。

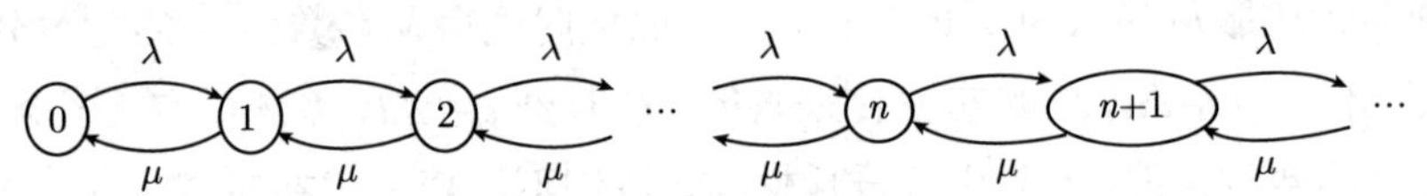

图 7.2　系统状态转移图

由 (7.7) 得

$$P_1 = \frac{\lambda}{\mu}P_0 = \rho P_0,$$

其中 ρ 为服务强度。将上式代入 (7.6) 式，依次计算各个 P_n，我们可得到关于稳定分布的递推式。对于 $n=1$ 的情形，有

$$\lambda P_0 + \mu P_2 - (\lambda+\mu)P_1 = 0,$$

得

$$P_2 = \frac{1}{\mu}\left(\frac{\lambda(\lambda+\mu)}{\mu} - \lambda\right)P_0 = \left(\frac{\lambda}{\mu}\right)^2 P_0 = \rho^2 P_0;$$

对于 $n=2$ 的情形，有

$$\lambda P_1 + \mu P_3 - (\lambda+\mu)P_2 = 0,$$

得

$$P_3 = \frac{1}{\mu}\left[(\lambda+\mu)\rho^2 - \lambda\rho\right]P_0 = \frac{\lambda}{\mu}\rho^2 P_0 = \rho^3 P_0。$$

以此类推，对于一般的情形，就有

$$P_n = \rho^n P_0, \tag{7.8}$$

这里，必须要求条件

$$\rho = \frac{\lambda}{\mu} < 1$$

成立。由概率的归一性：$\sum\limits_{n=0}^{\infty} P_n = 1$，则有

$$\sum_{n=0}^{\infty} P_n = \left(\sum_{n=0}^{\infty} \rho^n\right) P_0 = \frac{1}{1-\rho} P_0 = 1, \quad \text{即} P_0 = 1-\rho\text{。}$$

因此，系统的稳态概率为

$$P_n = (1-\rho)\rho^n\text{。} \tag{7.9}$$

7.1.4　系统运行指标的计算公式

1. 系统中的平均顾客数 L_s。

因为

$$L_s = \sum_{n=0}^{\infty} nP_n = \sum_{n=0}^{\infty} n\,(1-\rho)\rho^n = \frac{\rho}{1-\rho} = \frac{\lambda/\mu}{1-\lambda/\mu} = \frac{\lambda}{\mu-\lambda},$$

即得

$$L_s = \frac{\lambda}{\mu-\lambda}\text{。} \tag{7.10}$$

2. 队列中等待的平均顾客数 L_q。

同理，我们有

$$\begin{aligned} L_q &= \sum_{n=1}^{\infty} (n-1)\cdot P_n = \sum_{n=1}^{\infty} (n-1)\cdot(1-\rho)\cdot\rho^n \\ &= \sum_{n=1}^{\infty} n\cdot(1-\rho)\cdot\rho^n - \sum_{n=1}^{\infty} (1-\rho)\cdot\rho^n \\ &= L_s - \rho = \frac{\rho^2}{1-\rho} = \frac{\rho\lambda}{\mu-\lambda}\text{。} \end{aligned} \tag{7.11}$$

3. 顾客在系统中的平均逗留时间 W_s。

顾客在系统中的逗留时间是随机变量，可以证明，它服从参数为 $\mu-\lambda$ 的指数分布，其概率密度函数为

$$f(w) = (\mu-\lambda)\mathrm{e}^{-(\mu-\lambda)w},$$

所以得

$$W_s = \frac{1}{\mu-\lambda}\text{。} \tag{7.12}$$

这样，在 L_s 与 W_s 之间存在关系式：$L_s = \lambda W_s$。

4. 平均等待时间 W_q。

W_q 可由平均逗留时间 W_s 减去平均服务时间得到，即

$$W_q = W_s - \frac{1}{\mu} = \frac{1}{\mu - \lambda} - \frac{1}{\mu} = \frac{\rho}{\mu - \lambda}。\tag{7.13}$$

同样，在 L_q 与 W_q 之间存在关系式：$L_q = \lambda W_q$。

7.2 随机服务系统的例子

有了上面这些理论知识，现在让我们来看两个随机服务系统的例子。

例 7.1 (停车库问题) 在建设一个大型商业中心 (如商品茂) 之前，商业中心的设计者必须决定建设多大容量的地下停车库。无疑，每天车的到达率将是随时间而变化的，每天在变化，甚至每小时都在变化。一些顾客光顾商场可能很短的时间，而有些顾客可能光顾一整天。一旦车库建成后，商业中心可以根据负载量开放或关闭一些停车层 (或区域)。但是首要问题是，停车库的最大容量应该为多大？

由于商业中心的开发商希望几乎每个光临的顾客都能够停车，所以，在建模上我们就应该考察无穷大容量的停车库情形。也就是说，在事先不设置限制的条件下，拟合出实际停车数的概率分布。然后，停车库的容量应该被设置为这样一个值，它使得发生超出在此库容量的情况为很小的概率。当然这个小概率的具体确定还要权衡考虑商业中心的可用空间和成本因素。

很明显，这是一个随机服务系统的问题。由于车辆到达流呈现明显的时间周期性，合适的假设是到达流服从非平稳的泊松过程，认为平均到达率 $\lambda(t)$ 是随时间呈现某种周期性变化的泊松过程。我们将这种非平稳的泊松过程记为 $M(t)$，它是对平稳泊松过程的一种推广。然而，停车时间仍然可以假设为服从平均服务时间为 τ 的指数分布。这样，停车库问题就成为 $\mathrm{M}(t)/M/\infty$ 型的随机服务系统模型，其中以小时作为单位时间。这个模型仅对标准的模型做了一点点修改，使模型更接近于实际。但这样却变成一个非常棘手的数学问题，一般是不可解的，所以人们只能借助于随机模拟的方法来研究它。

确定停车库容量的一个简便方法是，假设在时刻 $t \geqslant 0$，车辆的到达数 $N(t)$ 服从均值为 $m(t)$ 的泊松分布，其中 $m(t)$ 满足如下的微分方程：

$$\frac{\mathrm{d}}{\mathrm{d}t} m(t) = \lambda(t) - \frac{m(t)}{\tau},\tag{7.14}$$

其初始条件是 $m(0) = 0$，即初始时车库是空的。

通过求解上面方程 (7.14)(或者运用 Matlab 计算方程的数值解)，找到 $m(t)$ 的最大值，记为 m^*。然后，在车库最拥堵状况下，考虑以 m^* 为均值的车辆数的泊松分布，也

就是说，

$$P(N(t) \leqslant c) = \sum_{n=0}^{c} \frac{(m^*)^n}{n!} \mathrm{e}^{-m^*}。\tag{7.15}$$

最后，将 c 调整直到上面的概率足够接近于 1(例如，0.99)，此时的 c 就是我们要确定的车库容量。这种简化方法显然有些粗糙，它除了一些数值计算之外几乎也不需要模拟来求解。但稍后我们会看到，对原模型做随机模拟是解决该问题更有效的方法。

例 7.2 (医院预检处)　在一个中等规模的医院都设有预检处，预检员的工作主要是帮助患者或访客对病类的甄别，使他们能正确地挂号，到医院的相关诊疗科室就诊。随着计算机的普及，医院会在接待大厅设置计算机自助挂号的触摸屏来取代人工接待，患者或访客要使用计算机提供的导航信息为自己挂号。但有些患者或访客可能不会操作或因不熟练的操作而引起耽误，所以往往会因此出现排队现象。这种现象就需要医院的信息管理工程师来评估计算机挂号的效率及可能引起的意外耽误程度。

首先对于下面的情况进行初步分析：信息工程师收集计算机的使用记录来估计患者或访客到达流的分布及其平均到达率、患者或访客使用计算机的时间分布和平均使用时间 (服务时间)。当然，关于顾客到达流的估计也可以根据原先人工预检时的信息数据来做出。假如预检系统的到达流的分布特性不随时间变化而改变，则可以近似地假设这个系统是一种 M/M/1 型的随机服务系统。于是，我们假设客户到达率服从均值为 λ 的泊松分布，而其服务时间也是相互独立同分布的随机变量，服从其均值为 τ 的指数分布。这种 M/M/1 模型在数学上是非常容易处理的，我们将通过本例来说明随机模拟的重要作用。

假设 $A_1, A_2, \cdots$ 是顾客到达的间隔时间均值为 $1/\lambda$ 的独立同分布的随机变量序列 (其中 A_1 是每天第一个客户到达的实际时间)；类似地，令 $X_1, X_2, \cdots$ 是顾客的服务时间序列，它们是均值为 τ 且标准差为 σ 的独立同分布的随机变量；令 $Y_1, Y_2, \cdots$ 是顾客在排队预检时的等待时间序列 (即从顾客到达直到服务开始之间的时间)。这样，显然有

$$Y_i = \max\{0,\ Y_{i-1} + X_{i-1} - A_i\}, \quad i = 1, 2, \cdots, \tag{7.16}$$

这里我们规定 $Y_0 = X_0 = 0$。这个递归式 (7.16) 被称为**林德利**(Lindley)**方程**，人们可以用它来方便地模拟这种 M/M/1 型系统的运行情况，并且可以通过统计重复多次的模拟结果来为改进预检系统提供一些相应的建议。

此外，这种具有林德利方程的服务系统模型看似容易，然而如果将它修改为较一般的情况，如多个服务台 (同时有多台计算机自助挂号)，再加上服务上考虑顾客的某种优先权 (如年长者)。那么，这些推广情形的数学求解就变得困难了，依靠随机模拟的方法来解决就显得非常必要了。

需要指出的是：在上面的模型中，等待时间这个随机变量是相关的，因为显然 Y_i 取决于 Y_{i-1}(如果前面的顾客等了很久，则后面的顾客大概也会一样等很久)；并且 Y_i 不会是同分布的 (显然，第一个顾客不需要等待，即 $Y_1 = 0$，但其他的 Y_i 就不一定是 0)；还

有，无论我们模拟多么长时间，等待时间既不是相互独立的且分布也不相同，即使做统计平均处理，它们也不收敛于某个常数。然而，数学上还是证明了该系统在一定条件下具有某些概率意义上的极限特征，因此这也表明模拟方法确实可以给出可靠的结果。

7.3 随机服务系统的模拟

我们采用 Matlab 软件来模拟随机服务系统。系统的状态 (顾客数) 是随着各个事件的发生而变化的，其中影响系统状态的事件有：顾客的到达、服务完毕的顾客的离去。为此，我们要记录每个顾客的全部有关信息。这样，我们建立一个 5 行多列的矩阵 (数组) 变量 guests 来记录这些信息。这个矩阵的各列对应于依时间先后顺序到达的各个顾客；矩阵的各行分别表示顾客的各个主要信息变量：

- 第 1 行：顾客的到达时刻；
- 第 2 行：顾客的服务时间；
- 第 3 行：顾客的逗留时间；
- 第 4 行：顾客的离开时刻；
- 第 5 行：顾客的附加信息，此行信息为可选的。

关于第 5 行信息的具体内容将视系统的类型而定。例如，在容量有限的系统，它可用来表示该顾客是被接纳还是被拒绝的标志；如果有多个服务台的话，它可用来表示该顾客选择的是哪个服务台的编号；如果顾客享有某种优先权的话，那它可用来表示顾客的优先级。为了简单起见，我们只考虑对 M/M/1/N 型和 $M(t)/M/\infty$ 型的模拟。这里，对于前者模型，附加信息可以用来写入是否接纳的标志或其他信息；而对于后者模型，则无需附加信息。

建立了顾客信息变量之后，模拟程序分为以下两个步骤进行：

(1) 生成指定分布的随机序列。

(a) 根据到达率 λ 和服务率 μ 来分别确定每个顾客的到达时间间隔和服务时间间隔。因为 M/M/1/N 型的服务系统，其服务间隔时间可以用指数分布函数 exprnd( ) 来生成。由于泊松过程的时间间隔也服从指数分布，故也可用此函数生成顾客的到达时间间隔。需要注意的是，exprnd( ) 的输入参数不是到达率 λ 和服务率 μ，而是平均到达时间间隔 $1/\lambda$ 和平均服务时间 $1/\mu$。注：关于这两个参数的取值，人们可以根据实际系统的统计数据来估计。

(b) 根据到达时间间隔，确定每个顾客的到达时刻。我们知道在 Matlab 中提供了一个进行累加计算的函数 cumsum( )，模拟程序将使用它。

(c) 对开始顾客的变量进行初始化。第 1 个到达系统的顾客不需要等待就可以直接接受服务，其离开时刻等于到达时刻与服务时间之和。

(2) 模拟顾客的到达与离开。

按照时间顺序来模拟顾客流和服务过程。在当前顾客到达时刻，根据系统内已有的顾客数和系统的容量来确定当前顾客是否进入该系统。如进入系统，则根据前面顾客的离开时刻来确定该顾客的等待时间、服务时间和离开时间。如不进入，则只需在附加信息中做出标示即可。

由于前面两个服务系统每天都有营业时间的限制，所以每一轮模拟的时间将要根据采用的时间单位来确定。据此，我们可以设置每一轮模拟的迭代终止条件。下面给出前面两个例子的 Matlab 程序，为了理解上的考虑，我们先叙述例 7.2 的程序。

例 7.3 (医院预检处的模拟程序) 我们假设医院门诊每天营业 10 个小时，选择小时作为单位时间。从历史数据中已估计得出该医院患者或访客的到达率为 65(人/小时)，服务率为 60(人/小时)。虽然没有容量的限制，但由于每天有营业时间，所以每天患者或访客的总数量是有限的。我们可以用下面公式来估算每天可能的最大顾客数:

$$最大顾客数 = 总时间 \times 到达率 \times 2。$$

这样，我们可以预先定义程序中数组变量的大小，而不需要采用动态数组。否则的话，采用可变大小的动态数组将会大大降低计算速度。其原因是动态数组在计算机内存中是采用堆栈的方式贮存的，数据量大时还容易发生内存溢出，从而导致程序崩溃。另外，我们将顾客数组中附加信息的那行用来记录当前顾客进入系统时，在他之前系统已有的顾客数。

下面是医院预检处的 Matlab 模拟程序:

```
Total_time = 10;      % 总迭代时间
lambda = 65;  mu = 60;      % 到达率与服务率
arr_mean = 1/lambda;      ser_mean = 1/mu;       % 平均到达时间与平均服务时间
% 可能到达的最大顾客数 (round: 四舍五入求整数)
arr_num = round(Total_time*lambda*2);
guests = zeros(5,arr_num);      % 定义顾客信息的数组
% 按指数分布产生各顾客到达的时间间隔
guests(1,:) = exprnd(arr_mean,1,arr_num);
% 各顾客的到达时刻等于时间间隔的累积和
guests(1,:) = cumsum(guests(1,:));
% 按指数分布产生各顾客服务时间
guests(2,:) = exprnd(ser_mean,1,arr_num);
% 计算模拟的顾客个数，即到达时刻在模拟时间内的顾客数
len_sim = sum(guests(1,:)<= Total_time);
% ****************************************
% 初始化第1个顾客的信息
% ****************************************
guests(3,1) = 0;      % 第1个顾客进入系统后直接接受服务，无需等待
% 其离开时刻等于其到达时刻与服务时间之和
guests(4,1) = guests(1,1)+guests(2,1);
guests(5,1) = 0;      % 此时系统内没有其他顾客，故附加信息为0
```

```
member = [1];     % 其进入系统后，系统内已有成员序号为1
% ****************************************
% 计算第i个顾客的信息
% ****************************************
for i = 2:arr_num
    % 如果第i个顾客的到达时间超过了迭代时间，则跳出循环
    if guests(1,i)>Total_time
        break;
    else
        % 如果第i个顾客的到达时间在迭代时间内，则计算在其到达时刻系统中已有的顾客数
        number = sum(guests(4,member) > guests(1,i));
        if number == 0
            % 如果系统为空，则第i个顾客直接接受服务，其等待时间为0
            guests(3,i) = 0;
            % 其离开时刻等于到达时刻与服务时间之和
            guests(4,i) = guests(1,i)+guests(2,i);
            guests(5,i) = 0;     % 其附加信息是0
            member = [member,i];
        else
            % 如果系统有顾客正在接受服务，且系统等待队列未满，则第i个顾客进入系统
            len_mem = length(member);
            % 其等待时间等于队列中前一个顾客的离开时刻减去其到达时刻
            guests(3,i)=guests(4,member(len_mem))-guests(1,i);
            % 其离开时刻等于队列中前一个顾客的离开时刻加上其服务时间
            guests(4,i)=guests(4,member(len_mem))+guests(2,i);
            % 附加信息表示其进入系统时在他之前系统已有的顾客数
            guests(5,i) = number;
            member = [member,i];
        end
    end
end
len_mem = length(member);     % 模拟结束时，进入系统的总顾客数
% ****************************************
% 输出结果
% ****************************************
% 绘制在模拟时间内，进入系统的所有顾客的到达时刻和离开时刻的曲线图
figure(1) stairs(1:len_mem,guests(1,member)); hold on
stairs(1:len_mem,guests(4,member),'.r-')
legend('到达时间','离开时间')
hold off,   grid on
% 绘制在模拟时间内，进入系统的所有顾客的停留时间和等待时间的曲线图
figure(2)
plot(1:len_mem,guests(3,member),'r-',1:len_mem,...
guests(2,member)+guests(3,member),'k-')
legend('等待时间','停留时间'),   grid on
```

根据模拟的结果，程序绘制出了各顾客到达时间与离开时间的阶梯图 (如图 7.3 所示)，同时也给出了如图 7.4 所示的各顾客等待时间与停留时间的曲线。关于该系统性能指标的分析，我们留给读者作为习题。另外，读者还可以将服务时间的分布改为均匀分布的情形。

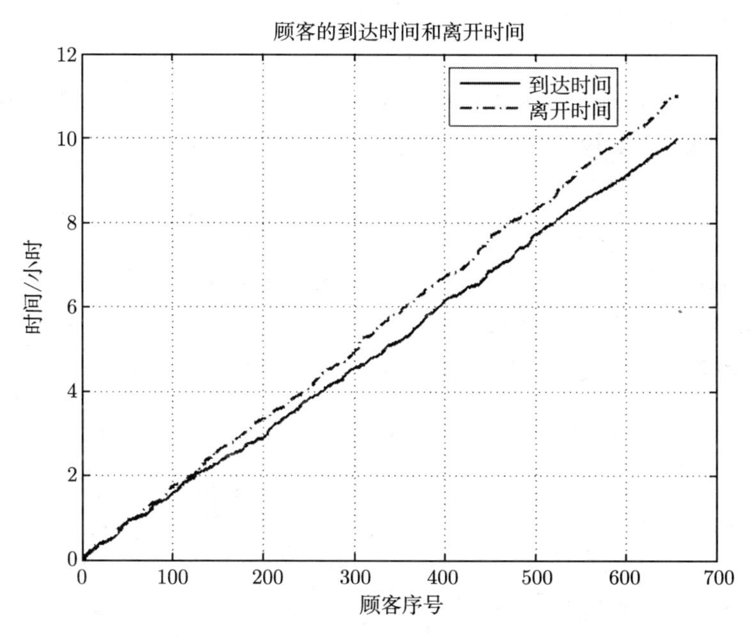

图 7.3　各顾客到达时间与离开时间的曲线

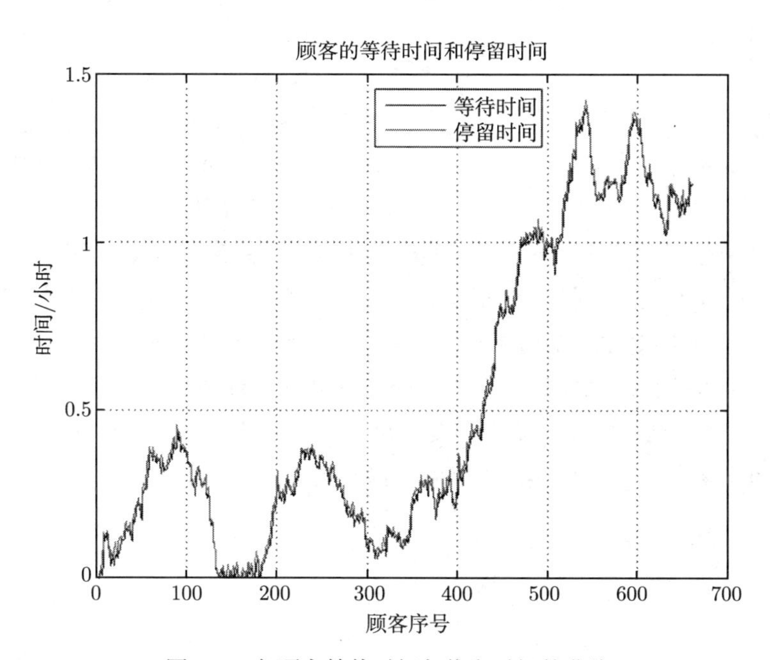

图 7.4　各顾客等待时间与停留时间的曲线

例 7.4 (停车库模拟程序) 我们假设例 7.1 中的停车库是每天连续 24 小时营业，时间单位是小时，即 $T = 24$。从已收集到的类似地方的停车库的数据中，人们估计出该停车库车辆的最大到达率为 65(车/小时)，其波动幅度约为 20 (车/小时)，而服务率为 60(车/小时)。我们以每天的营业时间作为一个周期来模拟每天的停车情况，所以同上例一样，每天的车辆总数也是有限的。我们可以用同样的公式来估算每天可能的最大车辆数。在这个问题中，并列的服务台个数是无穷多的。与上面例子的不同之处还在于，车辆到达流是非平稳的泊松过程。考虑到每天车辆活动的周期性，我们简单地假设每天车辆的到达率呈周期性变化，即

$$\lambda(t) = (\lambda_{\max} - a) + a\sin(2\pi t/T),$$

其中 $\lambda_{\max} = \max\limits_{t} \lambda(t)$ 是可能的最大到达率，a 是到达率的波动幅度 $(0 \leqslant a \leqslant \lambda_{\max})$。为了能生成服从这种非平稳泊松过程的随机序列，我们采用拒绝法的技术来采样这些随机数。这个方法的思想十分类似于接受–拒绝法，具体算法的伪代码如下：

```
初始化 t_0 ← 0 和 t̃_0 ← 0
置 k ← 1  for  n = 1, 2, ···  do
    生成 d̃_n ~ E(λ_max)
    t̃_n ← t̃_{n-1} + d̃_n
    生成随机数 rand ~ U(0, 1)
    if  rand ⩽ λ(t̃_n)/λ_max  then
        t_k ← t̃_n
        d_k ← t_k − t_{k-1}
        k ← k + 1
    end  if
end  for
```

在这样所生成的时间间隔的随机数序列 $\{d_k\}$ 过程中，有一定比例的随机数被拒绝掉了。我们这里给出的停车库的 Matlab 模拟程序与上例程序的基本构造大致相同，但顾客信息中不需要等待时间和附加信息。程序运行的主要结果显示在图 7.5—图 7.9 中。

从图 7.9 的每天最大车辆数的经验分布可以看到，最大车辆数不超过 328 的概率为 0.99；而最大车辆数不超过 317 的概率为 0.95。停车库设计的目的是尽可能不失去每一位光临的顾客，所以模拟结果建议该停车库的设计容量应该不低于 328 辆车。从图 7.8 所示的每天平均停车数来看，平均数不超过 100 辆，而且从一天的停车量看 (见图 7.7)，大约有一半时间车辆数超过 200 辆，这说明可以考虑建三层或者二层的停车库。

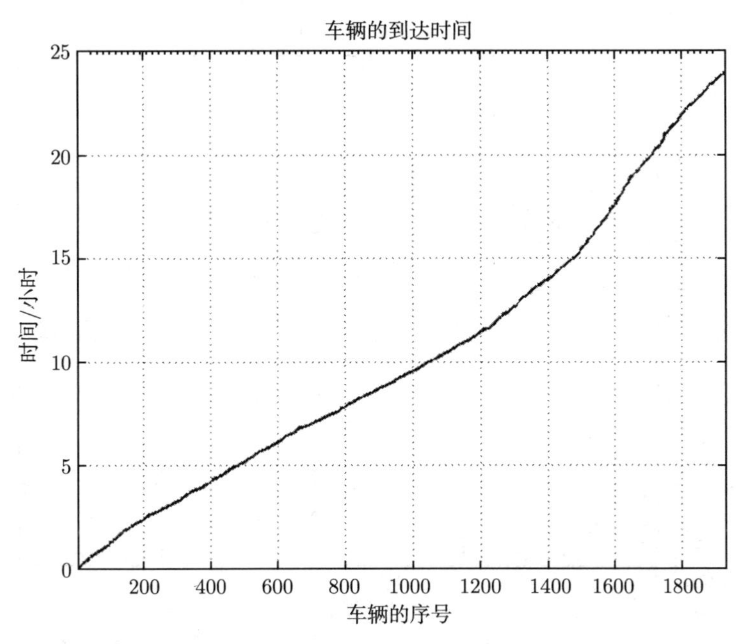

图 7.5　某一天中的车辆的到达数

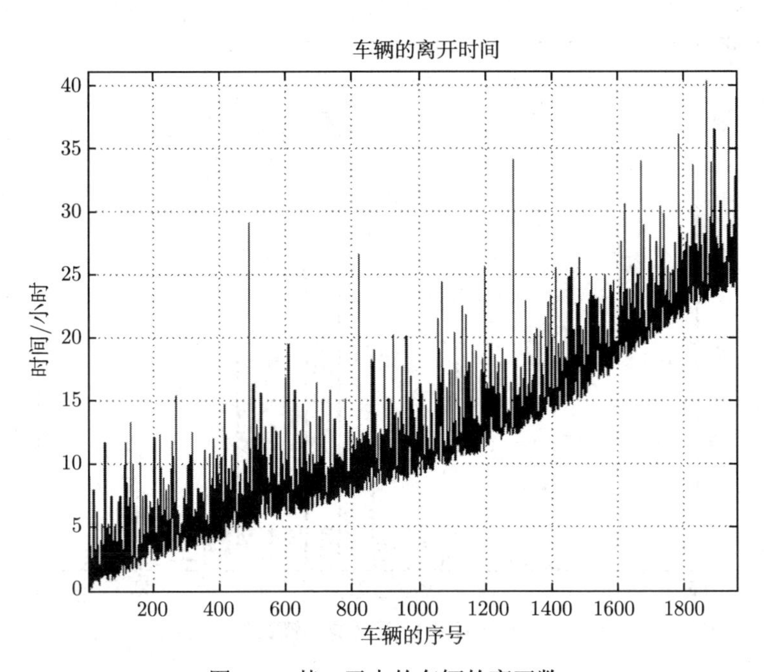

图 7.6　某一天中的车辆的离开数

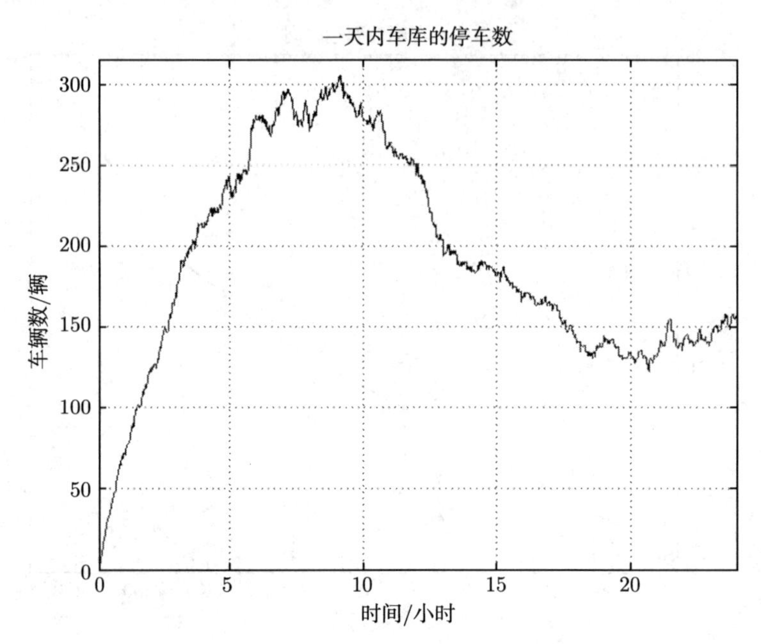

图 7.7　某一天中的停车库的车辆数

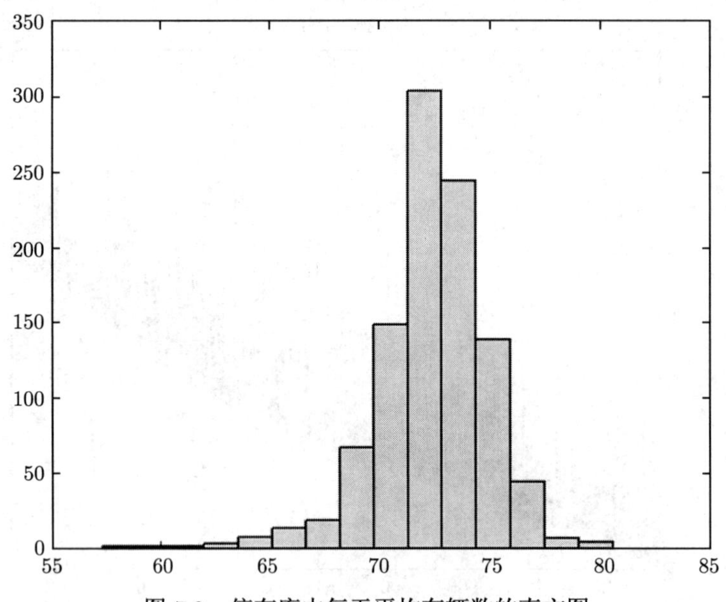

图 7.8　停车库中每天平均车辆数的直方图

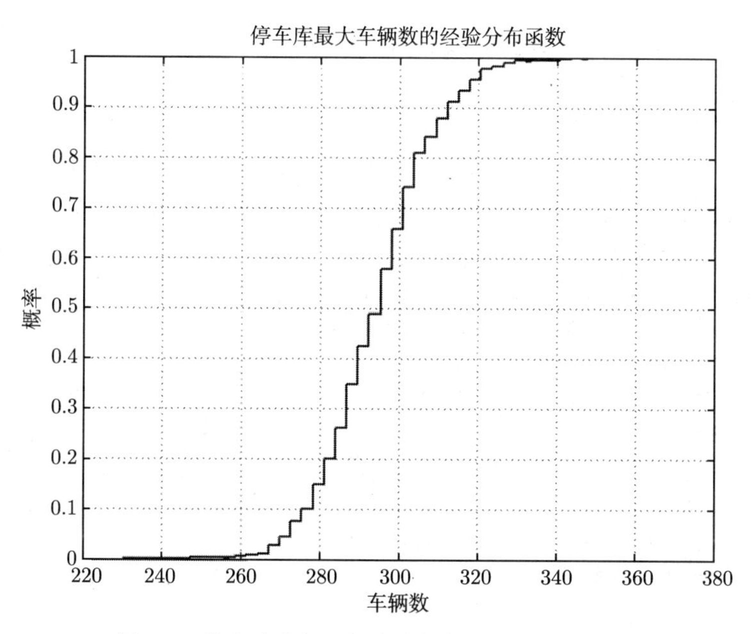

图 7.9　停车库中每天最大车辆数的经验分布曲线

模拟停车库的 Matlab 程序:

```
% ****************************************
% 初始化车辆流信息
% ****************************************
% 模拟一天的总时间
Total_time = 24;
% 试验次数
nTrials = 1000;
% 车辆的平均到达率与服务率
lambda = 120;
mu = 0.4;
% 车辆的平均到达时间与平均的服务时间
arr_mean = 1/lambda;
ser_mean = 1/mu;
% 可能到达的最大车辆数
arr_num = round(Total_time*lambda*2);
% 定义车辆信息数组和输出结果数组
guests = zeros(4,arr_num);
results = zeros(2,nTrials);
for  iter = 1:nTrials
rng('shuffle')
for i =1:arr_num
    arr_time = guests(1,i) + exprnd(arr_mean);
    while ~(rand<((lambda-40)+...
        40*sin(2*pi*arr_time/Total_time))/lambda)
```

```
        arr_time = arr_time + exprnd(arr_mean);
    end
    guests(1,i) = arr_time-guests(1,i);
end
% 各车辆的到达时间等于时间间隔的累积和
guests(1,:) = cumsum(guests(1,:));
% 按指数分布产生各车辆的服务时间
guests(2,:) = exprnd(ser_mean,1,arr_num);
% 计算模拟的车辆个数，即到达时刻在模拟时间内的车辆数
len_sim = sum(guests(1,:)<=Total_time);
% ****************************************
% 计算第1辆车的信息
% ****************************************
% 其离开时间等于其到达时刻与服务时间之和
guests(3,1) = guests(1,1)+guests(2,1);
% 此时停车库内只有1个顾客
guests(4,1) = 1;
% 其进入停车库后，停车库内已有序号为1的车
member = [1];
% ****************************************
% 计算第i辆车的信息
% ****************************************
for i = 2:arr_num
    % 如果第i辆车的到达时间超过了模拟时间，则跳出循环
    if guests(1,i)>Total_time
        break;
    else
        % 如果第i辆车的到达时间未超过模拟时间，
        % 则计算在其到达时刻停车场中已有的车辆数
        number = sum(guests(3,member)>guests(1,i));
        % 车辆的离开时刻等于其到达时刻加上其服务时间
        guests(3,i) = guests(1,i)+guests(2,i);
        % 计算其进入停车库后，停车库内全部的车辆数
        guests(4,i) = number+1;
        member = [member,i];
    end
end
% 模拟结束时进入停车库的车辆总数
len_mem = length(member);
% 计算在停车库中当天车辆的平均数和最大数
results(1,iter)= mean(guests(4,:));
results(2,iter)= max(guests(4,:));
end
% ****************************************
% 输出结果
```

```
% ***************************************
% 绘制在模拟时间内，进入停车库的所有车辆的到达时刻和离开时刻曲线图
figure(1)
stairs(1:len_mem,[guests(1,member)],'k-');
axis([1 len_sim 0 Total_time+1])
title('车辆的到达时间')
xlabel('车辆的序号'), ylabel('时间/小时'), grid on
figure(2)
stairs(1:len_mem,[guests(3,member)],'k-')
Ymax = fix(max(guests(3,member)))+1;
axis([1 len_sim 0 Ymax])
title('车辆的离开时间')
xlabel('车辆的序号'), ylabel('时间/小时'), grid on
% 绘制在模拟时间内，在停车库中各时刻车辆总数的曲线图
figure(3)
stairs([0 guests(1,member)],[0 guests(4,member)],'k-')
Ymax = fix(max(guests(4,member)))+10;
axis([0 Total_time 0 Ymax])
title('一天内车库的停车数')
xlabel('时间/小时'), ylabel('车辆数/量'), grid on
% 重复模拟试验结束后，绘制在停车库中每天车辆的最大数的经验分布图
% 重复模拟试验结束后，绘制在停车库中每天车辆的平均数的直方图
figure(4)
hist(results(1,:),15)
figure(5)
[y,x] = hist(results(2,:),50);  y = y/sum(y);  y = cumsum(y);
stairs(x,y,'k-')
title('停车库最大车辆数的经验分布函数')
xlabel('车辆数'), ylabel('概率'), grid on
```

练 习

1. 某大学图书馆内有一台复印机供学生使用。学生按照表 7.2 显示的到达时间间隔的分布到达机器所在的位置。复印每件文件所需要的时间服从在 $16\sim25$ 秒范围内的均匀分布，而以往的数据分析表明学生复印的份数服从表 7.3 中的分布。图书馆馆长认为在现有条件下，排队等候复印的学生太多，学生在系统中的逗留时间 (等待时间 + 服务时间) 过长。建立一个随机模拟的模型，估计在系统中的平均排队时间和预期等待时间，解答馆长的担忧。

表 7.2 学生到达时间间隔的分布

到达间隔的时间/分钟	概 率
1	0.20
2	0.25
3	0.40
4	0.10
5	0.05

表 7.3 复印份数的分布

复印份数	概 率
6	0.20
7	0.25
8	0.35
9	0.15
10	0.05

2. (制订对于商场促销员的激励方案) 在某大型自行车商店，假设销售人员每天售出 4 辆以上的自行车，就可以得到奖金。每天售出 4 辆以上自行车的概率只有 0.40。如果售出的自行车超过 4 辆，销量的分布可参见左边的表 7.4。商店有 4 种不同型号的自行车，奖金金额依据自行车车型而不同: A 型车的奖金为 40 元，售出的概率是 40%; B 型车占销量的 35%，奖金为 60 元; C 型车的奖金为 80 元，占销量的 25%; D 型车的奖金为 120 元，只占销量的 5%。建立一个随机模拟模型，预计销售人员每天可得到的奖金金额，并对该激励方案给予评估。

表 7.4 销量分布

自行车销量/辆	概 率
5	0.35
6	0.45
7	0.15
8	0.05

3. 某心脏病专家每天安排看诊 16 名病人，从上午 9 点开始，按每隔 30 分钟预约 1 名病人。预期病人按他们预约时间到达。不过以往的经验表明，有 10% 的病人提前 15 分钟到达，25% 的病人提前 5 分钟到达，50% 的病人准时到达，10% 的病人迟到 10 分钟，5% 的病人迟到 15 分钟。根据问题的类型，专家接待一名病人的时间长度也不同。以往的数据分析表明，看诊的时间长度服从表 7.5 中的分布。建立一个随机模拟模型，估算医生一天的平均看诊时间长度。

表 7.5 专家看诊时间长度的概率分布

看诊时间/分钟	24	27	30	33	36	39
概 率	0.10	0.20	0.40	0.15	0.10	0.05

4. 假设我们正在分析某 (Q, R) 库存策略的再订购点 R 的选择。使用这种策略，在库存水平减少到 R 或更少时进行订购，以将库存增加到 Q。需求量的概率分布由表 7.6 给出，交货时间也是随机变量，服从表 7.7 中的分布。我们假设每份订单的订购量都是将库存补充到 100，我们的目的是想确定使总成本最低的再订购点 R。这个总成本是预期库存存储成本、预期订购成本和预期缺货成本之和。所有的缺货都会被延迟，客户要等到有可供商品为止。估计库存存储成本是每天每单位 20 元，每天结束时按照库存的数量付费。缺货成本为每天每单位 1 元，订购成本是每份订单 10 元。订单的货物总是在早上营业前送达。建立一个模型，模拟这个库存系统，寻求 R 的最优值。

表 7.6　日需求量的概率分布

日需求量/单位	概　率
12	0.05
13	0.15
14	0.25
15	0.35
16	0.15
17	0.05

表 7.7　交货时间的概率分布

交货时间/天数	概　率
1	0.20
2	0.30
3	0.35
4	0.15

5. 某家大型汽车经销商雇佣了 5 名销售人员，所有销售人员按佣金方式工作，即他们从所销售的汽车中抽取一定比例的利润。经销商有 3 种类型的汽车：豪华型、中型和微型汽车。前几年的数据表明，每名销售人员每周的汽车销量服从表 7.8 中的分布。如果销售的是微型汽车，则得到 2500 元的佣金。如果是中型汽车，则得到 4000 或 5000 元的佣金，这取决于售出的汽车型号。支付中型汽车 4000 元佣金的概率是 40%，支付 5000 元佣金的概率是 60%。如果是豪华型汽车，则根据 3 种不同的等级支付佣金：支付 10000 元的概率是 35%，支付 15000 元的概率是 40%，支付 20000 元的概率是 25%。如果售出的汽车类型的分布如表 7.9 所示，则销售人员一周的平均佣金是多少？

表 7.8　汽车销量的概率分布

汽车销量/辆	概　率
0	0.10
1	0.15
2	0.20
3	0.25
4	0.20
5	0.10

表 7.9　售出车型的概率分布

汽车类型	概　率
微型	0.40
中型	0.35
豪华型	0.25

6. 分析一家有 4 名出纳员的银行。客户的到达速率服从每小时 60 人的指数分布。如果出纳员空闲，客户直接接受服务；否则，到达者排队等待。所有到达者排成一队等待出纳员服务。如果到达者看到队列太长，他或她可能决定立即离开银行 (放弃服务)。客户放弃服务的概率如表 7.10 所示。如果客户排队等候，我们假设他或她将停留在系统中，直至接受服务。每名出纳员的服务速率相同，服务时间在 $3\sim5$ 分钟范围内服从均匀分布。开发一个模拟模型，评估该系统的下列性能：

表 7.10　客户放弃服务的概率分布

队列长度 (q)	放弃服务的概率
$6\leqslant q\leqslant 8$	0.20
$9\leqslant q\leqslant 10$	0.40
$11\leqslant q\leqslant 14$	0.60
$q>14$	0.80

(1) 客户在系统中的预计逗留时间；

(2) 客户放弃服务的概率；

(3) 每名出纳员空闲的概率。

7. 某空港安全检查站有 3 台 X 射线机。在早晨忙碌的时候，平均每小时有 400 名乘客到达安全检查站 (到达时间间隔服从指数分布)。每台 X 射线机平均每小时可以处理 150 名乘客 (X 射线机的服务时间服从指数分布)。90% 的乘客在通过安全检查后被放行乘坐飞机，但是需随机抽取 10% 的乘客接受开箱检查，有 3 名人员进行检查。检查平均需要 4 分钟，标准差为 2 分钟。问：

(1) 乘客通过安全检查平均需要多长时间?

(2) 如果没有抽查，乘客平均需要多长时间就可以通过安全检查?

(3) 下列哪种措施可以更好地改善目前的状况：增加一台 X 射线机或者增加一名检查人员?

8. 在某地的急救室，平均每小时有 10 名病人到达 (到达时间间隔服从指数分布)。在进入急救室前，病人需填表接受观察，假设填表观察始终需要 5 分钟；然后由两名登记员对每位病人进行登记挂号，这平均需要 2 分钟 (服从指数分布)；接着，每位病人步行 1 分钟到达候诊室并等待 4 名医生中的一名空下来。医生平均 20 分钟看完一名病人，标准差为 10 分钟。问：

(1) 病人平均在急救室停留多长时间?

(2) 等候医生的平均时间有多长?

(3) 每名医生忙的概率是多少?

9. 某大学校园信用卡服务处有 4 名出纳员工作。服务一名客户平均需要 3 分钟 (服从指数分布)。假设平均每小时有 60 名学生到达服务处 (到达时间间隔服从指数分布)。问：

(1) 客户必须等待多长时间才能得到出纳员的服务?

(2) 出纳员忙的概率是多少?

10. 从 2014 年 5 月 1 日起，每位地铁乘客的手袋都必须接受严格检查。假设这项检查平均需要 10 秒钟的时间，且正好在持票人通过检查点后进行。站内检查点有 4 名工作人员执行检查。试估计持票人从到达到通过检查点平均需要多长时间? (如果需要其他数据，请自行收集。)

第八章　不落俗套：蒙特卡罗优化方法

导读：

本章讲述随机模拟方法在求解优化问题中的应用，它能求解许多传统数值方法所不能够求解的问题，如全局最优，像旅行商那样的 NP 问题等。本章将叙述模拟退火方法、遗传算法的构造及其运用方式，并展示了几个实例。

最优化方法出现在几乎所有的工程设计、生产制造和项目管理问题之中，也是经济学和管理科学的重要方法。例如，人们在追求利润、节约成本、提高性能和改进效率等方面都要用到最优化方法。数学上讲，最优化问题是寻找一个给定目标函数 f 的最大值或者最小值的问题，通常其变量 x 被限制在一定的区域 Ω 里。形式上，最小化问题可写为

$$\min_{x\in\Omega} f(x),$$

其中区域 Ω 被称为**可行域**或者**约束集**。求最大值与求最小值的方法是一样的，只需将目标函数取负号即可。在约束优化问题中，人们往往用一组约束方程来给出可行域。然而，在搜索极值点时，允许超出可行区域往往会有帮助。因为这样做，有时确实能够增大寻找最优解的机会。实际上，可以采取惩罚不在可行域的状态的方法来设计求约束优化问题的算法，以提高算法的效率。

组合优化问题是优化方法中的难题之一，如旅行商问题 (TSP) 就是一个著名的例子。用确定性的方法有效地求解这类问题至今仍待努力。事实上，人们已经证明求全局最优解的算法的计算时间随着城市数增大而爆增，它在算法复杂性上被称为是 NP 难题。

另一类困难的优化问题寻求非线性程度很高的目标函数的全局最优解，因为这种函数具有大量局部的极小 (或极大) 点，确定性方法的求解过程往往会陷入局部最优解的陷阱，如图 8.1 所示的全局最小解问题。

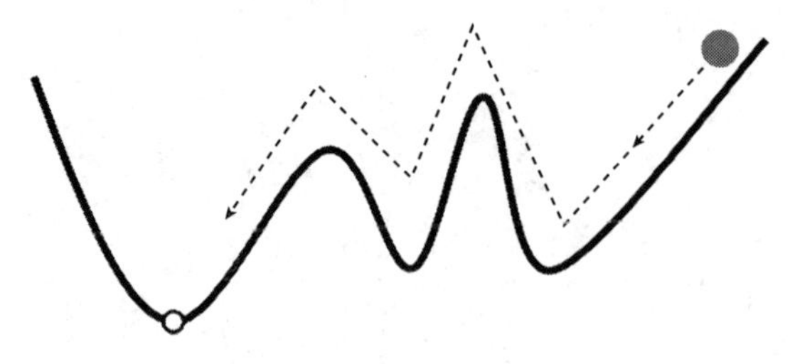

图 8.1　全局最小解问题

鉴于这些困难的存在，人们转向了随机的方法。蒙特卡罗方法再次显示出其功力，它能突破这些陷阱或难关。它的编程简单并能在合理时间内寻找到多个局部最优，如果有的话。在蒙特卡罗优化方法中模拟退火法 (simulation annealing，简记 SA) 和遗传算法 (genetic algorithm，简记 GA) 是目前两个常被应用的方法。

8.1　模拟退火法

模拟退火方法的思想是来自于统计力学。物理知识告诉我们，热系统可通过退火过程达到内部能量最小的状态。这也就是说，先将系统的温度提高，然后再缓慢地冷却。正如我们对伊辛模型所做的那样，热系统的这种退火过程可以是采用蒙特卡罗方法模拟的。那么很自然地可以想到，类似的模拟方法可解决一般的优化问题，即用来求目标函数的全局最小值。该方法被称为模拟退火，是由 S. Kirkpatrick(见左图)，C. D. Gelatt 和 M. P. Vecchi 于 1983 年首先提出的。

正如伊辛模型模拟的那样，模拟退火的核心技术也是 Metropolis 算法。区域 Ω 被看做为系统的状态空间，目标函数被看做为系统的能量。如果是最大化问题就要转换为最小化问题。

8.1.1　模拟退火的 Metropolis 算法

求最优解就是使系统演化到能量最低的状态。为此，我们需要假想该优化问题是一个具有能量函数为 $f(x)$(系统处于状态 x 的能量) 的系统，其状态概率服从玻尔兹曼分布，即概率密度是

$$\frac{\mathrm{e}^{-\frac{f(x)}{k_{\mathrm{B}}T}}}{Z}, \tag{8.1}$$

其中 Z 是归一化因子 (配分函数)。

接着，与 Metropolis 算法类似，用某种随机方式产生一个建议状态 y，它作为一个可能的新解被给出。从当前解 x 改到新解 y 的接受概率由下式给出：

$$h(x,y)=\min\left\{1,\ \mathrm{e}^{-(f(y)-f(x))/(k_{\mathrm{B}}T)}\right\}。\tag{8.2}$$

很显然由 (8.1) 式可知，当 T 接近于零时，由概率分布可导出 f 的最小点。

这种方法是在可行域 Ω 中导入一种状态转移机制，根据该机制由迭代产生出状态序列。为了要求让这个序列成为马尔可夫链，就要求该转移机制满足像 Metropolis 算法同样的两个条件：不可约的和对称性。为此，设 g 是该机制的转移概率，即 $g(y|x)$ 表示从状态 x 转移到 y 的概率。关于第一个不可约条件，这意味着对于 Ω 中任意两个不同的状态 x 和 y，只需经过有限次转移总能从 x 到达 y，即存在序列 $x=x_0\to x_1\to\cdots\to x_n=y$，并且 $g(x_i|x_{i-1})>0,\ i=1,2,\cdots,n$。第二个对称性条件是要求：$g(y|x)=g(x|y),\forall x,y$。也就是说，从 x 转移到 y 与 y 转移到 x 具有相同的概率。

8.1.2　冷却进度表

模拟退火方法的一个关键点是要缓慢降低算法中的虚拟温度。人们必须在算法迭代过程中以某种方式将温度降下来。这样，人们需要给出一个确切的冷却方案，这被称为**冷却进度表**。冷却进度表是模拟退火算法能够成功收敛到全局优化解的关键技术。控制冷却进度的目的是尽量使系统运行在平衡态，并使算法在有限的时间内逼近最优解。一个冷却进度表需要包括以下内容：

(1) 设置开始温度 T_0：冷却的初始温度；

(2) 给出温度 T 的衰减函数：确定每次冷却下降多少温度；

(3) 在每一温度 T 下需要迭代的次数：即等温过程下的马尔可夫链长度 L_k(注：如果温度下降足够慢，则这步有时可以省略)；

(4) 给定冷却的终止温度 T_f：冷却的停止点。

设计冷却进度表应该遵循四个原则：

1. 开始温度 T_0 要足够大。

一般来说，因为只有在初始的大范围粗略搜索阶段找到全局最优解所在的区域，才能逐渐缩小搜索范围，最终求出全局最优解。而在问题的规模较大时，过小的 T_0 往往导致算法难以跳出局部陷阱而达不到全局最优。但 T_0 也不宜过大，否则加大了计算量。对于不同的问题，T_0 的取值差异往往较大，可以尝试取 100~2000。

2. 衰减的速率要小。

衰减函数形式可以自由选择，采用较多的有：

(a) 几何冷却方式的衰减函数：$T_{k+1}=\alpha T_k$，$k=0,1,2,\cdots$，其中有常数 $0<\alpha<1$；α 控制降温的速率，它越大则速率越小，取值范围为 0.5~0.99。

(b) 逆对数冷却方式：$T=\dfrac{c}{a+\ln t}$，其中 a 和 c 是常数，通常 c 是一个很大的正数。

注意，速率小的衰减过程可能导致算法进程迭代次数增加，从而使算法迭代过程接受更多的转移，搜索更大的可行区域，返回更好的最终解。同时由于在后面的 T_k 值上随机过程已经达到准平衡态，则此时就可选取较短长度 L_k 的马尔可夫链来减少算法时间。

3. 合适的链长度。

马尔可夫链长度的选取原则是：L_k 应使在温度 T_k 上产生的序列达到准平衡态。从经验上讲，对简单的情况可以令 $L_k = 100n$，其中 n 为问题的规模。

4. 停止温度 T_f 应设为足够小。

从接受概率的 (8.2) 式容易看出，在温度较高的情形下，比当前解 x_i 更差的新解 x_j 也有较大可能被接受 (其实就是跳出当前解的概率较大)，即因此就有可能跳出局部极小而进行大范围的搜索，去搜索可行区域的其他部分。而随着冷却的进行，当 T 减小到一个比较小的值时，接受概率函数整体减小了，即难于接受比当前解更差的新解，也就是不太容易跳出当前的区域部分。如果在高温时，已经进行了充分的大范围的搜索，找到了可能存在的最好解的区域部分，则在低温时可进行足够的局部精细搜索，故可能最终找到全局最优解。因此，一般 T_f 应设为一个足够小的正数，经验上设在 0.01~5 的范围内。

但应注意的是，因为在迭代中改变了温度，接受概率 (8.2) 的变化将导致马尔可夫链具有时变转移概率，即成为一个非齐次马尔可夫链。下面的哈耶克定理证明了一个良好设计的模拟退火算法将收敛于全局最优解。令 G 表示集合 Ω 中的全局最优解的集合。我们不加证明地叙述该定理。

定理 8.1 *在不可约及对称转移条件下，如果温度衰减被取为迭代 t 的函数：*

$$T_t = \frac{c}{\ln(1+t)}, \quad t = 1, 2, \cdots, \tag{8.3}$$

其中 c 是足够大的常数。则当 $t \to \infty$ 时，模拟退火产生的马尔可夫链 X_t 将以概率 1 趋于全局最小解，即

$$\lim_{t\to\infty} P(X_t \in G) = 1。$$

定理中的 (8.3) 式给出的冷却进度表被称为**逆对数方式**，其中常数 c 应该超过所有的局部极小值的最大深度。这里涉及局部极小值的深度概念，由于几乎所有实际问题中的这些深度都是无法预先确定的，最多只可估计，所以我们仅限于给出直观的概念。

这种逆对数冷却方式可能不是最佳的选择，人们往往会选择前面的几何冷却方式。

很像实际热系统，模拟退火经常会遇到相变。这是指在某一温度系统的能量迅速地降低，在此之后，系统的改善变得很缓慢。为了让程序的运行性能最佳，冷却进度表应该包括这些相变温度点。

下面我们举例来看模拟退火算法的实际表现。

8.1.3 旅行商问题

给定 n 个城市，其地理坐标表示为 $C_i, i = 1, 2, \cdots, n$，旅行开始城市是 C_1，然后按照路径从一个城市到下一个城市，最后回到 C_1，每个城市恰好去游玩一次 (出发地 C_1 除外)。显然，旅游线路 x 是确定集合 $\{2,3,\cdots,n\}$ 的一个排列，例如，$x=(n,n-1,\cdots,2)$。一般地，一条线路 $x=(i_1,i_2,\cdots,i_{n-1})$ 是 $\{2,3,\cdots,n\}$ 的一种置换，这里我们令 $i_0=1$，则相应的旅游线路就是

$$C_{i_0}\to C_{i_1}\to C_{i_2}\to\cdots\to C_{i_{n-1}}\to C_{i_0}。$$

设 Ω 是所有这些旅行线路的全体。

旅行线路的长度就是其路径的长度，对于上面的旅游线路，即有

$$E(x)=\sum_{k=1}^{n-1}d(C_{i_{k-1}},C_{i_k})+d(C_{i_{n-1}},C_{i_0}),$$

其中 $d(C_i,C_j)$ 表示城市 C_i 到 C_j 的距离。也就是说，我们取路径长度为 $x\in\Omega$ 的"能量"或目标函数 $E(x)$。

旅行商问题(TSP) 就是寻找具有最小长度路径之旅。很明显，按相反方向行进的路线长度与原路线是相同的，所以两者可以算做相同的旅游线路。

对于 n 个城市在集合 $\{2,3,\cdots,n\}$ 上有 $(n-1)!$ 个排列且一半是相同游程的逆游，即使对 n 是很小时，这可能也是一个很大的数。因此，找到最短的旅游线路是一个很难的问题。

TSP 问题的求解困难性使它成为全局优化算法的试金石。特别地，随着这个问题的规模——城市数的增加，这个问题变得愈加困难，这时模拟退火法显得特别有用。

为了运用模拟退火法来求解问题，必须设计一个建议线路的产生方案，即对于任何随机给定的旅行线路，建议线路采用**部分路径逆转法**来产生，即随机选择路线序列 $x=(i_2,i_3,\cdots,i_n)$ 中的两个城市，记为 i_{k_1} 和 i_{k_2}，现在逆转联接这两个城市这段线路的行进方向得到建议线路 y。

例如，假设 $3\to5\to2\to8\to4\to6\to7$ 是 8 个城市 TSP 的旅游线路，假设随机选中了 $i_{k_1}=5,i_{k_2}=4$，则部分路径逆转的结果是 $3\to4\to8\to2\to5\to6\to7$，即有

$$x=(3,5,2,8,4,6,7)\Rightarrow y=(3,4,8,2,5,6,7)。$$

8.1.4 解 TSP 问题的模拟退火算法

我们给出一个解 TSP 问题的模拟退火算法的伪代码，它的主要特点是采用部分路径逆转法的 Metropolis 方法。程序开始时，随机生成 $\{2,3,\cdots,n\}$ 的一个排列 x 作为初始点，并计算能量 $E(x)$。在模拟过程中，用变量 B 来保存程序运行至目前的最低能量。

使用部分路径逆转法的旅行商问题的模拟退火算法伪代码为：

```
initial: 产生 {2,3,···,n} 的一个随机置换 x 并计算能量 E(x)
T ← T(0), B ← E(x), t ← 0
loop until T = T_f   // 降到终止温度 T_f 时结束循环
    y ←被部分逆转的 x 路径
    计算 E(y)
    ΔE ← E(y) − E(x)
    h ← min{1, e^{−ΔE/T}}   // 计算判别概率
    产生均匀分布的随机数 r ~ U(0,1)
    if r < h then
        x ← y
        E(x) ← E(y)
    end if
    B ← min{B, E(x)}
    t ← t+1
    T ← T(t)   // 更新温度
end loop
```

例 8.1 考虑中国 31 个省会城市的旅行商问题。这 31 个省会城市的空间位置分布见图 8.2。

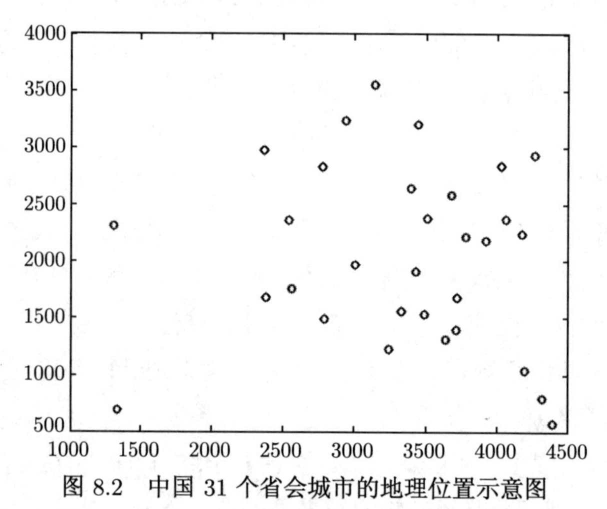

图 8.2 中国 31 个省会城市的地理位置示意图

现在我们来考虑冷却进度表问题。如上面所说，冷却进度表的设计是实际应用该方法的一门技术。人们往往能从算法的运行中看到类似于真正退火的"相变"现象，冷却进度表中应确保包含了该相变温度点。

我们首先要决定的是迭代的执行次数，对本问题我们考虑迭代 20000 次。接下来要试算能量函数，估计这些试算点的 $|\Delta E|$ 的平均值，其中不同的试算点采用部分路径逆转法获得。这里我们对问题试算了约 20 次，其平均值大约为 500 左右。我们采用几何冷却方式，即

$$T(t) = \alpha^t T(0), \tag{8.4}$$

这里 $0 < \alpha < 1$ 是衰减系数。我们希望该算法在运行的开始阶段能够有接近于 1 的平均

接受概率，并在运行结束时它接近于 0，故我们选择 0.99 为开始概率。这样，开始温度由下式决定：

$$0.99 = \mathrm{e}^{-\frac{500}{T_0}} \Longrightarrow T_0 \approx 5000。$$

再选取衰减系数 α 为 0.99，这基本能够满足将温度几乎降到 0 的要求。当然，利用 Matlab 提供的程序，读者可不做这些输入参数的估计，而选取几组不同的参数做几次试算，根据各次结果情况再做相应的选择。

旅行商的模拟退火算法的 Matlab 程序主要由三个函数 (子程序) 组成：swapcities，distance 和 TSPSA，其中第一个函数是部分路径逆转的程序，我们在本例中每次取 3 个城市进行逆转；第二个函数计算两城市之间的距离；第三个是退火算法的程序。为了能够形象地显示结果，这里还给出画城市旅行路径的程序 plotcities，可供读者学习简单的画图编程之用。

程序输出的结果如图 8.3 所示，算法的终止温度 7.80 ℃。从图 8.4 可见，迭代计算过程中大部分的能量改善都是出现在程序运行的初期阶段，而迭代约 5000 次后能量的改善就变得非常小。这是模拟退火算法颇为典型的一种行为。

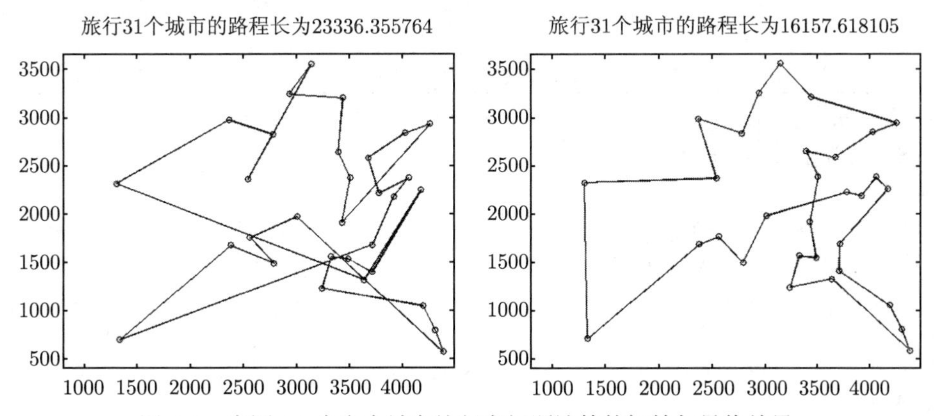

图 8.3　中国 31 个省会城市旅行商问题计算的初始与最终结果

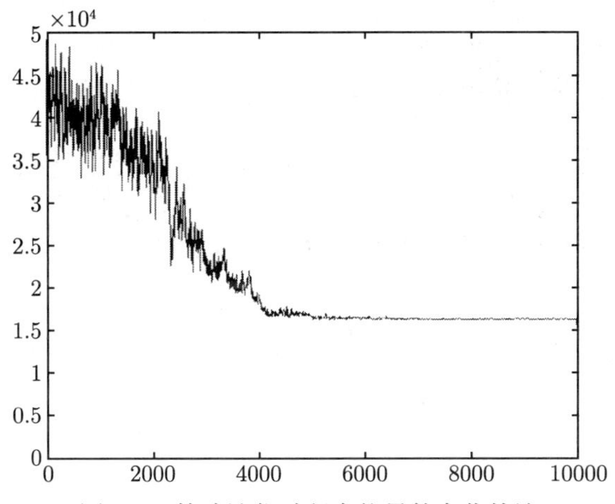

图 8.4　算法迭代过程中能量的变化轨迹

本例子的 Matlab 程序是:

```
function s = swapcities(cityXY,m)
% 这个函数执行部分路径逆转操作
% cityXY 为城市的坐标
% m 为被逆转的城市数
s = cityXY;
for i = 1 : m
city_1 = round(length(cityXY)*rand(1));
if city_1 < 1
    city_1 = 1;
end
city_2 = round(length(cityXY)*rand(1));
if city_2 < 1
    city_2 = 1;
end
temp = s(:,city_1);
s(:,city_1) = s(:,city_2);
s(:,city_2) = temp;
end
```

```
function d = distance(cityXY)
% 这个函数计算路径的总长度
d = 0;
for n = 1:length(cityXY)
    if n == length(cityXY)
        d = d + norm(cityXY(:,n) - cityXY(:,1));
    else
        d = d + norm(cityXY(:,n) - cityXY(:,n+1));
    end
end
```

```
function f = plotcities(cityXY)
% 这个函数画城市的位置与旅行路径图
shg
pos_1 = plot(cityXY(1,:), cityXY(2,:),'b*');
set(pos_1,'erasemode','none');
pos_2 = line(cityXY(1,:),cityXY(2,:),'Marker','*');
set(pos_2,'color','r');
x = [cityXY(1,1),cityXY(1,length(cityXY))];
y = [cityXY(2,1),cityXY(2,length(cityXY))];
x1 = 10*round(max(cityXY(1,:))/10);
y1 = 10*round(max(cityXY(2,:))/10);
if x1 == 0
    x1 = 1;
```

```
end
if y1 == 0
    y1 = 1;
end
axis([0 x1 0 y1]);
pos_3 = line(x,y);
set(pos_3,'color','r');
dist = distance(cityXY);
dist_print = sprintf('%d 个城市路径长:%4.6f',length(cityXY),dist);
text(x1/15,1.05*y1,dist_print,'fontweight','bold');
drawnow;
end
```

```
function s = TSPSA(cityXY,initialTemp,coolRate,maxIter,nSwap)
% 这个函数返回旅行商问题的最优解
% 输入变量是:
% cityXY: n 个城市坐标的 2×n 矩阵
% initialTemp: 模拟退火的初始温度
% coolRate: 几何冷却的冷却率, 必须小于 1
% maxIter: 设置最大迭代次数
% nSwap: 指定逆转的城市数
global iterations;
temp = initialTemp;
initial_cities_to_swap = nSwap;
iterations = 1;
final_temp_iterations = 0;
while iterations < maxIter
previous_distance = distance(cityXY);
pos_cities = swapcities(cityXY,nSwap);
current_distance = distance(pos_cities);
diff = abs(current_distance - previous_distance);
if current_distance < previous_distance
cityXY = pos_cities;
plotcities(cityXY);
if final_temp_iterations >= 10
temp = coolRate*temp;
final_temp_iterations = 0;
end
nSwap = ...
    round(nSwap*exp(-diff/(iterations*temp)));
if nSwap == 0
nSwap = 1;
end
iterations = iterations + 1;
final_temp_iterations = final_temp_iterations + 1;
```

```
else
if rand(1) < exp(-diff/temp)
cityXY = pos_cities;
plotcities(cityXY);
nSwap = ...
    round(nSwap*exp(-diff/(iterations*temp)));
if nSwap == 0
nSwap = 1;
end
final_temp_iterations = final_temp_iterations + 1;
iterations = iterations + 1;
end
end
clc
fprintf('迭代次数 = % d',iterations);
fprintf('最终温度 = 3.8f',temp);
end
```

8.1.5 非线性函数的最优化问题

考察 **Shekel 函数**的最大值问题，该问题是全局优化算法的试金石之一。Shekel 函数是定义在实数轴上的如下形式的函数：

$$f(x)=\sum_{i=1}^{m}\frac{1}{a_i(x-b_i)^2+c_i}, \tag{8.5}$$

其中 a_i, b_i, c_i 为常数且要求 $a_ic_i>0$, $i=1,\cdots,m$，而函数中的项数 m 不宜超过 30。当 $a_i, c_i>0$ 时，该函数 $f>0$，它的各个峰值分别位于点 b_i, $i=1,2,\cdots,m$，并且 a_i 是相应的衰变率。

这种函数很容易被推广到多维情形，如二维情形的 Shekel 函数为

$$f(x_1,x_2)=\sum_{i=1}^{m}\frac{1}{a_{1i}(x_1-b_{1i})^2+a_{2i}(x_2-b_{2i})^2+c_i},$$

则该函数的各个峰值位于点 (b_{1i}, b_{2i}), $i=1,2,\cdots,m$，相应的 x_1 方向衰变率是 a_{1i}，而 x_2 方向衰变率是 a_{2i}。

现在我们要使用 Matlab 的优化工具箱中提供的模拟退火算法的函数，其调用格式如下：

[x,fval] = **simulannealbnd**(@ objfun,x0,LB,UB)

其中函数的输入变量是：

@ objfun：待求解的最小化问题的目标函数，要写成句柄形式“@函数名”；

x0：优化的初始点；

LB 和 UB: 函数定义域的下界和上界。

函数的输出是:

x: 返回问题的最小解;

fval: 在最小解上的目标函数值。

例 8.2 现在应用模拟退火算法来求参数由表 8.1 给出的 12 项的一维 Shekel 函数在区间 [2, 9] 上的最大值, 图 8.5 给出了该函数的曲线图像。

表 8.1 一个 12 项的 Shekel 函数的参数表

a	10.295	4.722	10.928	11.052	3.820	12.911
b	7.382	1.972	8.111	2.714	4.022	5.480
c	0.1613	0.2327	0.2047	0.1579	0.1268	0.0519
a	6.163	13.860	5.310	4.047	8.085	7.974
b	9.517	8.571	6.918	1.618	7.771	8.316
c	0.2204	0.0838	0.0665	0.1719	0.1040	0.1340

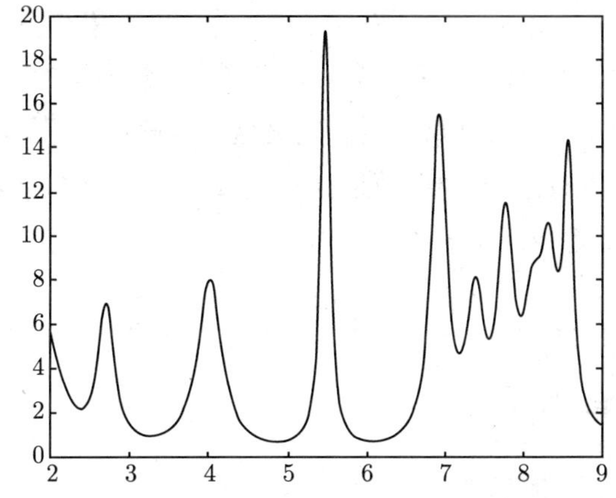

图 8.5 参数由表 8.1 给出的 12 项的 Shekel 函数在区间 [2, 9] 上的图像

利用上面的模拟退火函数, 本例子的 Matlab 程序是:

```
[x,fval,exitFlag,output] = simulannealbnd(@shekel,2.1,2,9);
fprintf('最优点:\%g',x);
fprintf('最优函数值:\%g',-fval);
fprintf('迭代次数:\%d',output.iterations);
```

注意 目标函数被取了负号。计算结果给出: 最优点是 5.48, 最优函数值为 19.6215, 迭代次数是 1044 次。

8.2 遗传算法

遗传算法是模仿生物进化过程中自适应演化的一种优化方法, 它也是 MCMC 思想的一种应用。该算法产生建议与接受状态的方式比较特殊，其主要方式是将优化问题的所有可行解看做一群生物个体，对这群个体的基因进行重组、变异以及选择性复制以繁衍出下一代群体。算法定义了一个适应度函数，它是对优化问题目标函数的一个简单变换。一个个体的适应度直接与目标函数相联系，当它越接近目标函数的全局最优则适应性函数值越大，这样适应度也是基因优良的指标。这个算法的思想是动物界适者生存的遗传机制：那些优良基因有较大的概率被选出进行配对遗传 (交叉)，这样好的基因成分有较大概率遗传下去。同时基因又有一定的概率会产生变异 (突变)，这给予出现更优良基因的机会。通过反复实施这样的选择和遗传操作，这群可行解的适应度将趋于增加并最终达到最优。不像在模拟退火算法中仅使用单一的可行解那样，遗传算法使用一群可行解的做法使得其优化搜索能够从错误的方向恢复到正确的方向。

8.2.1 遗传算法是一种马尔可夫链

我们将全体可行解 (个体) 的集合记为状态空间 Ω。遗传算法生成状态空间 Ω 上的马尔可夫链 X_t，且在 Ω 上定义三种随机算子：变异、重组和选择。变异是一元算子，重组 (交叉) 是一个二元算子，而选择是一个多元算子。虽然不同的遗传算法在具体设计这三个算子方面可能会有所变化，只要合适地定义这三种随机算子，其生成的链 $\{X_t\}$ 总是不可约的和非周期的，且收敛于 (唯一的) 一个稳定分布。下面给出遗传算法的伪代码。另外，算法的 Matlab 程序将在下段给出。

遗传算法的伪代码：

```
initial 群体 C_0
B ← 在群体 C_0 中最优的适应度
for t = 1 to N do
    采用随机选择方式来创建群体 C_1
    交叉染色体 1 与 2，3 与 4，···
    以后代取代它们的父母
    for 遍历 C_1 中的每个染色体 c do
        以概率 p_m 变异 c
    end for
    群体 C_0 变成群体 C_1，进行下一次迭代
    更新最优的 B
end for
```

为了表达每个个体的基因，遗传算法要用计算机编码方式来表示状态空间 Ω 中的个体 (状态)。最常采用的表示方法是固定长度的二进制的数位串形式，这个数位串被称为个体的染色体或者基因。这样，上面说的三种操作就很容易按如下方式来实现：

(1) 自然变异是随机选择二进制串的一个或更多的数位进行翻转或逆序。

(2) 自然重组 (交叉) 操作是将两个二进制串以随机交叉的方式构造出一个新的二进制串，前者称为父母代 (亲本)，而后者是它们的后代。通常的交叉方式是所谓的 1 步交

叉：将父母一方的 k 位初始序列取代第二个亲本的初始 k 个位置形成新的数位串，以产生后代，其中位置 k 被随机选择。一个形象的例子是：

$$\begin{aligned}&\text{父代：}\ \overbrace{10110101}\ 010100,\\&\text{母代：}\ 10111010\ \underbrace{111010},\\&\text{后代：}\ 10110101\ 111010。\end{aligned}$$

注意 对于交叉操作，人们并不需要区分父与母。当然，对每一个新的染色体都要计算其适应度。

(3) 算法的选择操作以染色体的适应度为权重概率来选出一群个体的染色体，由它们来繁衍出下一代群体。一般的遗传算法在运行过程中都保持三种操作的参数不变，这样相比于模拟退火，转移概率也是不变的。因为链是不可约的，并遍历所有的状态，所以它是一个齐次的马尔可夫链。应该注意的是，该算法运行结束的状态并不会恰好是全局最优状态。因此，程序需要在迭代过程中保存所发现最优值及其相应的数据。

8.2.2 粘滞现象及其修正算法

有时在遗传算法的运行中，适应度的改善变得越来越慢，似乎该算法已基本粘滞或位于在局部最优处 (或许是全局最优，这有待进一步判断)。这种情况在当目前群体中的大部分变成是某一个个体的复制者 (或接近复制者) 时，常常发生。但根据算法的构造，算法产生的序列是一个不可约的马尔可夫链，因此只要给予足够的时间，算法迭代会使状态继续转移，找到另一个局部最大，这也许是真正的全局最大。但出现这种转移往往需要一个相当长的迭代时间，因此这可能还不如中断目前的程序运行并重新开始，以尝试其他的搜索机会。

当然有一种修正算法可以用来补救这种粘滞现象。若程序出现粘滞现象时，则修改目前交叉操作的群体范围，即将当前的一个状态与在整个状态空间 Ω 中随机选择的另一个状态之间进行交叉。这样就避免了程序的被迫中断与重启，并且也有助于判断算法是否找到了全局最优。

8.2.3 遗传算法应用于求函数最大化

我们介绍 Matlab 优化工具箱中遗传算法的函数，其命令格式如下：

x = **ga**(fitnessfun, nvars, A, b, Aeq, beq, LB, UB)

其中 nvars 是问题中自变量的维数。

这个函数将给出带线性不等式约束式 $\mathrm{Ax} \leqslant \mathrm{b}$ 和等式约束式 $(\mathrm{Aeq})\mathrm{x} = \mathrm{beq}$ 及其变量受限区间 $\mathrm{LB} \leqslant \mathrm{x} \leqslant \mathrm{UB}$ 的最小化问题的解。如果约束式不存在，则用空矩阵符号“[ ]”来代替该位置的变量。

例 8.3 再次考察前面例 8.2 中的 Shekel 函数优化问题，我们应用遗传算法来求前面给出的 Shekel 函数在区间 $2 \leqslant x \leqslant 9$ 上的最大值。

利用上面遗传算法的函数，我们可写出本例子的 Matlab 程序：

```
rng(8)     \\ 设置随机数发生器的种子数，为再现结果
[x,v] = ga(@shekel,1,[ ],[ ],[ ],[ ],2,9)
```

程序的输出结果是：x = 5.4800 和 v = −19.6215，这是问题的最优解，这里函数值为负的原因是该算法求的是最小值问题。但如果取不同的随机数种子，则可能得到不同的局部最优的结果，例如下面的三种结果情况：

```
rng(0): x = 7.7723, v = −11.7475;
rng(12): x = 6.9190, v = −15.8946;
rng(18): x = 5.4799, v = −19.6215。
```

这表明了算法常常会停留在一个局部最优解，即出现粘滞现象。这是应用遗传算法要注意的地方，人们需要多做几次计算，每次采用不同的随机数发生器的种子或者改变其他设置条件。

8.3 遗传算法在积和式问题中的应用

8.3.1 积和式问题的描述

众所周知，一个 n 阶方阵 $C=(c_{ij})$ 的行列式定义为

$$\det(C)=\sum_{\sigma}\operatorname{sign}(\sigma)\prod_{i=1}^{n}c_{i,\sigma(i)},$$

其中，σ 是 $\{1,2,\cdots,n\}$ 的一个置换 (排列)，$\sigma(i)$ 是置换 σ 中第 i 个数。如果这个置换可以经过奇 (偶) 数次两数对换得到，则这个置换被称为奇 (偶) 置换。$\operatorname{sign}(\sigma)$ 是置换的符号函数：如果 σ 是偶置换，则它取 1；如果 σ 是奇置换，则它取 -1。在这样的行列式计算中，运算量为 $O(n^3)$，即运算次数的数量级是 n^3，也称计算复杂性为 $O(n^3)$。

与矩阵的行列式相关的是矩阵的**积和式**(permanent)，它的定义是上面行列式公式中去掉了符号因子 $\operatorname{sign}(\sigma)$ 的形式：

$$\operatorname{perm}(C)=\sum_{\sigma}\prod_{i=1}^{n}c_{i,\sigma(i)}. \tag{8.6}$$

例如，由于 {1, 2, 3} 的所有置换是 123，132，213，231，312 和 321，所以有

$$\begin{aligned}\operatorname{perm}\begin{pmatrix}1&1&1\\1&1&1\\1&1&1\end{pmatrix}=&c_{11}c_{22}c_{33}+c_{11}c_{23}c_{32}+c_{12}c_{21}c_{33}\\&+c_{12}c_{23}c_{31}+c_{13}c_{21}c_{32}+c_{13}c_{22}c_{31}=3!\end{aligned}$$

可是，至今人们没有计算积和式的快捷方法，其运算量为 $O(n!)$。

积和式主要被应用于组合数学中。例如，考虑一个完美匹配的二分图问题。所谓**二分图**是它的节点可以被划分为两个集合 A 和 B，使得图中的每条边都是一端在 A 中，另一端在 B 中。而完美匹配性是指图的所有边覆盖了这个图的全部节点 (即没有孤立的节点)，并且每个节点仅仅恰好连接一条边。我们可以用一个元素仅为 0 或 1 的方阵 E(称为 0-1 矩阵) 来表示一个图，该矩阵的阶数是图中节点的个数；如果元素 e_{ij} 等于 1 表示有一条边连接节点 i 和 j，否则元素 e_{ij} 取 0。于是，可以证明 $\mathrm{perm}(E)$ 就等于完美匹配的二分图的数目。

举例来说，如图 8.6 所示的二分图，如果在某一对男孩和女孩之间存在相连的边，就意味着他们彼此喜欢。是否可能让所有男孩和女孩两两配对，使得每对都互相喜欢呢？在图论中，这就是完美匹配问题。如果换一个说法：最多有多少种方式让互相喜欢的男孩和女孩可以配对？这就是最大匹配问题。

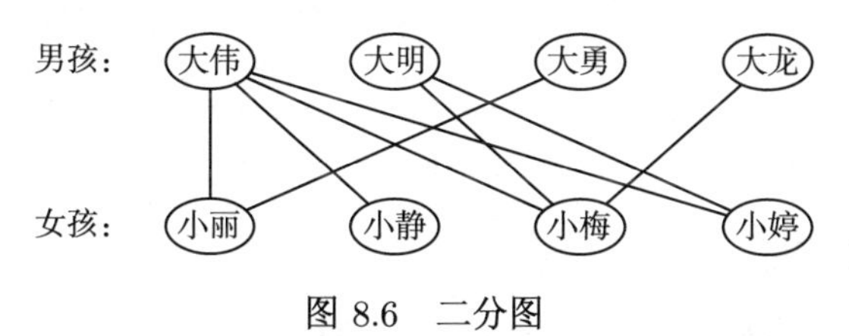

图 8.6　二分图

现在考虑 n 阶 0-1 矩阵的积和式求值问题。当然，一个 n 阶 0-1 矩阵的积和式的值不会超过 $n!$。如果矩阵中有一个元素为 0 就会使得其积和式中的 $(n-1)!$ 个项为 0；如果有一行或者一列元素都为 0，则显然该积和式为 0。例如，

$$C = \begin{pmatrix} 1 & 0 & 1 \\ 1 & 1 & 0 \\ 0 & 0 & 0 \end{pmatrix},$$

则 $\mathrm{perm}(C) = 0$。另外，交换矩阵的任意两行 (列) 将不会改变积和式的值。

我们在这里给出一个计算 0-1 矩阵的积和式的 Matlab 递归算法程序。所谓递归是指函数在执行过程中将调用它自己，采用这种方式编程的优点是使得程序变得非常简短。

计算 0-1 矩阵的积和式的 Matlab 递归算法的 Matlab 程序：

```
function y = permfun(level,n,used,mat,v)
% mat 是一个 n 阶的 0-1 矩阵
% used 是一个 n 维向量
if level == n+1
    y = v+1;
else
    for i = 1:n
        if used(i) == 0 && mat(level,i) = 0
            used(i) = 1;
```

```
            v = permfun(level+1,n,used,mat,v);
            used(i) = 0;
        end
    end
    y = v;
end
```

例 8.4 求下面 0-1 矩阵 A 的积和式的值:

$$A=\begin{pmatrix}1&0&1\\0&1&1\\1&1&1\end{pmatrix}。$$

调用上面算法函数的 Matlab 的语句为

```
n = 3;     used = zeros(1,n);
A=[1,0,1; 0,1,1; 1,1,1];
permfun(1,n,used, A,0)
```

输出结果是: $\mathrm{perm}(A)=3$。

8.3.2 积和式的优化问题

现在，让我们来考虑这样的积和式的优化问题: 在具有 m 个元素 1 的 n 阶 0-1 矩阵的集合中，最大的积和式是多少? 并给出积和式为最大的矩阵。这个问题被称为 $n:m$ 积和式问题。例如，对于 $3:5$ 积和式问题，最大积和式是 2，其相应的矩阵如下:

$$\begin{pmatrix}1&1&0\\1&1&0\\0&0&1\end{pmatrix}。$$

当然，这样的最优矩阵不是唯一的，因为可以交换上面矩阵的任意两行 (列)，如

$$\mathrm{perm}\begin{pmatrix}0&0&1\\1&1&0\\1&1&0\end{pmatrix}=\mathrm{perm}\begin{pmatrix}1&0&1\\0&1&0\\1&0&1\end{pmatrix}=2。$$

像旅行商问题 TSP 一样，一个规模大的 $n:m$ 积和式问题也是非常困难的全局优化问题，需要有良好的算法来求解。

8.3.3 积和式的优化问题的遗传算法

为了构建一个遗传算法，我们必须做下面的工作:

(1) 定义染色体;

(2) 定义适应度函数;

(3) 定义遗传算子: 变异和交叉。

我们恰好用有 m 个 1 的 n 阶 0-1 矩阵作为染色体。种群将取 12 个这样的染色体组成。算法的适应度就设为矩阵的积和式，这样，积和式的最大化就是适应度的最大化。

对于变异，我们取“东南西北 (分别记为 E，S，W，N) 环绕式的邻域交换”。这意味着矩阵 C 接受突变：

(1) 在 C 矩阵中随机地选择一个元素，记为 c_{ij}。

(2) 随机地在“东南西北”四个方向上选择一个方向，并在其方向上交换元素 c_{ij}。

例如，如果选择了“北”，则 $c_{i-1,j}$ 与 c_{ij} 交换。环绕式意味着周期性边界条件，如图 8.7 所示的那样。例如，$i=1$，则取北方的邻居元素 c_{nj}；如当 $j=n$ 时，则取东向的邻域 c_{i1}；依此类推。

(3) 如果所选择的邻居和 c_{ij} 是相同的，都为 0 或都是 1，则再在其方向做一次随机选择。如果所有的邻居都是一样的元素，则跳过变异操作。

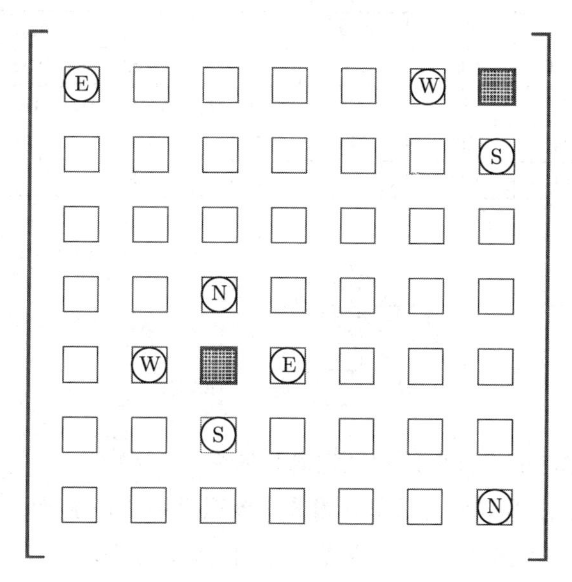

图 8.7　在积和式问题中数组的领域的图示

图 8.7 显示了邻居 (标有圈子里的黑暗正方形图)。一个矩阵的右上角元素在最后一行有“北”的邻居和它的“东”邻居中的第一列。

注意　该操作将使得矩阵 C 中元素 1 的数目保持不变。

对于交叉算子，我们采取“模板化全局交换”。设矩阵 A 和 B 是被选出来进行交配的两个矩阵。首先，将矩阵的元素按行的顺序依次头尾相接地排成一维数组 (向量)，并将数组的头尾连成环绕的形式，即意味着数组最后的元素连接本数组开头的元素，如 a_{nn} 之后的下一个元素是 a_{11}。现在，随机地选出这两个数组的一个共同的起点位置。接下来，同时沿这两个数组的元素一个接一个地向后移动直到第一次出现两个不同的元素，例如，数组 A 的元素是 0，数组 B 的元素为 1，则交换这两个元素。在这样的交换下，矩阵中元素 1 的数目仍保持不变。

继续沿着数组的元素移动，不断地进行类似的交换元素，这个过程直至遇到第一次出现不同元素的位置时结束。

现在这些具体的操作方法用任何一个遗传算法来编程实现，这留给读者作为练习去完成。例如，读者可以求一个 14:40 积和式问题，它的最大值是 2592。

✎ 练　习

1. (背包问题)　设 $\boldsymbol{x}=(x_1,x_2,\cdots,x_n)$ 是一个 0-1 向量 (即 $x_i=0$ 或 1, $\forall i$)。在下表的数据中：

i	1	2	3	4	5	6	7	8	9
a_i	189	149	177	158	140	192	155	165	160
c_i	920	1021	1065	1038	1041	1089	1016	1081	920
i	10	11	12	13	14	15	16	17	18
a_i	102	134	100	174	188	102	166	135	101
c_i	1035	977	1039	976	979	926	1085	931	917

使用遗传算法求解

$$\max_{\boldsymbol{x}} \sum_{i=1}^{n} a_i x_i,$$

$$s.t. \quad \sum_{i=1}^{n} \mathrm{c}_i x_i \leqslant 10000。$$

注意　对 GA 算法的设计必须保证它满足约束。

2. 运用退火算法求解系统的最低能量态。该退火系统是由处于线段 [−1, 1] 内移动的 4 个粒子所组成，其状态为它们的位置，记为向量 $\boldsymbol{x}=(x_1,x_2,x_3,x_4)$，取能量函数为

$$E(\boldsymbol{x})=\sum_{i<j}\psi(r_{ij}), \quad r_{ij}=|x_i-x_j|,$$

这里 $\psi(r)=4000[(0.1/r)^{12}-(0.1/r)^{6}]$。随机地选择一个粒子，对它进行扰动，即让该粒子按均值为 0、标准差为 0.2 的正态分布在具有反射的两端 −1 和 +1 之间随机移动。在首次运行中取温度为 $T=0.04$，在另一次运行取 $T=0.08$。画出该系统能量的直方图。

3. 用模拟退火算法求解给定如下位置的 16 个城市的旅行商问题 (TSP)：

$$\begin{aligned}
&\text{city1}=(12,12), \quad \text{city2}=(18,23), \quad \text{city3}=(24,21), \quad \text{city4}=(29,25),\\
&\text{city5}=(31,52), \quad \text{city6}=(36,43), \quad \text{city7}=(37,14), \quad \text{city8}=(42,8),\\
&\text{city9}=(51,47), \quad \text{city10}=(62,53), \quad \text{city11}=(63,19), \quad \text{city12}=(69,39),\\
&\text{city13}=(81,7), \quad \text{city14}=(82,18), \quad \text{city15}=(83,40), \quad \text{city16}=(88,30)。
\end{aligned}$$

4. 试设计一个求解上题 TSP 问题的遗传算法 (希望读者发挥创新能力，力求给出好的算法)。一定要说明：

(1) 染色体如何构造？

(2) 适应函数如何选择？

(3) 遗传运算的规则是什么？

5. 分别运用模拟退火法和遗传算法求解矩阵积和式的 8:20 问题，温度范围应包括 $T=2$。(注意：解空间的大小为 $\mathrm{C}_{8^2}^{20}=19619725782651120$，而最优解数有 $2(8!/3!^2)^2=2508800$，它们大约占总数的 $1/10^{10}$。)

6. 下面是某国人口的数据表：

年　份	人口数	年　份	人口数	年　份	人口数
1790	3929214	1860	31433321	1930	122775046
1800	5308483	1870	39818449	1940	131669275
1810	7239881	1880	50155783	1950	151325798
1820	9638453	1890	62947714	1960	179323175
1830	12866020	1900	75994575	1970	203302031
1840	17069453	1910	91972266	1980	226545805
1850	23191876	1920	105710620	1990	248709873

试运用非线性最小二乘法对人口数据作拟合，即根据数据估计人口方程

$$y=\frac{A\mathrm{e}^{rt}}{1+(A/K)\mathrm{e}^{rt}}$$

的参数 A，r 和 K，并根据所估计的方程对人口做出预测。

第九章　模拟醉汉行走：随机游走模型

导读：

本章讲述一种特别直观的随机过程——随机游走，在上世纪初它被提出之后就得到了深入的研究并获得了广泛的应用。本章将叙述如何用随机模拟的方法来实现随机游走，并对其结果进行分析。内容包括描述扩散过程的布朗运动、随机游走在金融领域中的应用、分析赌博游戏的性质并揭示其潜藏的危害。

虽然马尔可夫链可以被认为是一个随机游走 (在适当的状态空间)，但随机游走并不一定是一个马尔可夫链。例如，一个随机游走的下一步可能取决于前面步行的整个历史，像自回避随机游步就是这种情况，这已应用于高分子研究之中。

随机游动现象出现在许多领域：如粒子碰撞造成的悬浮花粉的布朗运动，在赌博问题中赌徒的财富变化 (通常是输光的)，在金融市场上证券价格的运动，等等。

9.1　布朗运动与扩散现象

9.1.1　布朗运动

1828 年，植物学家罗伯特・布朗 (Robert Brown) 发表了题为“对植物的花粉颗粒显微观察的记要”的报告。他指出，通过显微镜可看到花粉颗粒悬浮在水中，并惊讶地看到，它们经历了一个非常不规则的运动。我们现在知道，悬浮颗粒移动是它们与看不见的水分子碰撞的结果 (如图 9.1 所示)。而水分子本身由于彼此碰撞呈现出非常不规则的运动，并且它们的动能或者平均速度随温度的上升而增加，能量将通过这些碰撞向颗粒传播。

水分子由于无规则的碰撞会从一个地方移动到另一个地方，悬浮颗粒的移动则要慢得多。这种类似于随机游走的无规则移动被称为**布朗运动**，是一种扩散现象。

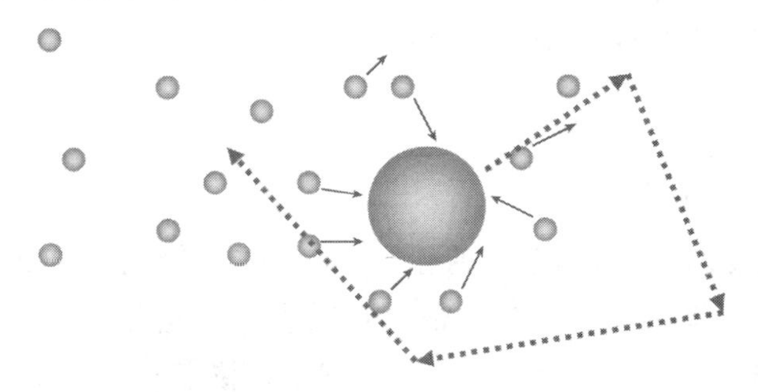

图 9.1　悬浮颗粒与水分子碰撞示意图

为了简化问题的研究，我们想象由单个粒子在一条实线的整数格点上随机游走。粒子开始于原点并以概率 p 向右走 1 步，以概率 $q=1-p$ 向左走 1 步，其中每步为单位长度。如果 $p=q=1/2$ 时，则可以用掷一枚均匀硬币来模拟。下面我们就来考察该情况。

例 9.1　我们试验 800000 次随机游走了 30 步的情形，结果显示在图 9.2 中的直方图。

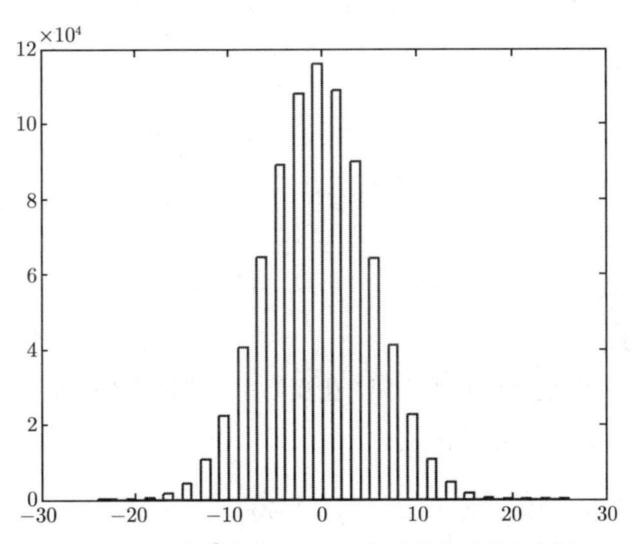

图 9.2　30 步游走的 800000 次试验结果的直方图

下面是这个试验的 Matlab 代码：

```
nSteps = 30;
nTrials = 800000;
S = zeros(1,nTrials);
for j = 1:nTrials
    x = 2*(rand(1,nSteps) < 0.5)-1;
    S(j) = sum(x);
end
hist(S,50,-25:1:25)
```

正如中心极限定理所预期的那样，它的直方图近似于正态分布。如果随机游走的步数很大 (如 $n=100$) 且进行大量的重复实验，则所得到的粒子位置的直方图将很接近于正态分布。因此，我们可以通过充分大的游走步数来推导出这种随机游走的一维扩散方程。

9.1.2 随机游走的连续化

为了用随机游走的方式来理解布朗运动，我们将时间和空间都离散化。设每个时间步是微小的 Δt，每一步的空间位移是 Δx。粒子从原点 0 出发，在一条直线上随机游走。在每个时间步中，粒子以概率 p 向右一步 Δx，或者以概率 $q=1-p$ 向左一步 Δx。经过 n 个时间步后，粒子将位于从 $-n(\Delta x)$ 到 $n(\Delta x)$ 的区间内。

令 $P(m,n)$ 表示该粒子经过 n 个时间步 (时间 $t=n(\Delta t)$) 后处在位置 $x=m(\Delta x)$ 的概率，现在我们来计算这个概率 $P(m,n)$。设 $r(0 \leqslant r \leqslant n)$ 为其中向右走的步数，l 为其中向左走的步数，则处在位置 $m(\Delta x)$ 上就有关系式：

$$m=r-l, \quad n=r+l。$$

所以，r 与 l 可写成

$$r=\frac{1}{2}(n+m), \quad l=\frac{1}{2}(n-m)。$$

然而，在 n 步中有向右走 r 次的可能方式数是从 n 中选出 r 的组合数，即 $\mathrm{C}_n^r=\frac{n!}{r!(n-r)!}$。那样就有

$$P(m,n)=\mathrm{C}_n^r p^r q^{n-r},$$

这是一个二项分布。

接下来我们要确定这个分布的极限，让我们先求出这个分布的均值和方差。利用二项分布的性质，粒子位置的均值 μ 为

$$\mu=\mathbf{E}(m)=\mathbf{E}(2r-n)=2\mathbf{E}(r)-n=(2p-1)n,$$

这是随机游走的漂移项。同理，粒子位置的方差为

$$\operatorname{var}(m)=\operatorname{var}(2r-n)=4\operatorname{var}(r)=4npq,$$

即其标准差 σ 为

$$\sigma=\sqrt{\operatorname{var}(m)}=\sqrt{4npq},$$

这是随机游走的标准差。若 $p=q=1/2$，则游走到达位置的均值是 0，位置的偏离程度是 $\sqrt{n}$。这表明粒子扩散的距离范围正比于时间的平方根，因此我们可以定义比率 $\frac{(\Delta x)^2}{\Delta t}$ 为粒子扩散系数。

现在我们来考虑概率分布的极限情况，这里仅限于 $p=q=1/2$ 的情形。再次根据中心极限定理，应有

$$P(m,n)\approx\frac{1}{\sqrt{2\pi\sigma^2}}\mathrm{e}^{-\frac{(m-\mu)^2}{2\sigma^2}}\Delta m=\frac{1}{\sqrt{2\pi n}}\mathrm{e}^{-\frac{m^2}{2n}}\Delta m。\tag{9.1}$$

将 $m=\dfrac{x}{\Delta x}$ 和 $n=\dfrac{t}{\Delta t}$ 代入上式，则有

$$P(m,n)\approx\frac{1}{\sqrt{2\pi n}}\mathrm{e}^{-\frac{m^2}{2n}}\Delta m=\frac{1}{\sqrt{2\pi t(\Delta x)^2/\Delta t}}\mathrm{e}^{-\frac{x^2}{2t(\Delta x)^2/\Delta t}}\Delta x。\tag{9.2}$$

让我们过渡到连续变量的情形，为此令 $\Delta x,\Delta t\to 0$，且设扩散系数 $D=\dfrac{(\Delta x)^2}{\Delta t}>0$ 是一个常量，则相应的分布密度函数为

$$p(x,t)=\frac{P(m,n)}{\Delta x}=\frac{1}{\sqrt{2\pi Dt}}\mathrm{e}^{-\frac{x^2}{2Dt}},$$

其中扩散系数 D 取决于液体的粘滞性质和温度。

可以验证，这个函数 $p(x,t)$ 满足一维扩散方程：

$$\begin{cases}\dfrac{\partial p}{\partial t}=D\dfrac{\partial^2 p}{\partial x^2},\\ p(x,0)=\delta(x),\end{cases}\tag{9.3}$$

其中 $\delta(x)$ 是狄拉克函数。这一结果由爱因斯坦于 1905 年在研究布朗运动的论文中首先给出。

9.1.3　常返性

我们已经看到随机游走的标准差以 $\sqrt{n}$ 在不断地随时间增大，这表明粒子的游走范围在不断地扩大。人们可能会认为粒子可能几乎是一去不返了，但对于一维和二维的随机游动，结果却并非如此。事实上可以证明，当 $n\to\infty$ 时随机游走的粒子将以概率 1 最终会回到原出发点。这个属性被称为**常返性**，满足该属性的随机游走称为常返的。注意，常返性是一种时间趋于无穷大的概率情况，所以这与扩散性并不矛盾的。下面我们给出关于其一维情形的简单证明。

以 q_0 记为从原点出发沿无限长直线随机游走永不返回的概率，则返回原点的概率为 $p_0=1-q_0$。类似地，以 q_i 记从点 $x=i$ 出发的随机游走永不返回的概率。很显然，对于无限长直线来说，各点的不返回概率都是相同的，即 $q_i=q,\ \forall i$。进一步看，由于粒子只有向左、右两个方向之一移动，故粒子向右不返回的概率与向左不返回的概率相等，即 $q/2$。由于这种左右方向的对称性，那么粒子从原点出发，它向右不返回的概率是 $q_0/2$。下一步，该粒子必处在 $x=1$。再下一步，它可能以概率 $\dfrac{1}{2}$ 向左不返回，但这时它将回到

原点，不然的话，它将以概率 $\frac{1}{2}$ 向右到达 $x=2$。这样，它们应该满足如下的概率关系：

$$\frac{q_0}{2}=\frac{1}{2}\frac{q_1}{2}。$$

由此递推下去，可写出

$$\frac{q_0}{2}=\frac{1}{2}\frac{q_1}{2}=\frac{1}{2}\left(\frac{1}{2}\frac{q_2}{2}\right)=\frac{1}{2}\left(\frac{1}{2}\left(\frac{1}{2}\frac{q_3}{2}\right)\right)=\cdots=\left(\frac{1}{2}\right)^n\left(\frac{q_n}{2}\right)\to 0。$$

因此，这就证明了：$p_0=1-q_0=1$。

9.2 布朗运动的数学模型

在上一节中我们已经将在整数格点上的一维随机游走扩展到了直线上的连续情形，这是关于布朗运动一个很直观的近似。在本节中我们将进一步把这种模型推广到更一般的随机过程，在数学上人们就称它为布朗运动。

9.2.1 布朗运动的定义

布朗运动的数学理论是由控制论之父诺伯特·维纳 (Norbert Wiener) 给出的，因此布朗运动往往又被称为维纳过程。一个一维布朗运动是指具有下面三条性质的随机过程，其定义如下：

定义 9.1 (布朗运动) 设 W_t 是一个随时间 t 变化的随机变量 (这里 t 为连续变量)，如果它满足下面三个条件的话，则它是一个一维布朗运动：

(1) $W_0=0$;

(2) 对于 $0\leqslant t_1<t_2<\cdots<t_n$，增量 $W_{t_2}-W_{t_1},W_{t_3}-W_{t_2},\cdots,W_{t_n}-W_{t_{n-1}}$ 是互相独立的；

(3) 对于 $0\leqslant s<t$, W_t-W_s 是均值为 0、方差为 $c(t-s)$ 的正态分布，其中 $c>0$ 是一个固定的常数，当 $c=1$ 时，它称为标准布朗运动。

首先，我们看到布朗运动的特征是一个均值为零而方差随时间增长的正态分布，这个性质正是上节引入的连续随机游走的特性。其次，它们之间还有一个重要的相同之处是，布朗运动的移动是独立于它的历史轨迹。此外，布朗运动的轨迹是连续的，这种轨迹曲线却是处处不可微的。因为人们根本无法预测它下一步将如何行进，所以它当然不会存在导数了。

上面定义的布朗运动可以推广到多维的情形，即其运动轨迹是在一个高维的欧氏空间中。此时上面定义中的 W_t 是一个向量，但定义 9.1 的 (3) 需要稍做修改。原因是多维正态分布的分量之间可能存在相关性，除了方差之外，人们还需要给出它们之间的相关系数或者协方差。

一个 d 维正态分布的密度函数是

$$f(\boldsymbol{x},\boldsymbol{\mu},\Sigma)=\frac{1}{\sqrt{|\Sigma|\,(2\pi)^d}}\mathrm{e}^{-\frac{1}{2}(\boldsymbol{x}-\boldsymbol{\mu})^{\mathrm{T}}\Sigma^{-1}(\boldsymbol{x}-\boldsymbol{\mu})},$$

其中 $\boldsymbol{\mu}$ 是 d 维的均值向量，Σ 是 d 阶的协方差矩阵。Matlab 给出了生成一个多维正态随机向量的函数，其格式如下：

R = **mvnrnd**(MU, SIGMA, N)

这个函数输出 N 个 d 维正态分布的随机向量，存放在 $N\times d$ 矩阵 R 中，其中，

MU 是这个分布的 d 维均值的向量，

SIGMA 是这个分布的 d 阶协方差矩阵。

借助于多维正态随机数的生成函数，我们就可以模拟多维的布朗运动了。模拟的关键是将时间离散化，每一个时间步所产生的随机位移服从指定的正态分布，即可短也可长。而前面的随机游走，每步只能移动到邻近的格点，这就是两者之间的不同之处。

例 9.2　我们以一个二维布朗运动为例，假设它的两个分量之间是不相关的，W_t-W_s 的协方差矩阵是 $\begin{pmatrix}2(t-s) & 0\\ 0 & 2(t-s)\end{pmatrix}$。为了能模拟它的运动轨迹，我们用单位步长来离散化时间。在每个时间步该布朗运动的随机位移服从这个二维正态分布，亦即成为一个二维 (正态) 随机游走。我们给出模拟这个二维布朗运动的 Matlab 程序。图 9.3(a) 给出了模拟 1000 步的二维布朗运动的轨迹。图 9.3(b) 显示了在 500 次试验下该布朗运动在 1000 步游走轨迹的末端位置，可见这些点的散布状况基本是关于原点对称的。

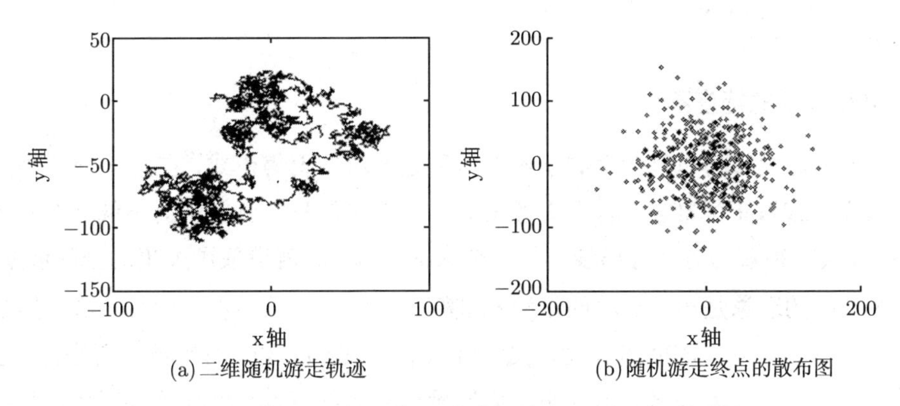

(a) 二维随机游走轨迹　　(b) 随机游走终点的散布图

图 9.3　模拟布朗运动的二维随机游走 (1000 个时间步)

模拟上面二维布朗运动的 Matlab 代码如下：

```
sig=2;     % 方差系数
nSteps = 1000;     % 游走的步数
MU=[0 0];  SIGMA=[sig 0; 0 sig];
rng('shuffle')
R = mvnrnd(MU,SIGMA,nSteps);
```

```
x(1) = 0;  y(1)=0;     % 出发的原点
for i = 2:nSteps
    x(i) = x(i-1) + R(i,1);
    y(i) = y(i-1) + R(i,2);
end
figure(1)
plot(x, y);
title('二维随机游走轨迹');
xlabel('x轴');  ylabel('y轴');
nWalks = 500;    % 重复试验次数
Endx = zeros(nWalks,1);    Endy = zeros(nWalks,1);
for j = 1:nWalks
    R = mvnrnd(MU,SIGMA,nSteps);
    x(1) = 0; y(1) = 0;
    for i = 2:nSteps
        x(i) = x(i-1) + R(i,1);
        y(i) = y(i-1) + R(i,2);
    end
    Endx(j) = x(nSteps);
    Endy(j) = y(nSteps);
end
% 画随机游走终点的散布图
figure(2);
scatter(Endx, Endy, 3);
title('随机游走终点的散布图');
xlabel('x轴');  ylabel('y轴');
```

9.2.2　布朗运动的标度不变性

注意到上面模拟的布朗运动的轨迹图呈现分区域的聚集模式，在大部分的时间步中其位移长度大致等于标准差，看上去像聚集在一个区域里。但偶尔会出现一个较大的位移，有时还会在很短的时间内出现不只一个大的位移。这就造成了聚集的分区现象。

一个有趣的现象是布朗运动的这种轨迹模式呈现所谓的**标度不变性**。这里的标度是指模拟中采用的时间步的间隔长短，我们可以缩短或者放大时间步长重新进行模拟，所获得的轨迹图有相同的模式，这说明它们展示出相同的特性。这种情况就像人们在变焦镜下看东西一样。

在数学上，这种标度不变性是指：对于任何 $\alpha \neq 0$, $\alpha^{-1}W_{\alpha^2 t}$ 也是一个布朗运动。这点从定义 9.1 立即可以获证。注意，将一个布朗运动反一个符号，即 $-W_t$，它的实质并无改变。

这种标度不变性与分形的特性相类似，所以人们常用分形的一些度量指标，如 Hurst 指数等，来刻画布朗运动的特征。

9.2.3 布朗运动的常返性

前面已经指出：一维和二维格点上的对称随机游走具有常返性，即游走一定会返回到原点。它似乎也具有像马尔可夫链所展示出的遍历性。

同样，二维布朗运动也是常返的。但这里的常返性的含义不是指精确的逐点返回，而是指以概率 1 返回原点的一个任意小的邻域，不一定都返回到原点。同理，它的遍历性也是意味着它将以概率 1 到达平面上的任意邻域。

然而，在三维或者更高维空间里的随机游走和布朗运动的常返性不再成立。这时的返回概率小于 1，那将意味着有一定的概率它不会再回来了。这是因为随着空间维数的增加，游走的自由度也随之增加，好似“天马行空”那样自由。

9.3 随机游走的应用 (一)

上面所述的随机游走和布朗运动已有着广泛的应用。在本节中，我们将介绍其中两个方面的应用：金融期权和高分子聚合物。

历史上在 1900 年，法国数学家巴施里耶 (Louis Bachelier，见右图) 在他的博士学位论文中引进了三个现代金融的基本概念：能减少风险的期权 (一种金融产品)；有效市场假设；应用布朗运动来描述证券价格的变化。在那个时代他的论文是太超前了，当时他的论文没有获得重视而被人遗忘。直到 1964 年，美国著名经济学家萨谬尔森 (Paul Samuelson) 重新发现了他的工作，并在原基础上做了修正和推广，期权定价问题开始受到重视。问题的重大突破出现在 1973 年，两位年轻的美国人布莱克 (Fischer Black) 和肖尔斯 (Myron Scholes) 发表了关于期权定价的著名论文，论文的发表也是几经周折。同年，期权正式在芝加哥交易所获得上市。1997 年度的诺贝尔经济学奖被授予了肖尔斯和莫顿 (Robert Merton)。我们将用布朗运动的模拟来展示期权定价的核心方法，复活巴施里耶的思想，这对于理解当今的金融市场是非常重要的。

接着，我们将简要地介绍自回避游走，它在现代化学和生物学中有重要的应用。然而这需要在随机游走上再附加约束条件，移动路径不能与自身相交，也就是说，经过格点的次数不允许超过一次。这是一个非常难的挑战性问题，目前在数学上还没有解决。之所以如此困难是因为它已不满足马尔可夫性：下一步位移要依赖于以前游走的整个历史。我们将它作为一个公开问题供读者去研究。

9.3.1　金融期权定价

期权是金融市场上的一种衍生产品，这里衍生意味着它的存在和价值依赖于另一项金融资产的状况，该金融资产被称为标的资产，如股票、债券、外币等。这些标的资产在金融市场上的价格是随机变化的，是一种风险资产。虽然人们可以投资去直接买卖风险资产，但其暗含的巨大风险使人们想要采取某种避险的方法，期权产品就是为此目的而设计的一类金融产品。期权就是透过给予人们买或者卖一项资产的选择权利来实现避险的功能。因为对于标的资产价格走势的判断有看涨和看跌两种情况，所以期权也相应地分为看涨期权和看跌期权。

看跌期权是期权的购买方或持有人与出售方或出单方之间的一项合约，是一种选择权，它允许持有人有权在未来某约定的时间内以固定价格卖出一定数量的标的资产 (如股票) 给期权的出售方。也就是说，期权的持有者可以在该项期权规定的时间内选择卖或不卖的权利，即他可以实施该权利，也可以放弃该权利。而期权的出售方必须承担约定的义务，他无选择的权利，为此出售方将收取购买方一定的费用作为补偿。

这其中约定的时间是指期权的**有效期**，具体又分为两种情形：

(1) 在有效期内持有人可以随时实施选择权，称为**美式期权**；

(2) 必须在有效期的到期日才能实施选择权，称为**欧式期权**。

期权的有效期一般短于 1 年。当然，期权到期之后合约即终止。而其中的固定价格是指期权的**执行价**或**敲定价**，它锁定了未来交易该资产的价格。出售方收取的费用被称为**期权费**或者**期权溢价**。所谓的期权定价就是确定这个期权费“公平的”应该是多少。

例如，假设现在通用电气的股票价格是每股 32 美元，如果从现在到未来三个月内，每股价格跌破 25 美元，则持有通用电气股票的某公司就可能破产，因此该公司不妨购买一份看跌期权来避险。该期权约定他在未来三个月内能够以每股 25 美元的敲定价出售这些股票。这样该期权就像是一份保险一样：如果股票的市场价格保持不变或上涨，则公司不会执行该期权直至期权到期；否则，如果在未来三个月内市场价格低于了敲定价，那么公司就选择执行该期权防止了破产的发生。

当然，期权的出售方是有风险的，出售方可能要以每股 25 美元的价格买进那些股票，而该股票的市场价格已低于了 25 美元，或许每股 20 美元，甚至更少。所以，出售方必须收取期权持有人一定的期权费以承担这种风险。如果期权未被执行，则出售方就能将期权费作为利润。

看涨期权与看跌期权是类似的，不同之处是持有人拥有在有效期内以敲定价从出售方购买一定数量的标的资产的权利。

例如，假设某制药公司的股票现价为每股 79 美元，但该公司一直在努力试制新药，预期不久的将来可能获得国家药监局的批准。如果成功，公司的股价将飙升。看到了获益的可能性，投机者买入了从现在至四个月的以敲定价每股 85 美元购买一定数量的该公司股票的看涨期权。假如公司获得成功，其股价攀升至每股 92 美元，投机者将执行期权而获利每股 7 元的利润。假如失败，则股价大跌 (即使稍有回升也不可能在这期间超过 85 美元)，那么期权是不会被执行的。因此，投机者花费了少量的期权费作为成本，换来了盈利的机会。如果他们直接购买公司的股票可能就会遭受损失，而且损失额是事先不能确定的。这就是期权的诱人魅力之一。

在该看涨期权的情况下，出售方承担股票的市场价格高于 85 美元的敲定价的风险买，例如每股 92 美元，但为了履行合同需以敲定价出售它。考虑到这种风险，出售方应该收取的期权价格是多少?

那么，如何给予期权一个公平合理的定价呢? 这个问题的解决必须借助于随机过程的数学理论，从而开创了数理金融学研究的时代。那样，随机模拟也就可以应用来解决这一问题。下面我们就来叙述期权定价的基本方法。

期权定价的首要问题是如何来刻画标的资产的价格变化，即用合适的数学模型来模拟标的资产的价格变化。为了理解的方便，我们后面假设标的资产是股票。股票价格变化的随机性是众所周知的事实，那么它呈现何种随机性质呢? 重要的概念是由尤金 • 法玛 (Eugene Fama) 给出的所谓**有效市场假说**:

假设 9.1 (有效市场)　*在一个有效市场上，股票的价格已经反映了所有已知的信息，因此在很短的时间间隔内股价的变动是完全随机的。*

人们可以肯定的是，小的价格变动比大的变动有更大的概率发生，而且价格的上升或者下降变动的概率应该是相等的。于是我们可以简单地假设每个时间步的价格变动 (即位移) 服从正态分布。同时我们可以看到，随着时间间隔的增加股价的变化幅度也在增大，假设股价变化的方差与时间间隔长度呈正比。这样股票价格的演化就是一维的布朗运动。当初巴施里耶基本上给出的就是这样的假设，但这存在一个显著的漏洞，股价可能出现负值，所以要将原假设修改为股价服从对数正态分布。事实上，这个假设说的是: 股价的相对变化率 (回报) 服从正态分布，即股票的回报是一个布朗运动。不过这个假设还是会稍作扩充，这个模型的具体表述如下。

设 S_t 是股票在 t 时刻的市场价格，Δt 是单位时间，譬如一天，并以 $\Delta S_t = S_{t+\Delta t} - S_t$ 表示在此期间价格的变动。股价的相对变化率是 $\Delta S_t/S_t$，于是我们可以写出股价的基本演化方程为

$$\frac{\Delta S_t}{S_t} = \mu\Delta t + \sigma\Delta W_t, \tag{9.4}$$

其中 $\Delta W_t = W_{t+\Delta t} - W_t$ 是标准布朗运动的随机变量；μ 和 σ 是股价变化的特征参数，分别被称为**漂移率**和**波动率**。遵循方程 (9.4) 的股价演化被称为**几何布朗运动**，也称为**伊藤**(Itô)**过程**。这里增加漂移项 $\mu\Delta t$ 的原因是因为股票的基本价值一般会有一定的增长性 (公司业绩的增长)。具体来看，假如股价没有随机性，即 $\Delta W_t = 0$，这时 $\Delta S_t = \mu S_t\Delta t$，

则股价以 μ 为增长率呈指数地增长 (因为可以解出 $S_t = S_0 e^{\mu t}$)。但是，μ 的数值通常是难以估计的。然而巧合的是，读者很快会看到 μ 在期权定价中居然不起任何作用。这个“谜”曾经困惑布莱克和肖尔斯很久，他们一度认为可能在推导过程中哪里出了错。后来他们意识到，μ 被一个无风险利率所替代的事实是正确的。与此相反，波动率 σ 是期权定价中的一个非常重要的因素。它反映股价的波动幅度，它的数值可以从股价的历史数据中用简单的统计公式估计出来。

一、 几何布朗运动的模拟

为了模拟几何布朗运动的运动轨迹，我们从正态分布抽取 ΔW_t 的样本 (随机序列)，运用 (9.4) 式计算 ΔS_t，获得下一步的股票价格 S_{t+1}，即 $S_{t+1} = S_t + \Delta S_t$，以此类推地不断向前迭代。因为 $\Delta W_t \sim N(0,\ \Delta t)$，所以我们可以将方程 (9.4) 改写为

$$\Delta S_t = \mu S_t \Delta t + \sigma S_t \sqrt{\Delta t}\varepsilon, \tag{9.5}$$

这里 $\varepsilon \sim N(0,1)$，即 ε 是服从均值为 0、方差为 1 的标准正态分布。这样的形式更便利于股价的随机模拟。

人们在用 (9.5) 式计算时，必须注意变量的量纲 (单位)。如果 Δt 以天为单位，则 μ 是以天为单位的增长率，σ 也是以天的平方根为单位度量的波动幅度。但这些参数在金融上通常是按年为单位计算给出的。因此，我们要调整 Δt 和时间长度 (有效期) 到以年为单位的表示，例如，三个月是 0.25 年。

二、 风险中性定价

我们前面已说，期权定价必须是“公平的”，但这到底是什么意思呢？公平性意味着:“天底下没有免费午餐”、“天上不会掉馅饼”。投资者不能不承担风险而赚钱，即不能无风险套利。这与市场的有效性是一致的。事实上,“不能无风险套利”是期权定价的关键所在，称为“无风险套利均衡原理”。布莱克和肖尔斯发现用卖出一份期权和买入一定份额的标的资产就可以构成一个无风险的资产组合 Π，那么这个资产组合的收益率必须等于其他无风险资产 (如政府债券) 的收益率。具体地说，设无风险政府债券的利率 (即收益率) 为 r，看涨期权的价格为 f。显然，这个期权的价格一定依赖于股票 (标的资产) 价格 S 和时间 t，即是函数 $f(S,t)$。具体写出就是:

$$\Pi = -f + \frac{\Delta f}{\Delta S} S, \tag{9.6}$$

其中 $\dfrac{\Delta f}{\Delta S}$ 就是购买股票的份额数。无风险套利均衡原理要求这个资产组合 Π 的收益率 (回报) 等于 r，亦即有

$$\frac{\Delta \Pi}{\Pi} = r\Delta t。 \tag{9.7}$$

根据伊藤给出的计算公式 (伊藤公式)：

$$\Delta f = \frac{\partial f}{\partial t}\Delta t + \frac{\partial f}{\partial S}\Delta S + \frac{1}{2}\frac{\partial^2 f}{\partial S^2}(\Delta S)^2。 \tag{9.8}$$

上面的伊藤公式实际上是将函数 f 作泰勒展开到二阶无穷小的式子。而由 (9.5) 式，我们有

$$(\Delta S)^2 = (\mu S\Delta t + \sigma S\sqrt{\Delta t}\varepsilon)^2 \approx \sigma^2 S^2 \varepsilon^2 \Delta t,$$

上面忽略 Δt 的高阶无穷小项。这个结果告诉我们，(9.8) 式为什么必须展开到 ΔS 的二阶项的原因。另外，由于 $\mathbf{E}(\varepsilon^2)=1$，我们可以近似地认为 $\varepsilon^2\approx 1$，这样就有

$$(\Delta S)^2 \approx \sigma^2 S^2 \Delta t。 \tag{9.9}$$

将 (9.8) 式代入 (9.6) 式，有

$$\begin{aligned}\Delta\Pi &= -\Delta f + \frac{\partial f}{\partial S}\Delta S = -\left(\frac{\partial f}{\partial t}\Delta t + \frac{\partial f}{\partial S}\Delta S + \frac{1}{2}\frac{\partial^2 f}{\partial S^2}(\Delta S)^2\right) + \frac{\partial f}{\partial S}\Delta S \\ &= -\frac{\partial f}{\partial t}\Delta t - \frac{1}{2}\frac{\partial^2 f}{\partial S^2}(\Delta S)^2 = r\Pi\Delta t = -rf\Delta t + rS\frac{\partial f}{\partial S}\Delta t。\end{aligned}$$

再将 (9.9) 式代入上式，可得

$$\frac{\partial f}{\partial t} + rS\frac{\partial f}{\partial S} + \frac{1}{2}\sigma^2 S^2\frac{\partial^2 f}{\partial S^2} = rf, \tag{9.10}$$

这就是著名的**布莱克–肖尔斯方程**。这个方程中漂移率 μ 确实消失了，取而代之的是无风险利率 r，这被称为**风险中性定价**。同时，我们从上面的推导过程中看到该资产组合的变化为

$$\Delta\Pi = -\left(\frac{\partial f}{\partial t} + \frac{1}{2}\sigma^2 S^2\frac{\partial^2 f}{\partial S^2}\right)\Delta t。$$

它已不含随机项 (即是确定性的)，所以我们说这个资产组合是无风险的。这种资产的组合方式在金融交易中被称为风险对冲。因此，布莱克和肖尔斯在期权定价方法里巧妙地运用了风险对冲的交易思想，这一思想方法成为了为其他金融衍生产品建立定价方程的重要技巧。要求解方程 (9.10)，还需要给出边界条件或终值条件。只有欧式期权可解出解析解，其解称为布莱克–肖尔斯公式。而美式期权是无法给出解析解的，只能由计算机求数值解。要知道，偏微分方程的求解一般都不是一件容易的事。

接下来，我们要计算每次试验下期权的到期价值；然后我们再计算它们的期望值。对于欧式期权来说，期权到期时的价值为

$$V = \max\{S_T - K, 0\}, \tag{9.11}$$

其中 S_T 是到期日股票的价格，这就是欧式看涨期权的边界条件。

上面给出的是期权在到期日那天的价值，然而我们要知道的是期权目前的价值，这就要按无风险利率将这个期望值贴现到现在，即期权的价格是

$$P = \mathrm{e}^{-rT}V。 \tag{9.12}$$

然而，随机模拟方法可以另辟蹊径。因为按照 (9.5) 式直接模拟标的资产 (股票) 的价格演化路径是一项简单的工作。根据模拟的价格路径，人们就可计算出期权执行时的盈利 (不执行的盈利为零)。由于这个盈利不是现在而是在将来某时刻实现的，所以还需要将此盈利贴现到现在的时刻 (因为货币有时间价值：未来得到的钱拿到现在来看是要打折扣的)，这个贴现值就是在这种价格路径下的期权的收益。这样，类似于前面统计力学的系综平均的方法，人们就可以通过大量的重复试验来估计期权收益的期望值，这个期望值就作为期权的价格。因此，期权到期价值的期望值由下式来估计：

$$\hat{V} = \frac{1}{N}\sum_{i=1}^{N}\max\{S_T(i) - K, 0\}。$$

由于 (9.5) 式中的系数 σ 可以从股价历史数据中通过估计来获得，所以模拟还需要解决系数 μ 的确定问题。前面得出的风险中性定价提示我们，可以用 r 来取代 μ。因为这种替代完全不影响推导出的布莱克–肖尔斯方程，当然边界条件或终值条件与它无关。另外，金融知识告诉我们，无风险利率 r 也是贴现率。这也体现了风险中性的意义：人们对股价的增长不持任何偏好，认为它和其他无风险资产价值的增长是一样的。

三、 模拟期权的价格

现在，我们给出模拟期权价格的例子。

例 9.3 设一个欧式看涨期权，有效期为 $T = 90$ 天，其标的资产为某一股票。该股票的当前价格是 $S_0 = 20$ 元，其波动率的估计是每年 $\sigma = 60\%$，敲定价被定为 $K = 25$ 元。已知目前的无风险利率是每年 3.10%。那么该期权的价格是多少呢？运行下面的 Maltab 程序，将给出答案。

这个欧式看涨期权定价的 Matlab 程序是：

```
nDays = 90;
dt=1/365.0;     % 以年为时间单位
T = nDays*dt;      % 到期时间
S0 = 20;      % 初始股价
K = 25;     % 敲定价
r = 0.031;      % 无风险利率
sigma = 0.6;      % 波动率
expTerm = r*dt;
stddev = sigma*sqrt(dt);
nTrials = 100000;
```

```
value = 0;
for j = 1:nTrials
    n = randn(1, nDays);      % 标准正态分布的随机数数组
    S = S0;
    for i = 1:nDays
        dS = S*(expTerm + stddev*n(i));
        S = S + dS;
    end
    S90(j) = S;       % 记下每次试验的结果
    value = value + max(S - K, 0);
end
value = value/nTrials;      % 期望值
Price = exp(-r*T)*value       % 贴现
hist(S90, 0:0.5:65)
```

我们对 (9.5) 式做 N 次重复模拟试验给出第 90 天该股票的可能价格。我们不能说哪个价格将来会实现，但我们可以画直方图来看价格的分布状况。图 9.4 显示了 $N = 100000$ 次试验得出的价格直方图。

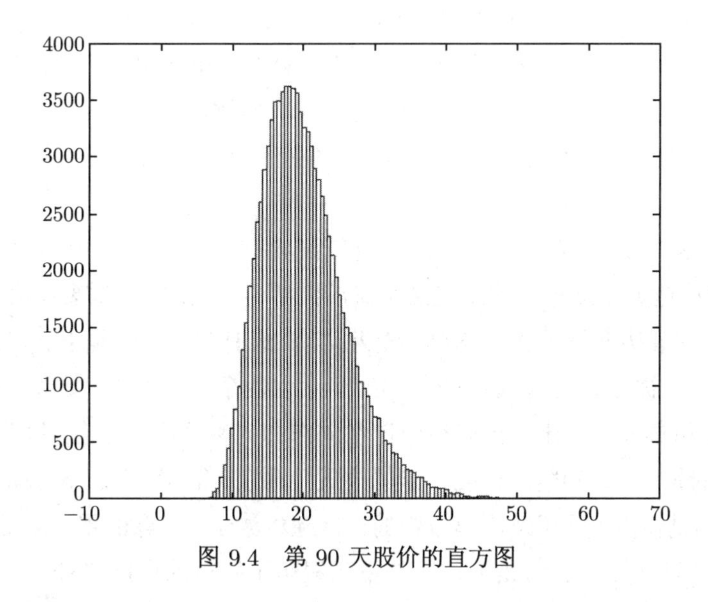

图 9.4 第 90 天股价的直方图

我们看到，到期时的股票价格 S_{90} 分布在 6 元至 60 元范围之间。这不是正态分布，而是对数正态分布，所以价格是不会出现 0 或者负值的。

我们运行上面程序得到期权价格的模拟结果是 0.9054，由布莱克–肖尔斯公式算出这个看涨期权价格的精确值是 0.9056。这个结果与精确值的误差已很小。为了减小误差，人们可以尝试多次运行上面的程序，然后取它们的平均值作为结果。

模拟美式期权的编程要复杂些，我们留给读者作为练习。目前 Matlab 的金融工具箱已经提供计算这些期权价格的函数，建议读者参考 Matlab 的相关帮助文档。

9.3.2 自回避游走

现在考虑**自回避游走**(SAW) 问题，它是在一个立方体 (或六角形) 格点上做随机游走，且从原点开始不允许与以前的游走轨迹重复。一维的 SAW 问题是平凡的，但二或三维的 SAW 问题基本是未解决的开放问题。这些问题包括：

(1) 一个给定步数的 SAW 有多少不同的自回避游走路径？

(2) n 步 SAW 的平均位移 D_n 是多少？这里位移指的是从游走的起点到终点之间的直线距离。

对于一个二维正方形网格的情形，设 c_n 表示 n 步游走的所有路径数，容易直接计算出 c_n 的开始几个值：$c_1 = 4, c_2 = 12, c_3 = 36, c_4 = 100$。一般地，人们只能够猜测有

$$c_n \approx 2.64^n,$$

其位移平方的期望值为

$$\mathbf{E}(D_n^2) \approx n^{\frac{3}{2}}。$$

但要求更精确的结果或者证明这些结论是挑战性的问题。

除 SAW 问题的纯数学兴趣之外，它的研究对于工业高分子化学领域和生物大分子领域都是非常重要。例如，工业聚合物是由称为单体的小单元组成，它们有时成千上万以化学键联系在一起的。为此，人们抽象出一个 SAW 问题，其中格点代表单体的角色，而边起着化学键的作用。当然没有两种单体可以在空间中占据相同的位置，因此需要施加自回避条件。

上述关于 SAW 的 c_n 和位移的基本特性就隐含有关聚合物模型中的物理性质。

在 SAW 的编程中，新一步的游走必须看前面游走的历史，即需要保存全部游走的历史。模拟一次二维正方形网格上的 SAW 较为简单，最有效的方式是下一步游走方向的选择只需避免先前已被占有的格点。从东、南、西、北四个方向上看，如果北面和西面的点都被占有，则随机选择的游走方向就被限制在向东和向南这两个方向。以此类推，不断地推进游走路径的长度，直到陷入无处可走的位置，则游走结束，记录下这条游走路径的有关数据。然后回到原点，重新开始模拟新的一次随机游走。问题的困难之处是：即使经过大量次数的模拟试验，我们仍然不知道是否已遍历了所有的可能路径。有兴趣的读者可以挑战这个问题。

9.4 从随机游走看赌徒的破产

简单的随机游走模型可以应用于研究赌博问题，人们可以看到一个赌徒的财富随着时间的兴衰，通常的结局是走向破产。事实上，概率论的起源就是研究赌博问题，历史上可追溯到费马 (Pierre Fermat) 和帕斯卡 (Blaise Pascal) 讨论赌博问题的通信。

9.4.1　游戏的玩法

我们假设赌徒下注 1 个单位的钱 (如 1 元) 与庄家打赌，以概率 p 赢庄家和以概率 $q=1-p$ 输给庄家。假设赌徒开始有 x 单位的钱，设 $X(t)$ 是随机变量，表示赌徒在时间 t 时的财富，显然 $X(0)=x$，在赌了一局后，赌徒的财富将分别增加或减少一个单位，即以概率 p 增加为 $X(1)=x+1$ 和以概率 q 减小为 $X(1)=x-1$，以此类推。我们看到这就像第 8.1 节的随机游走的情况一样，不同之处是开始处在 x 而不是 0。

与股价的游走类似，在这个游戏中游走不能低于 0，否则赌徒就破产了。同样，庄家也拥有有限的资金，在游戏开始时他有 h 个单位的钱，我们以 $H(t)$ 记为庄家在时间 t 时的财富。因此，游戏双方的钱之和是常数 $a=x+h$。在任何时候，庄家和赌徒的财富命运是有差异，$H(t)=a-X(t)$。如果 $X(t)=a$，那么庄家破产，游戏则终止。

只要条件 $0<X(t)<a$ 成立，游戏将继续进行，直到这个条件被违背的第一时间时游戏终止。一个重要问题是游戏能否无限期地进行下去？答案是否定的，只要足够的时间，不是赌徒破产就是庄家破产。这种情况是以概率为 1 发生，下面我们可以简单地证明 (提醒一下读者，我们这里的结果均以概率来评判)。

容易看出，如果游戏是公平的，即 $p=\dfrac{1}{2}$，则每局比赛后赌徒财富的期望值等于原始财富。例如

$$\mathbf{E}(X(1))=\frac{1}{2}(x+1)+\frac{1}{2}(x-1)=x,$$

$$\mathbf{E}(X(2))=\left(\frac{1}{2}\right)^2(x+2)+2\frac{1}{2}\frac{1}{2}x+\left(\frac{1}{2}\right)^2(x-2)=x,\cdots,$$

具有这种期望值守恒性质的随机过程被称为**鞅**(martingale)。进一步，我们从第 9.1 节知道，离开起点的随机游走的路径长度正比于 $\sqrt{t}$。由此我们可以预计一个赌徒或庄家玩到破产的时间。

这个游戏中的财富演化就相当于在一维的有限区间上的随机游走，它的游走将结束在该区间的任意一个端点上，这两个端点就好像吸收壁一样。这样的结果会发生吗？设 W_x 是赌徒以 x 单位的初始资金玩到破产的概率，同样设 Z_x 是庄家破产的概率。只要我们能证明 $W_x+Z_x=1$，那就表明游戏是不能无限期地玩下去的。

现在固定 a，我们来推导 W_x 和 Z_x 的递推关系式。如果赌徒输掉第一局比赛，他将持有 $x-1$ 单位的资金再开始游戏，破产的概率是 W_{x-1}；同样，如果他赢了第一局比赛，他将持有 $x+1$ 单位的资金又开始游戏，破产的概率是 W_{x+1}。故我们有关系式：

$$W_x=qW_{x-1}+pW_{x+1},\quad x=2,3,\cdots,a-2。\tag{9.13}$$

如果赌徒从 $x=1$ 单位的资金开始游戏，一旦输了则他就立即破产，即

$$W_1 = q + pW_2;$$

如果赌徒从 $x=a-1$ 单位的资金开始游戏，一旦赢了则庄家就立即破产，而这时他破产的概率必然为 0，从而有

$$W_{a-1} = qW_{a-2}。$$

上面我们用到了：$W_0=1,\quad W_a=0$。

类似地，关于 Z_x 的递推方程式与 (9.13) 式是完全一样的。不同的是它们的边界条件，不难看出：$Z_0=0,\quad Z_a=1$。

方程 (9.13) 是一个差分方程，线性常系数差分方程的理论 (关于差分方程的理论，这里不再撰述，请读者自行参看有关资料) 告诉我们，方程的形式解是 $W_x=b^x$，其中 b 为常数，代入 (9.13) 式，可得

$$b^{x-1}(-q+b-pb^2)=0。$$

求解上式括号中关于 b 的二次方程式，并注意 $q=1-p$，就得到

$$b=\frac{1\pm\sqrt{1-4pq}}{2p}=\frac{1\pm(1-2p)}{2p}。$$

因此，如果 $p\neq\dfrac{1}{2}$ 时，差分方程的两个不同特解是：$W_x=1$ 和 $W_x=\left(\dfrac{q}{p}\right)^x$。于是，这个差分方程的通解是

$$W_x=A+B\left(\frac{q}{p}\right)^x,$$

其中 A 和 B 为待定常数。由边界条件 $W_0=1,\quad W_a=0$，即可求得

$$W_x=\frac{(q/p)^a-(q/p)^x}{(q/p)^a-1}。\tag{9.14}$$

当 $p=q=\dfrac{1}{2}$ 时，关于 b 的二次方程是重根，根为 $b=1$，这时方程 (9.13) 的两个独立的特解是：$W_x=1$ 和 $W_x=x$，则通解是 $W_x=A+Bx$，由边界条件，我们得到

$$W_x=1-\frac{x}{a}。\tag{9.15}$$

同理，我们对 Z_x 的差分方程重复同样的步骤，可得

$$Z_x=\frac{(q/p)^x-1}{(q/p)^a-1},\quad p\neq\frac{1}{2},\tag{9.16}$$

而按照游戏的公平原则，我们得到

$$Z_x=\frac{x}{a},\quad p=\frac{1}{2}。\tag{9.17}$$

因此，正如预料的那样，我们证得：$W_x+Z_x=1,\ \forall x$。这意味着赌徒从任何数量的赌本 x 开始，要么是赌徒破产，要么是庄家破产，这种情况发生的概率为 1。亦即，这两个事件之一是一定会发生的。

9.4.2　公平游戏财富过程的鞅方法解

我们从上面已经看到，所谓公平游戏的玩家财富的随机过程是一个鞅，即在上面游戏中是当 $p=\dfrac{1}{2}$ 时的情形。现在，我们应用鞅的性质来求解这个财富过程。如果赌博游戏是一个公平的游戏，W_x 表示赌徒的破产概率，那么该赌徒财富的最终期望值是

$$W_x 0+(1-W_x)a=(1-W_x)a。$$

由于初始财富为 x，我们利用鞅的性质，即有

$$(1-W_x)a=x。$$

我们再次获得前面同样的结果：$W_x=1-\dfrac{x}{a}$。

9.4.3　关于赌博的真相

通常情况下，赌博的庄家比赌徒有更多的钱，因此在一个公平的游戏中，庄家破产的概率是非常小的。例如，假设玩家开始有 10000 元，同时庄家有 1000000 元，然后根据 (9.17) 式，庄家破产的概率为

$$\frac{10000}{1000000+10000}=0.0099,$$

约 1%；这样看，赌徒破产的概率几乎高达 1−0.0099=0.9901，即为 99%。然而，人们必须明白，游戏是永远不会公平的，通常采用的是美式轮盘赌 (roulette) 的打红获胜方式，获胜概率是 $p=18/38=0.474$，而输的概率是 $q=1-p=0.526$。由 (9.16) 式知道，庄家的破产概率为

$$Z_x=\frac{(q/p\,)^x-1}{(q/p\,)^a-1}=\frac{(0.526/0.474\,)^{10000}-1}{(0.526/0.474\,)^{101000}-1}\approx 3.96\times 10^{-45208}。$$

那么显而易见，赌徒破产的概率高达几乎百分之百，太惨了！即使非常保守地假设有一个游戏中，$p=0.4999$，只有偏离公平性万分之一喔，那么庄家破产的概率又是多少？再从 (9.16) 式中可算出，它是 1.89×10^{-174}，还是极其微小啊！由此可见，即使对公平游戏作最微小的手脚都会给赌徒产生极其严重的后果。当然，在赌场里庄家的机关和陷阱还不止于此，尝试与庄家较劲的后果一定是悲惨的。因此，我们的告诫是：没有侥幸，远离赌博！

9.4.4　游戏的预期持续时间

前面提到，方差 $\sqrt{t}$ 给出了一个赌博游戏可能持续多长时间的平均水平，而其精确值并不难推出。设 $T(x)$ 表示从初始的 x 财富直到一方破产的期望时间，并假设游戏是公平的。如前面推导的那样，我们有递推关系：

$$T(x)=1+\frac{1}{2}T(x+1)+\frac{1}{2}T(x-1),\quad 1<x<a。$$

显然，其边界条件是：$T(0) = T(a) = 0$。

上面这个差分方程是非齐次的，可将其写为

$$T(x) - \frac{1}{2}T(x+1) - \frac{1}{2}T(x-1) = 1。$$

首先我们来求方程的齐次解，即令上面方程式的左边为 0。尝试形式解：$T(x) = b^x$，即有

$$\frac{1}{2}\left(2b - b^2 - 1\right)b^{x-1} = 0。$$

上面只有重根解：$b = 1$。这意味着，齐次差分方程有形式为 $T(x) = A + Bx$ 的解，其中 A 和 B 是待定常数。现在来考虑该非齐次方程的一个特解，因为它已不能是关于 x 的线性式，因为那已经包含在齐次解里了。故特解可选 $T(x) = Cx^2$，C 为待定常数，将其代入原方程，得

$$Cx^2 - \frac{C}{2}(x+1)^2 - \frac{C}{2}(x-1)^2 = 1。$$

由此我们得出：$C = -1$。由此，其通解是

$$T(x) = A + Bx - x^2。$$

根据边界条件 $T(0) = T(a) = 0$，故得

$$T(x) = x(a - x), \tag{9.18}$$

这就是游戏的期望持续时间。从 (9.18) 式显而易见，当 $x = \dfrac{a}{2}$ 时，即双方赌注相等时，游戏的期望持续时间是最久的。

9.4.5 倍增下注策略的结局

让我们考虑这种情况：赌徒来玩只是为了证明能赢而不是想发财。假设赌徒带着 x 元来赌场，目的是只要赢得一个固定的数额就收场，记为 Q，不达目的就一直玩到破产。例如，赌徒以 1023 元开始，且目的只要赢一元，即 $Q = 1$。

接着，我们假设赌徒每次下注只是 1 元，并设每局赢的概率为 p。再假设庄家有资金 $h = Q = 1$ 元，从而双方的总财富为 $a = Q + x = 1024$ 元。这里仍然采用美式轮盘赌的打红获胜方式，我们再次应用 (9.16) 式来计算，赌徒成功的概率为

$$\frac{(q/p\,)^x - 1}{(q/p\,)^a - 1} = \frac{(0.526/0.474\,)^{1023} - 1}{(0.526/0.474\,)^{1024} - 1} = 0.90。$$

当然，赌徒输光所有的 1023 元的概率为 0.10 或 10%。因此赌徒财富的期望值为

$$1 \times 0.90 - 1023 \times 0.10 = -101.40。$$

平均来看，赌徒最终是赔钱的。

至于游戏的持续时间，因为从 (9.18) 式，我们有

$$T(x) = x(a-x) = 1023 \times 1 = 1023。$$

也就是说，破产或成功的平均时间是 1023 次，这可能需要玩上较长的时间。因为赌徒有 1023 元的赌资但每次仅下注赌 1 美元，所以赌徒输光所有财富需要玩很多局的游戏，至少需要 1023 次才会破产。

上面的结果是赌徒使用 1 元投注策略玩出的结果，也许会有更好的策略。例如，考虑以“倍增投注”的策略来玩游戏。赌徒决定提前赢取正好 1 个单位。如果他赢了第一局，他就回家且实现了他的目标；如果他输了第一局，他再继续玩，这时他加倍以前的赌注，这样在第二局上，他下注 2 个单位；如果他这时赢了，回报是 2 个单位，算上他在第一局输的 1 单位损失，也就达到了预定的赢得 1 单位的目标，所以此时他退出。否则，他再继续下去，并加倍下注，一直玩到出现赢局后结束或者输光退出。

具体地看，在这种倍增策略的赌博游戏中，如果赌徒之前已经输了 $n-1$ 局，在第 n 局时赌徒下注为 2^{n-1}，这样包括第 n 局，他下注的总金额是 $1+2+4+\cdots+2^{n-1}=2^n-1$。由于 $2^{10}-1=1023$，所以赌徒大多数在连输九局后如再输第十局则破产离去，如果最后这局能赢，则他就获得成功。如果赌徒们能够有资金玩足够长的时间，最终他会成功。但两个客观的现实否定了这种情况：其一是赌徒只有有限的资金 (如本例的 1023) 且庄家不可能只有极少的资金；其二是一般庄家都设有下注上限的限制。

由于连输十局的概率是 $0.526^{10}=0.00162$，玩这个策略赌徒财富的期望值是

$$1 \times (1-0.00162) - 1023 \times 0.00162 = -0.660。$$

平均来看，赌徒最终似乎还是赔钱，但这个结果要比前者好了许多。进一步的计算可以得到，成功的概率大约是 99.84%，也好于前者的 90%。这显示了大胆冒进的倍增策略似乎是可取的。但我们已说过，这种结果的前提是：赌徒必须有充足的资金且远远超过庄家，另外还要没有下注上限。这是明显不现实的。

如果财富有限，那么可以保证没有任何赌博有取胜的策略。如果游戏是公平的，那么赌徒在任何时间的财富期望值等于以任何方式投注的他本人开始的财富，所以不存在任何能够保证中奖的策略!

上面这些分析结论很清楚地说明赌徒的可悲命运，所以特奉劝想参赌的人看清实质，不可做梦。

9.5　随机游走的应用 (二)

约翰 • 凯利 (John Kelly) 早在 20 世纪 50 年代初，在贝尔实验室工作期间就考虑这

样一个决策问题：决定多少钱的风险概率仍然是有利的。他的动机是研究带有噪声通道的赌博技巧，但是他的规则已经被更广泛地解释，其中包括在股市资产配置策略的基础。

9.5.1 简单的凯利游戏

这是一个简单的例子：假如在掷硬币的赌局中每单位赌注的盈率 (即赔率的倒数) 为 γ，设赢的概率为 p，那么一个赌徒该拿出资金中的多少份额 f 来投注呢？游戏的期望收益是

$$E = p\gamma - q, \tag{9.19}$$

其中 $q = 1 - p$ 为输的概率。这里我们假设该赌局是对我们是有利的，即 $E > 0$。我们称这个游戏为 p/q 游戏 (这里，概率值以百分数表示)。

凯利游戏的另一个假设是游戏是要一遍又一遍玩下去直至无穷。因此游戏的目标是：最大限度地提高期望的财富增长速率 g。设 X_N 是第 N 次赌局后的财富，X_0 为初始资金。增长速率满足方程 $\mathrm{e}^{gN}X_0 = X_N$，因此，

$$g = \frac{1}{N}\ln\frac{X_N}{X_0}。 \tag{9.20}$$

注意：由于 X_N 是随机变量，则 g 也是随机变量。经过一局后，我们有

$$\begin{aligned} X_1 &= \begin{cases} X_0 + \gamma f X_0 = (1+\gamma f)X_0, & \text{当赢时,} \\ X_0 - fX_0 = (1-f)X_0, & \text{当输时} \end{cases} \\ &= Q_1 X_0, \end{aligned}$$

其中 Q_1 是一个如下定义的随机变量：

$$Q_1 = \begin{cases} 1+\gamma f, & \text{以概率 } p, \\ 1-f, & \text{以概率 } q。 \end{cases}$$

显然，有 $Q_n = \cdots = Q_2 = Q_1$，令它为 Q。两局后，$X_2 = Q_2 Q_1 X_0 = Q^2 X_0$，且 n 局后，我们有 $X_N = Q^N X_0$，所以，

$$g = \frac{1}{N}\ln Q^N = \ln Q。$$

g 的期望为

$$\mathbf{E}(g) = \mathbf{E}(\ln Q) = p\ln(1+\gamma f) + q\ln(1-f)。$$

关于 f 求上式的最大值，对上式求导并令其为零，得

$$\frac{p\gamma}{1+\gamma f} - \frac{q}{1-f} = \frac{p\gamma(1-f) - q(1+\gamma f)}{(1+\gamma f)(1-f)} = 0,$$

解得

$$f = \frac{p\gamma - q}{\gamma} = \frac{E}{\gamma}。 \tag{9.21}$$

注意 此解的含义为：最佳投注比例就等于期望收益与盈率之比，这就是所谓的**凯利准则**。

例 9.4　举一个例子，假设游戏以抛非均匀硬币方式来赌，设赢的概率为 $p = 0.6$，输要赔的钱与赢的钱相等，故 $\gamma = 1$，则最佳投注比例为 $f = 0.6 - 0.4 = 0.2$。在图 9.5 中显示了这个游戏玩 $N = 300$ 次的各种下注比例 f，注意 y 轴的标度是不同的。下面是这个游戏模拟试验的代码，模拟给出了不同的财富演化轨迹。然而，它们通常的特征是：例如，随着 f 从 0.05 增加到 0.25，最终的财富也随之增加，但在游戏进行期间财富经历过较急剧的振荡。图 9.6 比较了更长时间 $N = 10000$ 次游戏下投注比例取 $f = 0.1$ 和 $f = 0.25$ 时的财富演化情况。

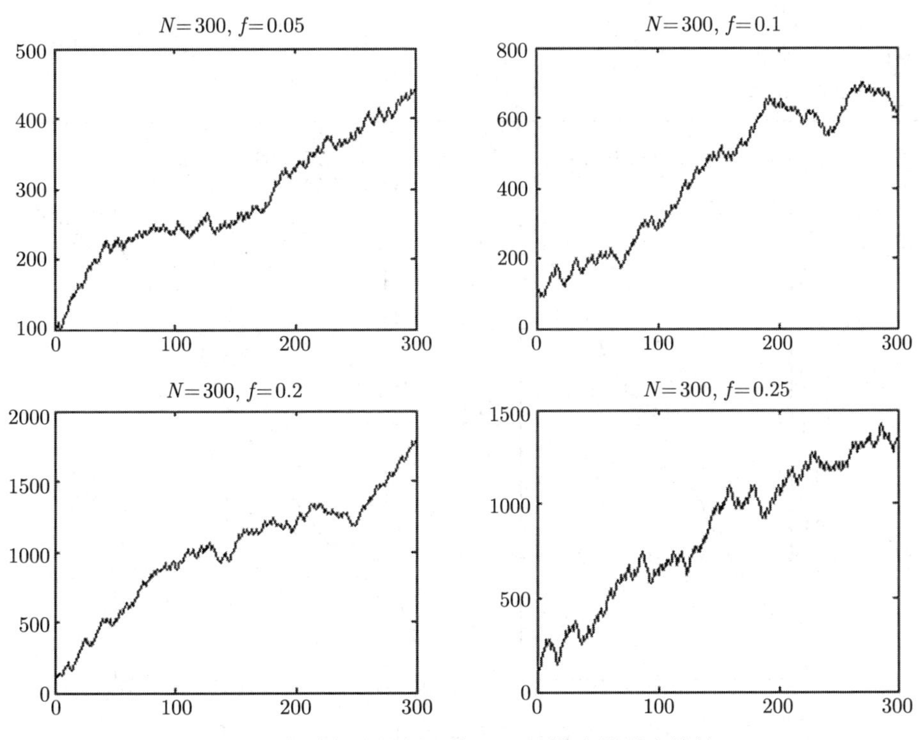

图 9.5　各种投注比例下的 60/40 游戏的财富轨迹

下面是实现这个凯利游戏的 Matlab 程序：

```
prob = 0.6;    % 赢的概率
f = [0.05;0.1;0.2;0.25];    % 投注比例
W0 = 100;    % 初始财富
N = 300;    % 游戏的局数
W = zeros(4,N);
W(:,1) = W0;
for i = 2:N
    r = (rand(4,1) < prob);
    r = W0*(2*r-1).*f;    % 赢
   W(:,i) = W(:,i-1)+r;    % 更新财富
end
figure(1)
```

```
subplot(2,2,1)
plot(W(1,:))
title('N = 300, f = 0.05')
subplot(2,2,2)
plot(W(2,:))
title('N = 300, f = 0.1')
subplot(2,2,3)
plot(W(3,:))
title('N = 300, f = 0.2')
subplot(2,2,4)
plot(W(4,:))
title('N = 300, f = 0.25')
```

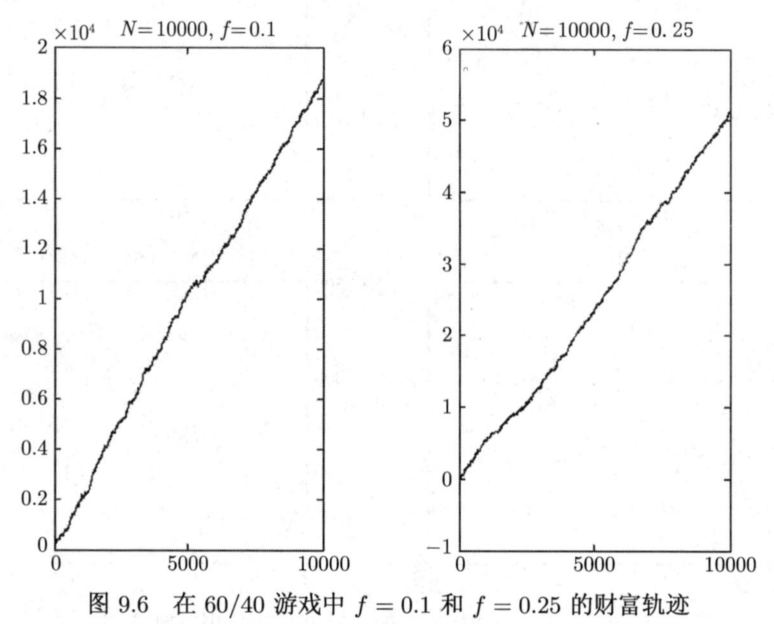

图 9.6 在 60/40 游戏中 $f = 0.1$ 和 $f = 0.25$ 的财富轨迹

9.5.2 简单游戏中潜在的风险

为了让游戏更接近于金融市场的情况，我们修改上面的游戏使其包括出现大损失的可能。考虑投掷两个硬币赌胜负投注。设事件 O_1 表示两枚硬币出现不同面，事件 O_2 表示出现两个正面，事件 O_3 表示出现两个反面；则对应事件的概率分别为 $p_1 = \dfrac{1}{2}, p_2 = p_3 = \dfrac{1}{4}$。如果设游戏的赔率是：$O_1$ 为 $1:3$，而 O_2 和 O_3 为 $3:1$。也就是说，假设我们投注 1 元赌 O_1，如果真的发生了，我们赚 4 元；如果 O_2 发生，我们输了赌注；如果 O_3 发生我们输了赌注并且赔 3 元。设 γ 表示赢得的金额是赌注的多少倍数，λ 表示输掉的金额是赌注的多少倍数。

显然，在本例中，$\gamma_1=4,\lambda_2=1,\lambda_3=4$。游戏的期望收益为

$$E=p_1\gamma_1-p_2\lambda_2-p_3\lambda_3=\left(\frac{1}{2}\right)\times 4-\left(\frac{1}{4}\right)\times 1-\left(\frac{1}{4}\right)\times 4=\frac{3}{4}。$$

如果 λ_3 超过 $\frac{1}{4}$，则 $E<0$，所以我们禁止这样赔率的赌注，因为这最终导致的不是财富的增长而是失去。如果我们打赌 1 元在 O_1 上，会赢，然后我们得到 1 元返回且 1 元收益或更多的收益。对于像凯利这样的游戏，人们必须特别注意支付的赔率。

请注意，在本例中虽然赌注是 1 元，但风险是高达四倍赌注。这就是可能的灾难性损失，即潜在的风险。

再次考察投注资金的最优配置问题。令 f 表示每局游戏中投注资金的最优比例，我们可以写出

$$\begin{aligned}X_1&=\begin{cases}X_0+fX_0\gamma_1=(1+f\gamma_1)X_0, & \text{当 } O_1 \text{ 时},\\ X_0-fX_0\lambda_2=(1-f\lambda_2)X_0, & \text{当 } O_2 \text{ 时},\\ X_0-fX_0\lambda_3=(1-f\lambda_3)X_0, & \text{当 } O_3 \text{ 时}\end{cases}\\ &=QX_0,\end{aligned}$$

其中 Q 是如下定义的随机变量：

$$Q=\begin{cases}1+f\gamma_1, & \text{以概率 } p_1,\\ 1-f\lambda_2, & \text{以概率 } p_2,\\ 1-f\lambda_3, & \text{以概率 } p_3。\end{cases}$$

和前面一样，经过 n 局游戏后财富的期望增长率为

$$\mathbf{E}(g)=\mathbf{E}(\ln Q)=p_1\ln(1+f\gamma_1)+p_2\ln(1-f\lambda_2)+p_3\ln(1-f\lambda_3)。$$

最大值由下式给出：

$$\mathbf{E}'(g)=\frac{p_1\gamma_1}{1+f\gamma_1}-\frac{p_2\lambda_2}{1-f\lambda_2}-\frac{p_3\lambda_3}{1-f\lambda_3}=0,$$

即

$$E-f[p_1\gamma_1(\lambda_2+\lambda_3)+p_2\lambda_2(\gamma_1-\lambda_3)+p_3\lambda_3(\gamma_1-\lambda_2)]+\gamma_1\lambda_2\lambda_3f^2=0。\tag{9.22}$$

由于可以推断应该有 $f<\frac{1}{4}$，假设上式左端最后的二次项很小，故可暂时忽略它，这样就近似地可得

$$f=\frac{E}{p_1\gamma_1(\lambda_2+\lambda_3)+p_2\lambda_2(\gamma_1-\lambda_3)+p_3\lambda_3(\gamma_1-\lambda_2)}=\frac{3/4}{13}=0.0577。$$

若考虑被忽略的二次项，方程 (9.22) 的精确解是

$$f=0.0625。$$

就像从这个例子所看到的那样，一般的投注资金的最优配置问题会面临求解一个复杂的非线性方程 (甚至更复杂的非线性方程组)，而它们一般不是轻而易举能用传统方法求解的。例如，人们可以采用前面介绍的模拟退火或者遗传算法来求解这种最优配置问题。但是，对于这类随机现象的问题，人们可以通过蒙特卡罗模拟来获得答案。现在让我们将这里的分析方法应用于实际金融市场中的投资问题，这也正是我们介绍凯利游戏的意义所在。

9.5.3 期权交易应用实例 (一)

在实际金融市场上有许多品种的期权供投资者选择，投资者可以将一些期权 (或者其他金融产品) 构成一个组合，这样将在一定程度上能避免潜在的巨大投资风险，这种投资策略对于基金这类投资是十分重要的。因此，上面游戏的凯利准则能够完美地应用于此。当然，应用凯利准则的前提是我们要拥有在这类投资策略下一定量的交易记录的历史数据。

例如，某投资者采用买卖价差策略进行期权投资。交易的统计数据报告：这些投资在过去有过 75 次交易，其中有 66 次赚钱，平均每笔交易的获益是 659.12 美元；而有 9 次赔钱，最大损失的一次是 2837 美元，除去最高损失的那次，其他平均每笔损失是 1669.32 美元。我们应用上面凯利准则来确定投资者的最优投资比例，以最大限度来提高资产的预期增长。

先简单地介绍一下什么是**买卖价差策略**。它是一种持有两个期权产品构成一种组合的投资策略：卖出某种股票的看涨期权，同时又买入价格较低且到期日相同的同种股票的看涨期权。之所以在市场上这两个期权产品会存在价差，其原因是因为期权的敲定价越高时，看涨期权的风险就越小，故期权费 (价格) 也越低。因此，投资者可以通过卖出较低敲定价的期权同时购入较高敲定价的期权的方法来获取价差上的净收益。例如，假设 IBM 股票的现价是每股为 114 美元，有效期一个月的 IBM 看涨期权在敲定价为 115 美元时的售价为 3.67 美元，而在敲定价为 120 美元时的售价仅为 1.85 美元；卖出敲定价为 115 美元的期权同时又买入敲定价为 120 美元的期权可赚取每股 $3.67 - 1.85 = 1.82$ 美元的净价差收益。读者可能会纳闷，为什么要购买那个敲定价为 120 元的看涨期权呢？因为如果 IBM 发生上涨，譬如涨到 125 美元 (或更多)，则假如没有买入那个期权的话，该投资者必然会亏损每股 10 美元 (或更多)；若购买了该敲定价为 120 美元的看涨期权就能够避险，执行该期权会赚取每股 5 美元 (或更多)，这样盈亏相抵后就将亏损限制在每股 5 美元。因而无论市场如何变化，借助于该投资组合，投资者的最大损失将不超过每股 5 美元。当然，这样做的代价是多花费了 1.82 美元的成本，但完全避免了灾难性风险的发生。同理，读者可以自行分析使用看跌期权来构造投资组合的情况。

这里的投资情况与上面两个硬币的游戏是完全类似的，也分为三种事件。首先我们

来看 O_2：我们把不计最大损失的平均损失额作为单位“赌注”，即为 1669.32 美元，因此 $\lambda_2=1$；然后我们来看 O_1：$\gamma_1=\dfrac{659.12}{1669.32}=0.3948$；最后我们来看 O_3：对于最大损失的那次，有 $\lambda_3=\dfrac{2837}{1669.32}=1.70$。接下来，我们计算各事件的概率，得

$$p_1=\frac{66}{75}=0.880,\quad p_2=\frac{8}{75}=0.107,\quad p_3=\frac{1}{75}=0.013。$$

那么，投资的期望收益是

$$E=0.880\times 0.3948-0.107\times 1-0.013\times 1.70=0.2183>0。$$

为求资产增长率的最大化，将上面这些数值代入二次方程式 (9.22)，即

$$E-f[p_1\gamma_1(\lambda_2+\lambda_3)+p_2\lambda_2(\gamma_1-\lambda_3)+p_3\lambda_3(\gamma_1-\lambda_2)]+\gamma_1\lambda_2\lambda_3 f^2=0,$$

求得解是 $f=0.455\approx 46\%$。(注意：在这里不能采用线性近似，因为近似解是 0.28。) 这个结果说明，投资者每次应该将约 46% 比例的资金投资于购买这种价差组合。

9.5.4　期权交易应用实例 (二)

现在我们来考察更复杂的投资组合，这是由多份简单的投资组合构成的复合组合。我们的问题是要决定如何将一个基金投资到多份组合上。为了简单起见，假设只有两个组合项目：项目 A—— 投资上面所述的买卖价差策略组合；项目 B—— 投资日期价差策略组合。根据市场上有关的交易统计数据：12 笔交易中有 10 笔盈利，平均每笔盈利 555.20 美元 (事件 O_1)；最大亏损是 124 美元 (事件 O_3)；不计最大损失那笔交易，其他平均每笔亏损了 90 美元 (事件 O_2)。我们像上例一样地将除去最大损失的平均损失额作为赌注来计算相应的 γ 和 λ，即有

$$\gamma_1=\frac{555.20}{90}=6.17,\quad \lambda_2=1,\quad \lambda_3=\frac{124}{90}=1.38。$$

那么资产的期望收益是

$$E=\left(\frac{10}{12}\right)\times 6.17-\left(\frac{1}{12}\right)\times 1-\left(\frac{1}{12}\right)\times 1.38=4.943。$$

显然，这种交易方式似乎很棒。如果只考虑这个投资组合的话，那么像上面例子那样的二次方程式 (9.22) 就决定了最优投资比例，即为

$$E-f[p_1\gamma_1(\lambda_2+\lambda_3)+p_2\lambda_2(\gamma_1-\lambda_3)+p_3\lambda_3(\gamma_1-\lambda_2)]+\gamma_1\lambda_2\lambda_3 f^2=0,$$

求解得到 $f=0.625$。

我们再来简单地介绍一下什么是**日期价差策略**。它也是一种持有两个期权产品构成一种组合的投资策略：卖出一个到期日短的某种股票的看涨期权，同时买入一个到期日长且敲定价相同的同一股票的看涨期权。因为到期日短的期权价格低于到期日长的，这

样就构成了价差。例如，假设 IBM 股票的现价是每股 114 美元，有效期为一个月且敲定价为 115 美元的 IBM 看涨期权的售价为 3.67 美元，而有效期为两个月且同一敲定价的 IBM 看涨期权的售价为 5.32 美元。这时，价差是 $3.67-5.32=-1.65$ 美元。如果在未来一个月 IBM 股价大约持平，那么一个月的看涨期权到期时将毫无价值且没有偿付的义务。同时，原来为期两个月的看涨期权 (现在的到期日变为了一个月) 现在的价值应该变成大约 3.67 美元。所以，净收益是 $3.67-1.65=2.02$ 美元。这种投资策略要求股价在所涉及期间不出现急剧的波动。

但是我们需要决定投资两份组合的最优资金比例。我们记 $f_{\rm A}$ 和 $f_{\rm B}$ 分别为项目 A 和项目 B 的资金比例；设 p 表示赢利概率，q 表示平均亏损概率，r 表示最大亏损概率；我们还假定每个项目的赢或亏是相互独立的 (这可能并不合理，可以推广到考虑相关性情形)。需要注意的是，项目 A 和 B 都可能同时遭受最大亏损，因此，我们必须始终保证条件

$$\lambda_{\rm A} f_{\rm A}+\lambda_{\rm B} f_{\rm B}<1$$

成立。现在，两份项目组合就有 9 种可能情况发生，各种情况如表 9.1 所示。

表 9.1　两个投资项目组合的各种情况

情　形	概　率	随机变量 Q
A 盈利, B 盈利	$p_{\rm A}p_{\rm B}$	$1+f_{\rm A}\gamma_{\rm A}+f_{\rm B}\lambda_{\rm B}$
A 盈利, B 亏损	$p_{\rm A}q_{\rm B}$	$1+f_{\rm A}\gamma_{\rm A}-f_{\rm B}$
A 盈利, B 大亏	$p_{\rm A}r_{\rm B}$	$1+f_{\rm A}\gamma_{\rm A}-f_{\rm B}\lambda_{\rm B}$
A 亏损, B 盈利	$q_{\rm A}p_{\rm B}$	$1-f_{\rm A}+f_{\rm B}\gamma_{\rm B}$
A 亏损, B 亏损	$q_{\rm A}q_{\rm B}$	$1-f_{\rm A}-f_{\rm B}$
A 亏损, B 大亏	$q_{\rm A}r_{\rm B}$	$1-f_{\rm A}-f_{\rm B}\lambda_{\rm B}$
A 大亏, B 盈利	$r_{\rm A}p_{\rm B}$	$1-f_{\rm A}\lambda_{\rm A}+f_{\rm B}\gamma_{\rm B}$
A 大亏, B 亏损	$r_{\rm A}q_{\rm B}$	$1-f_{\rm A}\lambda_{\rm A}-f_{\rm B}$
A 大亏, B 大亏	$r_{\rm A}r_{\rm B}$	$1-f_{\rm A}\lambda_{\rm A}-f_{\rm B}\lambda_{\rm B}$

类似地，我们可以写出总资产期望增长率的式子，其中包括两个变量 $f_{\rm A}$ 和 $f_{\rm B}$。求期望增长率的最优值，即分别对变量 $f_{\rm A}$ 和 $f_{\rm B}$ 求偏导数并令其为零，这样就获得决定最优投资的资金比例 $f_{\rm A}$ 的方程为

$$\begin{aligned}&\frac{p_{\rm A}p_{\rm B}\gamma_{\rm A}}{1+\gamma_{\rm A}f_{\rm A}+\gamma_{\rm B}f_{\rm B}}+\frac{p_{\rm A}q_{\rm B}\gamma_{\rm A}}{1+\gamma_{\rm A}f_{\rm A}-f_{\rm B}}+\frac{p_{\rm A}r_{\rm B}\gamma_{\rm A}}{1+\gamma_{\rm A}f_{\rm A}+\lambda_{\rm B}f_{\rm B}}\\&-\frac{q_{\rm A}p_{\rm B}}{1-f_{\rm A}+\gamma_{\rm B}f_{\rm B}}+\frac{q_{\rm A}q_{\rm B}}{1-f_{\rm A}-f_{\rm B}}+\frac{q_{\rm A}r_{\rm B}}{1-f_{\rm A}-\lambda_{\rm B}f_{\rm B}}\\&-\frac{r_{\rm A}p_{\rm B}\lambda_{\rm A}}{1-\lambda_{\rm A}f_{\rm A}+\gamma_{\rm B}f_{\rm B}}+\frac{r_{\rm A}q_{\rm B}\lambda_{\rm A}}{1-\lambda_{\rm A}f_{\rm A}-f_{\rm B}}+\frac{r_{\rm A}r_{\rm B}\lambda_{\rm A}}{1-\lambda_{\rm A}f_{\rm A}-\lambda_{\rm B}f_{\rm B}}=0;\end{aligned}$$

而决定最优投资的资金比例 $f_{\rm B}$ 的方程为

$$\frac{p_{\rm A}p_{\rm B}\gamma_{\rm B}}{1+\gamma_{\rm A}f_{\rm A}+\gamma_{\rm B}f_{\rm B}}-\frac{p_{\rm A}q_{\rm B}}{1+\gamma_{\rm A}f_{\rm A}-f_{\rm B}}-\frac{p_{\rm A}r_{\rm B}\lambda_{\rm B}}{1+\gamma_{\rm A}f_{\rm A}+\lambda_{\rm B}f_{\rm B}}$$

$$+\frac{q_{\rm A}p_{\rm B}\gamma_{\rm B}}{1-f_{\rm A}+\gamma_{\rm B}f_{\rm B}}-\frac{q_{\rm A}q_{\rm B}}{1-f_{\rm A}-f_{\rm B}}-\frac{q_{\rm A}r_{\rm B}\lambda_{\rm B}}{1-f_{\rm A}-\lambda_{\rm B}f_{\rm B}}$$
$$+\frac{r_{\rm A}p_{\rm B}\gamma_{\rm B}}{1-\lambda_{\rm A}f_{\rm A}+\gamma_{\rm B}f_{\rm B}}-\frac{r_{\rm A}q_{\rm B}}{1-\lambda_{\rm A}f_{\rm A}-f_{\rm B}}-\frac{r_{\rm A}r_{\rm B}\lambda_{\rm B}}{1-\lambda_{\rm A}f_{\rm A}-\lambda_{\rm B}f_{\rm B}}=0。$$

联立上面两式得到一个非线性方程组，它是一大多数传统方法难以求解的。但是，人们可以运用遗传算法有效地求解该方程组。我们将这个工作留给读者作为练习。我们解得

$$f_{\rm A}=0.073,\quad f_{\rm B}=0.619。$$

请注意验证，最大亏损率为

$$\lambda_{\rm A}f_{\rm A}+\lambda_{\rm B}f_{\rm B}=1.7\times0.073+1.38\times0.619=0.978。$$

它满足条件，但这已几乎是全部资本了。可以算出发生这种极端情况的概率是

$$0.0133\times0.083=0.0011。$$

练　习

1. (随机游走)　对于在原点开始的随机游走，我们使用投掷硬币方式决定行走方向：出现正面则正向位移，出现反面则反向位移。如此实验，保持其是否正面或反面来导向运行计数 1000 步，画出遍历每一步的直方图，以及一些比例特征量。评述直方图的形状，它是高斯分布吗？再次重复 10000 次试验，观察 100 次反面的比例。

2. (裂纹扩散模拟)　模拟一个带有障碍的无偏随机游走 (P(正面) $=P$(反面) $=0.5$)。

(1) 在 $x=-4$ 设有反射障碍壁，即随机游走落在 $x=-4$ 处，它不呆在那里，下一步需反射到 $x=-3$。画出样本路径和直方图。

(2) 接下来在 $x=+6$ 处添加一个局部块，即在 $x=+6$ 处，下一步以概率 0.25 随机游走到 7 和以概率 0.75 随机游走到 5。请绘制游走结果的直方图。

3. 对于在集合 $\Omega=\{0,1,2,\cdots,a\}$ 的随机游走，以概率 $p=0.51$ 向右移动一步 (否则向左移动一步)，设 h_x 表示随机游走在到达 0 之前到达 a 的概率。

(1) 用马氏链的方法计算 h_x；(2) 利用模拟来估计 h_x。

4. (布朗运动)　模拟一个在平面上的随机游走如下：开始在原点，对任何给定的位置，从 0 到 360 度随机选择一个方向，即按均匀分布 $U(0,360)$ 生成随机数；接下来，按照高斯 (正态) 分布 $N(0,\sigma^2)$ 随机选择一个步长，然后继续随机游走到任意位置。分别取 $\sigma^2=0.5$, 1, 2 各种不同的值，看看方差对随机行步有什么效果？分别取不同的行走步数 20，400，1600，再次观察其影响。画出典型的随机游走 1600 步的路程 (即样本路径) 轨迹图。画出其密度分布图，也就是绘制随机步行者在平面上的游走停止点。

5. (布莱克–肖尔斯)　股票的未来价格的差分方程为

$$\frac{\Delta S}{S}=\mu\Delta t+\sigma\Delta W,$$

这里 μ 为股价的增长率，σ 是股票的波动率，ΔW 是服从正态分布 $N(0,\Delta t)$ 的随机变量，(可以令 $\Delta W=\sqrt{\Delta t}\varepsilon$，其中 $\varepsilon\sim N(0,1)$)。试模拟每年增长率 $\mu=0.1$, $\sigma=0.3$，初始价 $S(0)=100$，以 1 天为单位随机漫步，即增量 $\Delta t=1$，求出股票价 $S(T)$ 在 $T=90$ 天内的价格分布。(不要忘了区分由 365 天的增长率与 365 的平方根波动率，以正确折算出它们以 1 天为单位的值。)

6. (布莱克–肖尔斯)　这里的设置同第 5 题，要求考虑取不同的值的 σ 和 T 来衡量这些参数对分布的影响。发表你的评论。

7. (布莱克–肖尔斯)　这里的设置同第 5 题，并设无风险利率为 3.1%，试计算不同看涨期权的价值从 90 元到 115 元的定价。可参阅课文。作图显示所列出参数对期权价的影响：波动率、到期时间和无风险利率。

8. (布莱克–肖尔斯)　这里的设置同问题 7，唯一的区别是考虑看跌期权，对于看跌期权，回报是 $\max\{X-S_T,0\}$ 的贴现值。也就是说，如果最终价格 S_T 低于敲定价 X，期权才有价值。期权价由同样的差分方程来决定，不同的是终值条件。

9. (在平面上扩散)　(1) 以平面上的原点为始点，在平面正方形 $[-20,20]\times[-20,20]$ 的格子坐标点上随机游走。假定平面正方形上有一个方洞，其边界为 $(13,7),(14,7),(14,8),(13,8)$。一旦到达这个洞口，随机游走被吸收。试模拟对于随机游走最终位置的分布，尤其是被洞口吸收的分布。

(2) 假设障碍吸收物在 $y=6,-12\leqslant x\leqslant 12$，考察同样的事情。

10. (列维飞行)　对于柯西密度函数 $f(x)=\dfrac{2}{\pi(1+x^2)},x\geqslant 0$，它表明以较高的概率选择较小的值；以较低的概率，但不为 0，选择较大的值。模拟执行以原点开始在平面上随机游步，在下一步的方向是按均匀分布 $U(0,360)$ 随机选取，步长按柯西密度函数 f 随机选取，这样的随机游走被称为列维飞行。通过逆变换法从 f 抽取样本。这里请注意，对 $x\geqslant 0$，f 的积分是

$$F(x)=\int_{-\infty}^{x}\frac{2}{\pi(1+t^2)}\mathrm{d}t=\int_{0}^{x}\frac{2}{\pi(1+t^2)}\mathrm{d}t=\frac{2}{\pi}\tan^{-1}(x)。$$

试说明数百或更多步后的游走路程 (即样本路径)，寻找图形中的自相似性，画出密度分布图，绘制停止在平面上的点。(这被认为是海鸟寻找鱼群时使用的随机游走。)

第十章　化腐朽为神奇：蒙特卡罗积分法

导读：

本章讲述如何用随机模拟的方法来求定积分，即所谓的蒙特卡罗积分方法。内容包括随机投点法、样本平均法和重要性抽样法。同时，还介绍积分估计的误差问题及其最常用的减少误差的方法。

我们知道辛普森 (Simpson) 方法是定积分数值计算方法中最常用的一种，但这种方法对于很复杂的被积函数或者高维积分情况往往表现极差。而采用蒙特卡罗积分法来计算定积分就是一种随机模拟的方法，它适应性强并且算法很简单。虽然这种方法的计算精度有时不高，但在计算高维积分场合它的优越性就非常显著。当然，存在几种技巧可以帮助提高这种方法的计算精度。使用蒙特卡罗积分法来计算定积分有三种方法：随机投点法、平均期望法和重要性抽样法，下面我们分别予以介绍。

10.1　求定积分的随机投点法

10.1.1　随机投点法的描述

在第一章中我们已经简单地介绍了随机投点法，现在我们将它推广到一般的高维积分情形。

考虑计算一个 d 维定积分问题：

$$I=\int_D f(\boldsymbol{x})\mathrm{d}\boldsymbol{x}=\int_{a_1}^{b_1}\int_{a_2}^{b_2}\cdots\int_{a_d}^{b_d} f(x_1,x_2,\cdots,x_d)\mathrm{d}x_1\mathrm{d}x_2\cdots\mathrm{d}x_d, \tag{10.1}$$

其中 $0\leqslant f(\boldsymbol{x})\leqslant M$，$\forall \boldsymbol{x}\in D$，$D=\{a_1\leqslant x_1\leqslant b_1, a_2\leqslant x_2\leqslant b_2,\cdots,a_d\leqslant x_d\leqslant b_d\}$ 是积分区域。

我们取 $\boldsymbol{z}=(\boldsymbol{x},y)=(x_1,x_2,\cdots,x_d,y)$ 为在 $\Omega=D\times[0,M]$ 上 $d+1$ 维均匀分布的随机向量，且各分量相互独立，它的联合概率密度函数为

$$\varphi(\boldsymbol{x},y)=\begin{cases}\dfrac{1}{M|D|}, & \text{当 } (\boldsymbol{x},y)\in\Omega \text{ 时},\\ 0, & \text{其他},\end{cases}$$

其中 $|D|$ 表示区域 D 的体积，$|D|=\prod_{i=1}^{d}(b_i-a_i)$。

考虑位于被积函数下方的区域：

$$S=\{(\boldsymbol{x},y)|a_1\leqslant x_1\leqslant b_1,\cdots,a_d\leqslant x_d\leqslant b_d,0\leqslant y\leqslant f(\boldsymbol{x})\},$$

则点 $\boldsymbol{z}=(\boldsymbol{x},y)$ 落入区域 S 的概率 p 是

$$p=\frac{S}{\Omega}=\frac{I}{M|D|},$$

即有 $I=pM|D|$。那么我们只要能估计出概率 p，就可计算出 I 的近似值。

为了估计概率 p，我们生成 N 个相互独立的在 Ω 上均匀分布的随机向量 $(\boldsymbol{x}_1,y_1)$，$(\boldsymbol{x}_2,y_2)$，$\cdots$，$(\boldsymbol{x}_N,y_N)$。用 n_H 表示满足 $y_i\leqslant f(\boldsymbol{x}_i)$ 的落点数目，即落入 S 区域里的命中数。根据强大数定律，我们可以用

$$\hat{p}=\frac{n_H}{N} \tag{10.2}$$

来估计 p，从而得到 I 的近似值：

$$\hat{I}=\frac{n_H}{N}M|D|。 \tag{10.3}$$

这样，我们就获得了所需要的计算公式。

注意 这种方法并不要求被积函数在积分区域中是非负的，只要它存在下界即可；之所以写这个条件，只是为了叙述上的方便而已。

例 10.1 试用随机投点法计算定积分

$$I=\int_0^5 4x^3\mathrm{d}x。$$

显然，被积函数在积分区间 $[0,5]$ 内的最大值是 $4\times5^3=500$。我们取矩形 $\Omega=[0,5]\times[0,500]$，被积函数下方的区域是 $S=\{(x,y)|0\leqslant x\leqslant5,\ 0\leqslant y\leqslant 4x^3\}$，见图 10.1 的阴影部分。求此积分的 Matlab 程序如下：

```
nTrials = 100000000;      % 试验的总次数
x = 5*rand(1,nTrials);
y = 500*rand(1,nTrials);
```

```
nHits = sum(y<4*x.^3);     % 落入面积内的点数
p = nHits/nTrials;     % 落入面积内的概率
Area = p*500*5
plot(x(y<4*x.^3),y(y<4*x.^3),'.','color',[0.8 0.8 0.8])
```

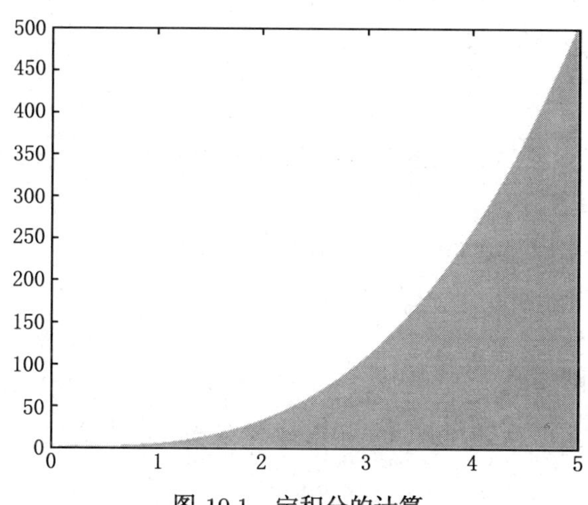

图 10.1　定积分的计算

计算输出的结果是: Area = 624.9815, 这还是较好地接近了积分的正确值 625, 并且 $\hat{p} = 0.1875$。

例 10.2　求球体 $x^2 + y^2 + z^2 \leqslant 4$ 被圆柱面 $x^2 + y^2 \leqslant 2x$ 所截得的立体 (含在圆柱面内的部分) 的体积。

记 D 为半圆周 $y = \sqrt{2x - x^2} = \sqrt{1 - (x-1)^2}$ 及 x 轴所围成的闭区域, 注意对称性, 则所求体积为

$$V = 4\iint_D \sqrt{4 - x^2 - y^2}\mathrm{d}x\mathrm{d}y。$$

这个积分的理论值是 9.6440。

下面用随机投点法求 V 的近似值。记

$$\Omega = \{(x,\ y,\ z)|0 \leqslant x \leqslant 2, 0 \leqslant y \leqslant 1, 0 \leqslant z \leqslant 2\},$$

这个 Ω 是三维空间中的一个长方体区域。记球体 $x^2 + y^2 + z^2 \leqslant 4$ 被圆柱面 $x^2 + y^2 \leqslant 2x$ 所截得的立体在第一象限中的部分为 T, 则 T 包含在区域 Ω 中, 并且 $V = 4V_T$, 这里 V_T 为 T 的体积。

在 Ω 内随机投点, 即所投点的坐标 x, y, z 分别服从 $[0,2], [0,1], [0,2]$ 上的均匀分布。所投点落到 T 内的概率等于 T 的体积与 Ω 的体积之比, 即 $V_T/4$。

积分计算的 Matlab 程序如下:

```
function V = quad2(N)
% 输入 N 是随机投点的数目
for i = 1:length(N)
```

```
    x = 2 * rand(N(i), 1);
    y = rand(N(i), 1);
    z = 2 * rand(N(i), 1);
    % 落到区域 T 内的点数
    nHit = sum((x.^2 + y.^2 +z.^2 <= 4) & ...
     ((x-1).^2 + y.^2 <= 1));
    V(i) = 16 * nHit/N(i);     % 所求立体的体积
end
```

针对不同的投点个数 N，调用上面的 quad2 函数计算二重积分的近似值，相应的 Matlab 命令及结果如下:

V = quad2([100, 1000, 10000, 10000, 100000, 1000000])

V = 10.7200 9.9360 9.6496 9.6560 9.6837 9.6441

10.1.2 随机投点法的性质

首先，我们注意到 N 次随机落点击中区域 S 的数 n_H 服从二项分布：$n_H \sim B(N,p)$。于是，我们有

$$\mathbf{E}(n_H) = Np, \quad \mathrm{var}(n_H) = Np(1-p),$$

故

$$\mathbf{E}(\hat{I}) = \mathbf{E}(\hat{p}M|D|) = \mathbf{E}(\hat{p})M|D| = \frac{\mathbf{E}(n_H)}{N}M|D| = pM|D| = I,$$

这表明这种积分的计算值是无偏的。接着，还有

$$\begin{aligned}\mathrm{var}(\hat{I}) &= \frac{M^2|D|^2}{N^2}\mathrm{var}(n_H) = \frac{M^2|D|^2}{N^2}Np(1-p)\\ &= \frac{M^2|D|^2}{N}p(1-p) = \frac{I}{N}(M|D|-I) \propto N^{-1},\end{aligned}$$

这表明积分计算值的方差与总试验数成反比。积分计算值的标准差为

$$\sigma_{\hat{I}} = \sqrt{\mathrm{var}(\hat{I})} = M|D|\sqrt{\frac{p(1-p)}{N}}。$$

所以从标准差看，积分计算的精度 $\propto N^{-1/2}$，这说明算法的收敛速度是很慢的。

事实上，从上面的推导过程中就可以看到，此方法的计算精度与积分的维数是无关的，这就是蒙特卡罗积分法的最大优点。而传统辛普森积分法的误差 $\propto N^{-1/d}$，当维数 $d \geqslant 3$ 时，蒙特卡罗积分法就显现出其优越性。

进一步考虑积分计算值 $\hat{I}$ 与真值 I 的偏差 $|\hat{I}-I|$ ，即

$$|I_n - I| = M|D|\left|\frac{n_H}{N} - p\right|。$$

那么，这个偏差小于任意充分小正数 ε 的概率为

$$P(|\hat{I}-I|<\varepsilon) = P\left(M|D|\left|\frac{n_H}{N}-p\right|<\varepsilon\right) = P\left(\frac{|n_H-Np|}{\sqrt{Np(1-p)}} < \frac{\varepsilon}{\sigma_{\hat{I}}}\right)。$$

令 $\delta=\dfrac{\varepsilon}{\sigma_{\hat{I}}}$，根据中心极限定理，当 N 充分大时，有

$$\frac{|n_H-Np|}{\sqrt{Np(1-p)}}\sim N(0,1),$$

故

$$P\{|\hat{I}-I|<\varepsilon\}=P\left(\frac{|n_H-Np|}{\sqrt{Np(1-p)}}<\delta\right)=\Phi(\delta)-\Phi(-\delta)=2\Phi(\delta)-1,\tag{10.4}$$

其中 $\Phi(\cdot)$ 是标准正态分布函数。因此，如果要求上面的误差概率大于 $1-\alpha$(α 是一个很小的正数，代表小概率值)，即 $\Phi(\delta)>1-\alpha/2$，则必须有 $\delta>z_{\alpha/2}$，这里 $z_{\alpha/2}$ 是标准正态分布在显著水平为 $\alpha/2$ 时的临界值 (查数学用表可得)。那也就是说，

$$\frac{\varepsilon}{\sigma_{\hat{I}}}>z_{\alpha/2},$$

或者

$$N\geqslant\frac{p(1-p)(M|D|z_{\alpha/2})^2}{\varepsilon^2}。\tag{10.5}$$

上式给出了为达到一定计算精度所必须的投点次数的估计数。对于上例 10.1 而言，如果精度取 $\varepsilon=0.1$，则投点数至少要多达 10^8 的数量级。

另一方面，我们从上面可得

$$P\{|\hat{I}-I|<\varepsilon\}\geqslant P\{|\hat{I}-I|<z_{\alpha/2}\sigma_{\hat{I}}\}=1-\alpha。$$

由此，当 N 充分大时，我们得到了积分真值在 $1-\alpha$ 置信度下的置信区间为

$$(\hat{I}-z_{\alpha/2}\sigma_{\hat{I}},\ \hat{I}+z_{\alpha/2}\sigma_{\hat{I}})。\tag{10.6}$$

注意　在实际使用上面这些式子时，要用估计值 $\hat{p}$ 来代替 p，以计算出 $\sigma_{\hat{I}}$ 的估计值。

10.2　求积分的样本平均法

10.2.1　样本平均法的描述

再从另一角度来考察积分

$$I=\int_a^b f(x)\mathrm{d}x$$

的另一种计算方法。想法是将其表示成某个随机变量的数学期望，为此将上面的积分改写为

$$I=\int_a^b\frac{f(x)}{g_X(x)}g_X(x)\mathrm{d}x,$$

这里 $g_X(x)$ 假定为某个随机变量 X 的概率密度函数，它满足 $g_X(x)>0,\ \forall x\in(a,b)$。这样，我们就可以将积分表示为如下的数学期望：

$$I=\int_a^b \frac{f(x)}{g_X(x)}g_X(x)\mathrm{d}x=\mathbf{E}\left(\frac{f(X)}{g_X(X)}\right)。\tag{10.7}$$

最简单的做法是，我们可以取 X 为 (a,b) 上服从均匀分布的随机变量，即

$$g_X(x)=\begin{cases}\dfrac{1}{b-a}, & a<x<b,\\ 0, & \text{其他。}\end{cases}$$

于是有

$$I=(b-a)\mathbf{E}(f(X))。\tag{10.8}$$

为了估计积分 I，我们只要产生 N 个在 (a,b) 上服从均匀分布的随机数 $X_1,X_2,\cdots,X_N$，并用样本均值

$$\hat{I}=(b-a)\frac{1}{N}\sum_{i=1}^{N}f(X_i)\tag{10.9}$$

来当积分 I 的估计值即可。这就是所谓的蒙特卡罗积分法中的**样本平均值法**(也称为**期望法**)。

我们很容易地可将这个方法推广到高维积分 (10.1) 的情形，从 D 中均匀产生 N 个点 $(x_1^{(i)},x_2^{(i)},\cdots,x_d^{(i)})$，$i=1,\cdots,N$，该积分的近似值就是

$$\hat{I}=\frac{|D|}{N}\sum_{i=1}^{N}f(x_1^{(i)},x_2^{(i)},\cdots,x_d^{(i)}),\tag{10.10}$$

其中 $|D|$ 是区域 D 的体积，即 $|D|=\prod_{i=1}^{d}(b_i-a_i)$。实际上，即使当积分区域是复杂形状时，该方法也可以较方便地应用。

例 10.3　试用样本平均值法计算例 10.1 的积分 $I=\int_0^5 4x^3\mathrm{d}x$。

我们选取 g_X 为区间 $(0,5)$ 上的均匀分布，于是将上面的积分改写为

$$I=\int_0^5 20x^3\times\frac{1}{5}\mathrm{d}x,$$

则积分计算变为计算函数 $f(x)=20x^3$ 的数学期望，其中随机变量 $X\sim U(0,5)$，即

$$I=\int_0^5 20x^3\times\frac{1}{5}\mathrm{d}x=\mathbf{E}(20X^3)。$$

接下来，我们只要生成 N 个 $(0,5)$ 上服从均匀分布的随机数 X，并求函数 $y=20x^3$ 的平均值 $\bar{y}$，即可求得积分的近似值：$\hat{I}=\bar{y}$。它的 Matlab 计算程序如下：

```
nTrials = 100000000;
x = unifrnd(0,5,1,nTrials);
y = 20*x.^3;
s = mean(y)
```

计算输出的结果是：s = 624.8993。

10.2.2　样本平均法的性质

为了简单起见，我们以一维积分情形为例来分析这种积分法所具有的性质，这些性质完全适用于高维情形。

因为

$$\begin{aligned}\mathbf{E}(\hat{I}) &= \mathbf{E}\left(\frac{(b-a)}{N}\sum_{i=1}^{N}f(X_i)\right) = \frac{(b-a)}{N}\sum_{i=1}^{N}\mathbf{E}(f(X_i)) \\ &= \frac{(b-a)}{N}\sum_{i=1}^{N}\int_a^b f(x)\frac{1}{(b-a)}\mathrm{d}x = \int_a^b f(x)\mathrm{d}x = I,\end{aligned}$$

所以，这种积分的计算值是无偏的。

我们来计算这种积分的方差：

$$\begin{aligned}\sigma_{\hat{I}}^2 &= \mathrm{var}\left(\frac{(b-a)}{N}\sum_{i=1}^{N}f(X_i)\right) = \frac{(b-a)^2}{N^2}\sum_{i=1}^{N}\mathrm{var}(f(X_i)) \\ &= \frac{(b-a)^2}{N}\mathrm{var}(f(X_i)) \\ &= \frac{(b-a)^2}{N}\int_a^b (f(x)-\mathbf{E}(f))^2\frac{1}{(b-a)}\mathrm{d}x \\ &= \frac{(b-a)}{N}\int_a^b\left(f(x)-\frac{I}{(b-a)}\right)^2\mathrm{d}x,\end{aligned}$$

而

$$\int_a^b\left(f(x)-\frac{I}{(b-a)}\right)^2\mathrm{d}x = \int_a^b f^2(x)\mathrm{d}x - \frac{I^2}{(b-a)},$$

故有

$$\sigma_{\hat{I}}^2 = \frac{1}{N}\left((b-a)\int_a^b f^2(x)\mathrm{d}x - I^2\right) = \frac{1}{N}\left(\mathbf{E}(f^2)-I^2\right) \propto N^{-1}。\tag{10.11}$$

这表明，这种样本平均法的精度与随机投点法是一样的。

进一步，因为

$$MI = \int_a^b Mf(x)\mathrm{d}x \geqslant \int_a^b f^2(x)\mathrm{d}x,$$

所以

$$\mathrm{var}(\hat{I}) \leqslant \mathrm{var}(I),$$

即平均值法得到的积分估计比随机投点法得到的更有效。

10.3　蒙特卡罗积分法的收敛性与误差

由于分析的类似性，我们在本节里仅讨论样本平均值法的收敛性、误差和减少方差的技术等问题。为了表述得方便，我们令 $Y = f(X)$。

10.3.1 蒙特卡罗积分法的收敛性

前面所述告诉我们，蒙特卡罗积分法是以随机变量 Y 的简单抽样 $Y_1, Y_2, \cdots, Y_N$ 的算术平均值

$$\overline{Y}_N = \frac{1}{N}\sum_{i=1}^{N} Y_i$$

作为积分的近似值 (忽略体积因子)。因为 $Y_1, Y_2, \cdots, Y_N$ 独立同分布且期望有限 ($\mathbf{E}(Y) < \infty$)，则根据强大数定律，我们有

$$P\left(\lim_{N\to\infty} \overline{X}_N = \mathbf{E}(X)\right) = 1,$$

即当抽样数 N 充分大时，随机变量 Y 的简单抽样的算术平均值 $\overline{Y}_N$ 以概率 1 收敛到它的期望值 $\mathbf{E}(Y)$。这意味着，样本平均值法计算的积分值以概率 1 收敛于积分的真值。

10.3.2 蒙特卡罗积分法的误差

关于蒙特卡罗方法的近似值与真值的误差问题，我们需要运用中心极限定理来分析做出结论。中心极限定理指出，如果随机变量序列 $Y_1, Y_2, \cdots, Y_N$ 独立同分布且方差 v^2 有限，则有

$$\lim_{N\to\infty} P\left(\frac{\sqrt{N}}{v}\left|\overline{Y}_N - \mathbf{E}(Y)\right| < \delta\right) = \frac{1}{\sqrt{2\pi}}\int_{-\delta}^{\delta} \mathrm{e}^{-t^2/2}\mathrm{d}t,$$

其中 $\delta > 0$。当 N 充分大时，就有如下的近似式：

$$P\left(\left|\overline{Y}_N - \mathbf{E}(Y)\right| < \frac{z_{\alpha/2}v}{\sqrt{N}}\right) \approx \frac{2}{\sqrt{2\pi}}\int_{0}^{z_{\alpha/2}} \mathrm{e}^{-t^2/2}\mathrm{d}t = 1-\alpha,$$

其中 α 是显著水平 ($1-\alpha$ 为置信度)，$z_{\alpha/2}$ 是标准正态分布在显著水平为 $\alpha/2$ 的临界值，v 是 Y 的标准差。上式表明，如下不等式

$$\left|\overline{Y}_N - \mathbf{E}(Y)\right| < \frac{z_{\alpha/2}v}{\sqrt{N}}$$

近似地以概率 $1-\alpha$ 成立，且误差的收敛速度为 $O(N^{-1/2})$。

于是，我们就将蒙特卡罗积分法的误差定义为

$$\varepsilon(\hat{I}) = \frac{z_{\alpha/2}v}{\sqrt{N}}。\tag{10.12}$$

关于蒙特卡罗积分法的误差需说明两点：第一，蒙特卡罗积分法的误差为概率意义上的误差，这与其他数值计算方法是有区别的；第二，误差中的标准差 v 是未知的，必须使用其估计值

$$\hat{v} = \sqrt{\frac{1}{N}\sum_{i=1}^{N}\left(Y_i - \overline{Y}_N\right)^2}\tag{10.13}$$

来代替，上式只是使用计算积分时所生成的数据。

10.4　重要性抽样法

事实上，上面我们已经指出，如果被积函数的方差较大，则采用蒙特卡罗积分法计算会产生较大的误差。而减少误差的有效方法是降低被积函数的方差，为此我们再来考察前面样本平均法的 (10.7) 式

$$I=\int_a^b f(x)\mathrm{d}x=\int_a^b \frac{f(x)}{g_X(x)}g_X(x)\mathrm{d}x=\mathbf{E}\left(\frac{f(X)}{g_X(X)}\right)。$$

问题的关键在于，这里采用了简单的均匀抽样做法。这样，积分计算的精度就直接与 f 的期望估算的精度相关 (两者只相差一个常数因子)，即由 f 的方差所决定。而如果我们改用其他非均匀分布来抽样的话，那么期望估算的误差就取决于 $\dfrac{f(X)}{g_X(X)}$ 的方差。这为我们减少误差提供了一条可行的途径。

从另一方面看，若在某些 (甚至是大量的) 抽样点处，$f(x)$ 的值很小，则它们对积分值的贡献将会很小，这导致抽样的效率低，因此积分计算的效率低。若想获得高效率，则应在被积函数 $f(x)$ 值大的地方多选些点，而在其值小的地方少选些点，这便是**重要性抽样法**的思想。

我们的具体做法是，构造一个概率密度函数 $g_X(x)$，使其形状应尽可能地与被积函数 $f(x)$ 接近 (如图 10.2 所示)，并可以方便地从概率密度函数为 $g_X(x)$ 的分布进行抽样 (如可用逆变换法)。设 $h(x)=\dfrac{f(x)}{g_X(x)}$，将从概率密度为函数 $g_X(x)$ 的分布抽样出的随机数序列记为 $X_1,X_2,\cdots,X_N$。于是，我们就将期望的估计值 $\mathbf{E}(h(X))\approx\dfrac{1}{N}\sum\limits_{i=1}^{N}h(X_i)$ 作为积分的近似值，即

$$\hat{I}=\frac{1}{N}\sum_{i=1}^{N}h(X_i), \tag{10.14}$$

这里，积分计算的方差就是 $h(X)$ 的方差 $\mathrm{var}(h(X))$。因为

$$\begin{aligned}\mathbf{E}(\hat{I})&=\mathbf{E}\left(\frac{1}{N}\sum_{i=1}^{N}h(X_i)\right)=\frac{1}{N}\sum_{i=1}^{N}\mathbf{E}(h(X_i))\\&=\frac{1}{N}\sum_{i=1}^{N}\int_a^b h(x)g_X(x)\mathrm{d}x=\int_a^b f(x)\mathrm{d}x=I,\end{aligned}$$

这说明积分的计算是无偏的。

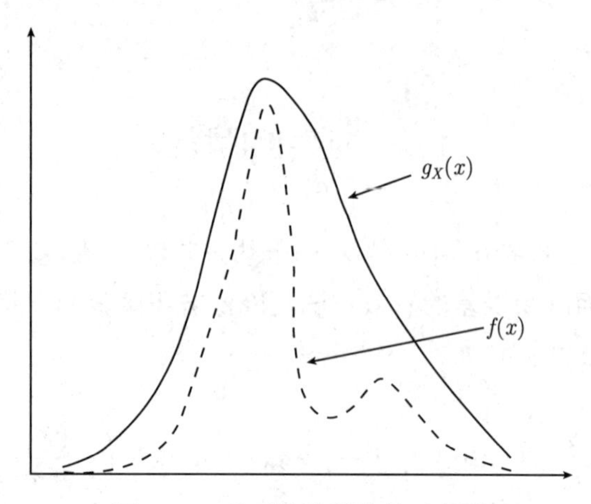

图 10.2 重要性抽样法的示意图

对于积分的方差，我们有

$$\begin{aligned}\operatorname{var}(\hat{I}) &= \operatorname{var}\left(\frac{1}{N}\sum_{i=1}^{N}h(X_i)\right) = \frac{1}{N^2}\sum_{i=1}^{N}\operatorname{var}(h(X_i)) \\ &= \frac{1}{N}\operatorname{var}(h(X_i)) = \frac{1}{N}\int_a^b [h(x) - \mathbf{E}(h(X))]^2 g_X(x)\mathrm{d}x \\ &= \frac{1}{N}\int_a^b (h(x) - I)^2 g_X(x)\mathrm{d}x = \frac{1}{N}(\mathbf{E}(h^2(X)) - I^2)。\end{aligned} \tag{10.15}$$

如果我们能够找到一个概率密度函数，使得 $h(x) \equiv c$，这里 c 为常量；则显然有 $\operatorname{var}(\hat{I}) = 0$，积分计算就是精确的。当然，想获得这样的概率密度函数是不现实的，原因是这里的常量就是该积分值 $c = \int_a^b f(x)\mathrm{d}x$。比较上式 (10.15) 和 (10.11) 式，只要满足条件：

$$\mathbf{E}(h^2) < \mathbf{E}(f^2),$$

则 (10.14) 式的积分计算误差就会变小。

因此，计算积分的重要性抽样法就是一种减少误差的方法。这个方法的目的是要使函数 $h(x)$ 在积分区间内的起伏变化幅度尽可能小 (至少要比原被积函数 $f(x)$ 的小)，这样就可有效地降低计算误差。由此，我们给出计算积分的重要性抽样法的如下算法：

(1) 选择适合于 $f(x)$ 的概率密度函数 $g(x)$；

(2) 求 $g(x)$ 的分布函数 $G(x)$ 的反函数 G^{-1}；

(3) 生成 N 个均匀分布的随机数：$U_1, U_2, \cdots, U_N \sim U(1,0)$；

(4) 用逆变化法获得 N 个服从分布 $G(x)$ 的随机数：$X_i = G^{-1}(U_i)$，$i = 1, 2, \cdots, N$；

(5) 计算平均值：$\hat{I} = \frac{1}{N}\sum_{i=1}^{N}h(X_i)$。

例 10.4 分别使用样本平均法和重要性抽样法计算定积分：

$$I = \int_0^1 \frac{\mathrm{e}^{-x}}{1+x^2}\mathrm{d}x。$$

不难发现指数分布的概率密度函数与被积函数较相似，我们可取

$$g_X(x) = \frac{e^{-x}}{(1-e^{-1})}, \quad 0 < x < 1。$$

下面是计算这个积分的 Matlab 程序：

```
N = 1000000;
f = @(x) exp(-x)./ (1+x.^2);
% 数值积分法
quad0 = integral(f,0,1)
% 样本平均法
X = unifrnd(0,1,1,N);
fg = f(X);
quad1 = mean(fg)
v1 = sqrt(var(fg))
% 重要性抽样法
U = unifrnd(0,1,1,N);
X = - log(1 - U * (1 - exp(-1)));
fg = f(X)./(exp(-X) / (1 - exp(-1)));
quad2 = mean(fg)
v2 = sqrt(var(fg))
```

程序输出样本平均法和重要性抽样法计算的积分近似值和其标准差，同时还用数值积分方法求出这个积分的精确值。计算结果为：

quad0 = 0.5248(精确值); quad1 = 0.5250, se1 = 0.2451;

quad2 = 0.5249, se2 = 0.0968。

由此可见，重要性抽样法的算法较为有效。

10.4.1　减小误差的问题

很显然，我们从上面 (10.12) 式看到，积分的误差 $\varepsilon(\hat{I})$ 取决于 N 和标准差 v。要减小误差有两个方法：一是增大样本数 N，二是减小方差 v^2。

因为 $\varepsilon(\hat{I}) \propto N^{-1/2}$，这样要将精度提高一个数量级，样本数 N 需要增加两个数量级。所以，单纯地增大 N 不是一个有效的办法。

另一方面，如能减小标准差 v，例如降低一半，那么误差也就减小一半，这相当于 N 增大四倍的效果。因此，降低方差是减少误差的一条重要的途径。稍后我们将介绍的控制变量法就来自于这样的考虑。

另一个与重要性抽样法相似的是**控制变量法**，它也需要找一个与被积函数 f 的形态相近似的可积函数 g。然而在这个方法中，我们是将这两个函数相减，而不像重要性抽样法中的相除。这个方法的根据是利用积分运算的线性性质：

$$\int f(x)\mathrm{d}x = \int (f(x) - g(x))\mathrm{d}x + \int g(x)\mathrm{d}x。 \tag{10.16}$$

这样选择函数 g 时要求：它在整个积分区域上容易精确计算，同时要使得上式右边的第一项积分中 $(f-g)$ 的积分方差能比原来被积函数 f 的积分方差有显著得减小。

这种控制变量法能够避免上面重要性抽样法所遇到的困难：当 g_X 趋于零时，被积函数 f/g_X 将可能趋于无穷大，这时计算稳定性和精确度将大大下降。而在控制变量法中这种情况将不会发生，因为现在的被积函数是 $f-g$。另外，该方法也省掉了上面方法需要从概率密度函数 g_X 解析地求出其分布函数 G 这一步计算。因此，这种方法在选择 g 时所受的限制要比重要性抽样法选择 g_X 来得小，也更为方便。

此外，将积分区域划分成小的子区域，然后分别求积分也不外乎是一种办法，但划分必须合适。还有一些减少误差的方法，如分层抽样法、适应性蒙特卡罗方法等，我们这里就不再赘述了，有兴趣的读者很容易找到相应的参考资料。

10.4.2 蒙特卡罗积分法的优缺点

我们下面指出蒙特卡罗积分法的优缺点，这将有助于读者在实际问题中选择合适的计算方法。

一、 方法的优点

1. 受几何条件限制小。

在计算高维空间中的某一区域 D 上的重积分时，无论积分区域 D 的形状多么特殊，只要能给出描述 D 的几何特征的条件，就可以从 D 中均匀产生 N 个点 $\{\boldsymbol{x}^{(1)},\boldsymbol{x}^{(2)},\cdots,\boldsymbol{x}^{(N)}\}$，从而由 (10.9) 式获得该积分的近似值。这是一般数值计算方法难以做到的。另外，在具有随机性质的问题中，如考虑的系统形状很复杂，难以用一般数值方法求解，而使用蒙特卡罗积分法则不会有原则上的困难。

2. 收敛速度与问题的维数无关。

从误差分析可知，在给定置信水平的情况下，蒙特卡罗积分法的收敛速度为 $O(N^{-1/2})$，与问题本身的维数无关。维数的增加，除了增加相应的计算量外，不影响问题的误差。这一特点，决定了蒙特卡罗方法对多维问题的适应性。而一般数值计算方法，不但计算时间按维数的幂次方增加，而且需占用相当数量的计算机内存 (原因是划分的点数与维数的幂次方成正比)。这些都是一般数值方法计算高维积分时难以克服的问题。

3. 具有同时计算多个积分量的能力。

对于某些物理问题中需要计算多个积分量的情况，它们可以在一个蒙特卡罗积分程序中同时完成计算，不需要像常规方法那样逐一地编程计算，即可以共享随机数序列。

4. 误差容易确定。

对于一般计算方法，要给出计算结果与真值的误差并不是一件容易的事情，而蒙特卡罗方法则不然。根据蒙特卡罗方法的误差公式，在计算所求积分的同时可估计出误差。即使对于很复杂的积分计算问题，也是一样的。

5. 程序非常简单，易于编程实现。

二、 方法的缺点

1. 收敛速度慢。

如前所述，蒙特卡罗方法的收敛速度为 $O(N^{-1/2})$，是较慢的；而且一般不容易得到精确度较高的近似结果。对于维数小 (三维以下) 的问题，它不如其他数值方法好。

2. 误差具有概率性。

由于蒙特卡罗积分法的误差是在一定置信度下估计的，所以它的误差具有概率性，而不是一般意义下的误差。

✎ 练　习

1. 分别用随机投点法和样本平均法计算定积分

$$I=\int_0^1 \mathrm{e}^{-x}\mathrm{d}x$$

的估计值，并与定积分的精确值比较。同时用 Matlab 语句画出该定积分的面积区域。

2. 给定一个标准正态分布 $N(0,1)$ 的 n 个样本 $(x_1,x_2,\cdots,x_n)$，分别用样本平均法和重要性抽样法计算其分布函数

$$\Phi(t)=\int_{-\infty}^{t}\frac{1}{\sqrt{2\pi}}\mathrm{e}^{-\frac{x^2}{2}}\mathrm{d}x$$

的近似值。考虑由估计量

$$\hat{\Phi}(t)=\frac{1}{n}\sum_{i=1}^{n}\mathrm{I}_{\{x_i\leqslant t\}}$$

估计的方差 (精度) 为 $\Phi(t)(1-\Phi(t))/n$。(提示：各随机变量 $\mathrm{I}_{\{x_i\leqslant t\}}$ 是相互独立的，并且都服从成功概率为 $\Phi(t)$ 的贝努利分布。)

3. 因为随机变量 $\mathrm{I}_{\{x_i\leqslant t\}}$ 服从成功概率为 $\Phi(t)$ 的贝努利分布，试说明当 $t\to\infty$ 时，标准化的估计量 $\frac{\mathrm{I}_{\{x_i\leqslant t\}}}{\Phi(t)}$ 的方差趋于 $-\infty$。通过增加模拟次数来推断这一结论 (写成 t 的函数)，考虑使得方差小于 10^{-8} 的可能性。

4. 考虑如下的正态–柯西分布函数：

$$\delta(x)=\frac{\displaystyle\int_{-\infty}^{x}\frac{\theta}{1+\theta^2}\mathrm{e}^{-(x-\theta)^2/2}\mathrm{d}\theta}{\displaystyle\int_{-\infty}^{+\infty}\frac{1}{1+\theta^2}\mathrm{e}^{-(x-\theta)^2/2}\mathrm{d}\theta},$$

分别取 $x=0,2,4$ 时，求解下列问题：

(1) 用基于柯西分布的重要性抽样法计算积分值，并且画出积分曲线；

(2) 观察估计值的收敛情况，设法让积分估计的精度达到小数点后的第三位 (置信度取 0.95)；

(3) 用基于正态分布的重要性抽样法计算上面的积分值，并比较这两种方法。

5. 考虑标准正态分布 $N(0,1)$ 的尾部概率 $P(X>20)$，必须注意：这里不能采用基于正态分布 $N(0,1)$ 的常规抽样方法。(思考为什么？) 首先写出尾部概率 $P(X>20)$ 的积分表达式，然后考虑用均匀分布 $U(0,1/20)$ 的样本平均法来模拟计算其积分值，演示逼近 $P(X>20)$ 值的过程并给出相应的误差估计。

6. 试计算期望值 $\mathbf{E}_f(h(X))$，这里 f 是标准正态分布的密度函数，而且

$$h(x)=\exp(-(x-3)^2/2)+\exp(-(x-6)^2/2)。$$

(1) 首先写出 $\mathbf{E}_f(h(X))$ 的数学表达式，并说明它的意义；

(2) 构建一个基于 $N(0,1)$ 分布的蒙特卡罗模拟计算的 Matlab 程序，计算 1000 次，并对产生的误差做出估计；

(3) 考察基于取均匀分布 $U(-8,-1)$ 的重要性函数 g 的重要性抽样法逼近积分的情况，计算 1000 次，并与上面的 (2) 作比较。

第十一章　随机模拟无极限：探索复杂性问题的方法

导读：

本章将介绍几个有着广泛应用的随机模型，内容包括：元胞自动机、Sznajd 模型、渗流模型、随机图和复杂网络模型。它们都是近几十年来有着较大影响的研究成果，并且有关的研究还在不断地延伸和发展。

斯蒂芬·霍金说过："我认为，下个世纪将是复杂性的世纪。"现在让我们去复杂性的世界作一番旅行。

本章要介绍的几个模型是读者学习随机模拟方法的范例，它们涉及当前复杂系统的研究。复杂系统是当今科学研究的热点和前沿问题，有着多方面的应用，是多学科交叉研究的领域。该研究的目标是揭示复杂系统整体行为特征的形成机理，构建系统的模拟模型是研究这类问题的一种有力手段。通常认为，系统各单元之间的局部相互作用形式是形成系统整体行为特征的主要原因，这为建立这类模型提供了思路。下面介绍的几个模型都非常著名，它们或多或少地受到了伊辛模型思想的影响。

11.1　元胞自动机模型

元胞自动机(Cellular Automata，简记为 CA) 是一种时间、空间和状态变化均离散的动态系统模型，是为了研究复杂系统动态演化特征而开发的一种数学模型，它与前面第六章介绍的伊辛模型有许多相似之处。CA 具有构造简单、易于模拟、其演化行为非常丰富的特点，能够模拟出像凝聚物生长、反应扩散、涌现、相变等非线性复杂现象。CA 的本质在于抓住系统内各单元之间存在相互作用这个机理，依靠这种相互作用的机制来产生许多复杂的行为特征。

CA 最早的雏形是由冯·诺依曼 (John von Neumann，见左图) 根据乌拉姆 (S. Ulam) 的建议于 1952 年提出，目的是想模仿像人脑那样高效的信息处理能力，所以他赋予 CA 并行计算的能力，开创了人工智能研究的先河。1970 年数学家康威 (J. Conway) 将它改造成一个有趣的“生命的游戏”模型，它的结构极其简单却具有自组织的行为特性，从而使得 CA 引起了人们的注意。

上世纪 80 年代初在洛斯阿拉姆斯 (Los Alamos) 研究所 (美国的原子弹研究所) 工作的天才物理学家 Stefen Wolfram(著名数学软件 Mathematica 的创始人，见右图) 开始注意有关的研究，他于1982年开发出一系列的一维和二维元胞自动机模型，它们被称之为初等元胞自动机，并由此掀起了一阵研究的热潮。可以说，上世纪 80、90 年代是元胞自动机研究最为热门的时期，应用领域遍及自然科学及社会科学的多个领域。

11.1.1　模型的构造

元胞自动机不像物理学那样由一组数学方程或函数来确定，而是使用一系列规则来构造出一个模型。凡是满足这些规则的模型都可以算做是元胞自动机模型。因此，元胞自动机是一类模型的总称，或者说是一种建模的模式。

元胞自动机的最基本结构是：元胞、元胞空间、邻域及更新规则四部分，下面我们具体地加以说明。

1. 元胞。

元胞是 CA 系统的单元，是元胞自动机的最基本的成分。类似于伊辛模型中的旋子，元胞也是分布在离散的一维、二维或多维欧几里得空间的格点上。

2. 状态。

状态是元胞的变量，取有限的离散值，我们以 s_i^t 表示在时刻 t 第 i 元胞的状态。一般地，它取 0 或 1 的二进制值，也可取离散的一些整数值。元胞状态的取值集合称为其状态集，记为 S，它的个数记为 K。对于经典形式的 CA，$K=2$，即元胞的状态只取两个值。但在实际应用中，往往对其进行了扩展，有了 $K>2$ 的 CA。

3. 元胞空间 (Lattice)。

元胞空间是指元胞在空间上的分布结构，或者说所有元胞在空间中的排列情况。这种空间结构就像晶格那样呈现一种规整的网格：网格的节点被安置了元胞，即各元胞具有了空间位置，尽管其位置坐标并没有实际意义。元胞空间的几何构造被称为拓扑结构。

虽然理论上网格可以是无界的，但实际模拟或应用上只能是有界的，为此必须指定边界条件。通常的边界条件有：

(1) 周期型边界：意义完全类似于伊辛模型的情形。对于一维空间，元胞空间表现为一个首尾相接的“圈”；对于二维空间，上下边界相接，左右边界相接，形成一个圆环面。

(2) 定值型边界：指所有边界外元胞均取某一固定常量，如 0 或 1 等。

(3) 反射型边界：指在边界外的元胞状态是以边界为轴的镜面反射。

(4) 随机型边界：即在边界上的元胞实时产生随机的状态值。

这样，CA 的几何构造就分为：一维直线或圈上的网格；二维平面或环面上的方形、三角形或六角形网格；高维空间中的立方体型网格；等等，我们以 L^d 表示 d 维网格，通常，$L^d \subset \mathbb{Z}^d$。最常用的是一维和二维方形网格的 CA。

在同一时刻，整个网格上的所有元胞状态值的排列被称为该 CA 的一个**构形**(configuration)。CA 的动态演化所指的就是它的构形随时间的变化情况。

4. 邻域。

领域是指一个元胞的所有邻居连同自己的集合，我们用 N_i 表示第 i 元胞的邻域。由于元胞之间存在局部的相互作用，为了刻画元胞间这种相互作用的联系，我们说存在相互作用的一对元胞是互为邻居的。这样，我们需要知道确定邻域的方式。在一维元胞自动机中，通常以半径 r 来确定邻居，与给定元胞的距离不超过半径范围内的所有元胞均被认为是该元胞的邻居。二维元胞自动机的邻域确定稍为复杂，我们只介绍方形网格，它们有 (见图 11.1)：

(1) 冯·诺依曼型：一个元胞的邻居是它上、下、左、右相邻的四个元胞。这种邻域的半径是 1，相当于东、南、西、北四个方向上的四个最近邻的邻居。

(2) 摩尔 (Moore) 型：它要比冯·诺依曼型大，它是在冯·诺依曼型邻域的基础上再加上该元胞的左上、右上、右下、左下四个在对角线上相邻的元胞。还有扩展的摩尔型等邻域。

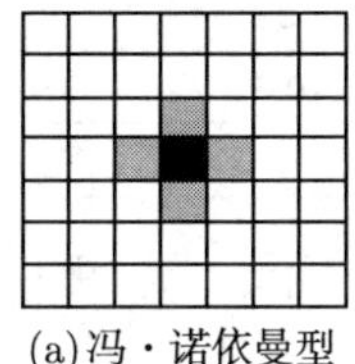
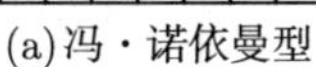
(a)冯·诺依曼型

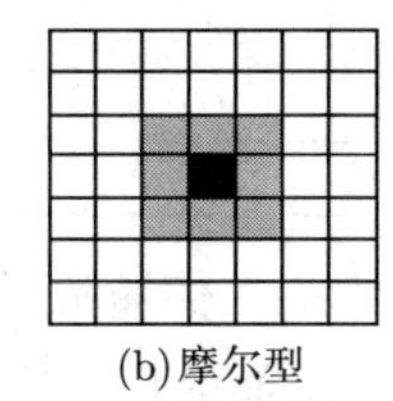
(b)摩尔型

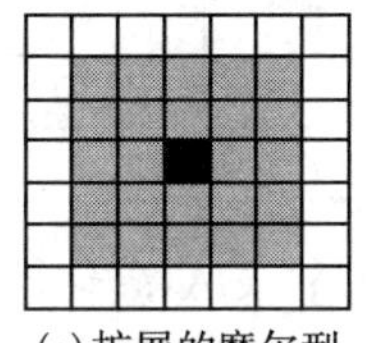
(c)扩展的摩尔型

图 11.1　元胞自动机的邻域

同样地，在邻域上这样的局部范围上，我们也可以完全类似地定义它的构形，我们以 $\mathbf{s}_{N_i}^t$ 来表示在时刻 t 时第 i 元胞的邻域 N_i 的构形。

5. 更新规则。

更新规则是指每个元胞的状态随时间变化的规律。由于 CA 强调元胞之间的局部相互作用，具体说，一个元胞的下一时刻状态是根据该元胞当前状态及其邻居状况来确定的，即由它邻域的当前构形来确定。这种更新规则对每个元胞都是一样的 (同质性)，并且假设在每一时刻所有元胞状态都同时发生更新 (并行性)。CA 的更新规则可以是确定性的，也可以是随机的，分别称为确定性 CA 和随机性 CA。我们可以将一个元胞的状态的更新规则写成为一个函数关系，即

$$s_i^{t+1} = f(\mathbf{s}_{N_i}^t), \quad \forall i,$$

其中 t 是离散时间变量。

从上面的模型构造中看到，CA 是由大量元胞通过这样简单的局部相互作用而构成一种动态系统。一般地，CA 的演化特性不能通过数学求解来分析，而只能借助于模拟方法来研究。

11.1.2 Wolfram 的初等元胞自动机

初等元胞自动机是 $K = 2$，邻域半径 $r = 1$ 的一维元胞自动机。这是最简单的元胞自动机模型，邻域集中的元胞的个数是 $2r + 1 = 3$，$N_i = \{s_{i-1}, s_i, s_{i+1}\}$。由于状态集具体是什么元素并不重要，通常根据所研究问题的方便来设定，例如，可以设 $S = \{0, 1\}$，$S = \{-1, 1\}$ 或 $S = \{黑, 白\}$ 等。这里，我们采用 Wolfram 的设定：$S = \{0, 1\}$。此时，$\mathbf{s}_{N_i} = (s_{i-1},\ s_i,\ s_{i+1})$，则更新规则可简单地写为

$$s_i^{t+1} = f(s_i^t, s_{i-1}^t, s_{i+1}^t)。 \tag{11.1}$$

由于每个状态变量取两个状态值，邻域内有三个状态变量，那么就有 $2^3 = 8$ 种构形。只要给出上面函数 (11.1) 在这 8 种构形上的每一取值，f 就完全确定了。例如，表 11.1 给出的更新规则便是初等 CA 类中的一种规则。

表 11.1 一个 CA 的更新规则表 ($R = 184$)

k	7	6	5	4	3	2	1	0
$\mathbf{s}_N$	111	110	101	100	011	010	001	000
a_k	1	0	1	1	1	0	0	0

为了能够将 CA 演化的过程可视化，人们通常用小方块表示元胞，黑色的方块代表状态 1，白色的方块代表状态 0。这样，上面的规则就可以由图 11.2 所示的方式来表示。

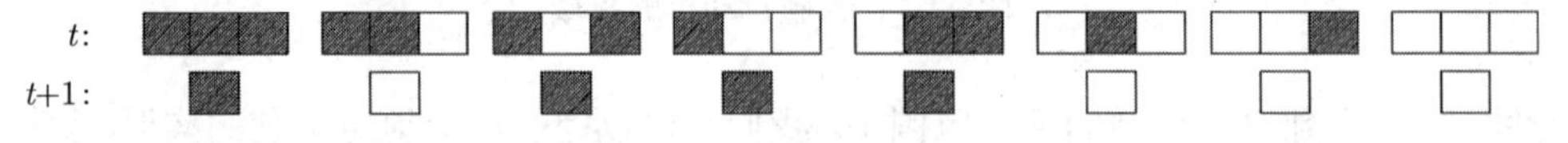

图 11.2 第 184 号初等 CA 的更新规则

由此，对于任何一个一维排列的 0 和 1 序列，在规定了边界条件之后应用更新规则，就可以产生下一时刻的相应的序列。例如，在周期边界条件下，对下面的序列应用上面所

给的更新规则将产生下一时刻的新序列:

$$t: \quad 0101111101010110001,$$

$$t+1: \quad 1011111010101110100 0。$$

因为在更新表中邻域的构形只有 8 种，而每个构形只对应 0 或 1 两个值之一，所以这样的对应方式共有 $2^8 = 256$ 种。因此，初等元胞自动机只可能有 256 种不同规则 (从 0 号算起)。根据这点，Wolfram 给每个规则定义一个标号。他的定义方式是将更新表中的 0 和 1 序列都看成是一个二进制数 (注意: 高低位顺序是从左到右)，然后将它们转化为十进制数值。具体的计算公式如下:

$$k = s_{i-1}2^2 + s_i 2 + s_{i+1}, \quad R = \sum_{k=0}^{7} a_k 2^k。 \tag{11.2}$$

于是，Wolfram 把 R 定义为初等元胞自动机的标号。例如，我们可算得上面的更新规则是 $R = 184$，即这是第 76 号初等元胞自动机。

虽然上面定义的初等元胞自动机都是确定性的 CA，但其演化的图像完全依赖于初始的构形。如果我们以相同的密度来随机分配初始构形中的状态为 1 的元胞，则经过充分长时间的演化，其构形或演化图像会怎样呢? 有没有某种统计规律呢? 修改初始分配的密度又会产生何种影响? 有兴趣的读者可以利用下面提供的程序进行模拟分析，所得的分析结果是否能够将初等 CA 的动态行为做出分类?

从元胞自动机的构造特点来看，标准的 CA 模型具有以下一些特征:

(1) 离散性: 空间、时间和状态都是离散的，其中状态空间不但是离散的，而且是有限的;

(2) 齐次性: 指的是元胞的分布方式相同，空间分布规则整齐;

(3) 局部性: 每一个元胞的状态更新只取决于其邻域中元胞的当前状态，并且更新是一步接一步地进行的，这点体现出 CA 的局部相互作用的本质;

(4) 同质性: 同质性反映在元胞空间内的每个元胞的变化都服从相同的规律;

(5) 并行性: 各个元胞的更新是同步完成的，体现了并行计算的能力 (虽然也有异步更新的 CA，但很少有应用);

(6) 高维数: 这里的维数不是指 CA 中元胞空间的维数，而是指 CA 中构形的维数，它等于元胞的个数。在理论研究和实际应用中，我们一般都将面对由数量很大的元胞所组成的 CA 模型。

不过，在实际应用中，人们需要对标准 CA 的某些特征进行一些改造。例如，R. Kapral 和 K. Kaneko 等学者提出了所谓的耦合格子映射 (coupled map lattice，CML) 模型就是元胞自动机的一个变种，其状态是连续的，可用来模拟化学和物理中的一些时空混沌现象。接下来我们将要叙述的交通元胞机模型也是对标准 CA 做了某些改造，包括邻域的扩展、随机性规则的引入等。但在上述这些特征中，离散性、并行性和局部性是元胞自动机的核心特征，任何对元胞自动机的推广都应该尽量保持这些核心特征，尤其是局部性这个关键特征。

11.1.3 初等元胞自动机的模拟

我们可以用 Matlab 来方便地实现模拟初等元胞自动机，编程相当简单。但我们必须指出，如果用它来处理高维的 CA 时，程序的运行速度会很慢。所以，我们建议读者，在实际应用时将程序转变为像 C++ 那样的高级编程语言。当然，擅长于 C++ 编程的读者可以采用混合编程的方式，模拟的核心部分由 C++ 程序来完成，而结果的分析和图像展示交给 Matlab 来做。

下面是初等元胞自动机的 Matlab 程序:

```
function A = ECA(N,R,Times,p0)
% N, R, Times: 分别是 CA 的元胞数、标号和演化时间
% p0: 初始构形中以密度 p0 来随机分配状态为 1 的元胞
% 缺省时则仅有一个状态为 1 的元胞，它位于构形的中间
% A: 输出 CA 演化到最后时刻的构形
A = zeros(1,N);
if  nargin > 3
    A = rand(1,N) < p0;
else
   A(fix((N+1)/2)) = 1;
end
B = zeros(Times,N);      B(1,:) = A;
rule = RuleTab(R);
ii = (1:N)';
ind = [(ii-1) ii (ii+1)];
ind(1,1) = N; ind(N,3) = 1;
for t = 2:Times
    A = rule(8-bi2de(A(ind)));     % 状态更新
B(t,:) = A;
end
spy(B,'k');      % 演化图像
end
```

其中需要调用两个函数:

```
function rule = RuleTab(R)
rule = zeros(1,8);      %  形成标号为 R 的规则表
s = dec2bin(R);
m = length(s);
for k = 1:m
    rule(8 - m + k) = str2num(s(k));
```

```
end
function num = bi2de(bin)
% 二进制转十进制
    num = 4*bin(:,1)+2*bin(:,2)+bin(:,3);
end
```

例 11.1 现在，我们执行如下 Matlab 命令来分别模拟第 184，150，18 和 4 号初等元胞自动机的演化情况。

```
ECA(61, 184, 60, 0.2);      ECA(61, 150, 60);
ECA(61, 18, 60);        ECA(61, 4, 60, 0.35);
```

程序运行的结果给出如图 11.3 所示的演化图像。

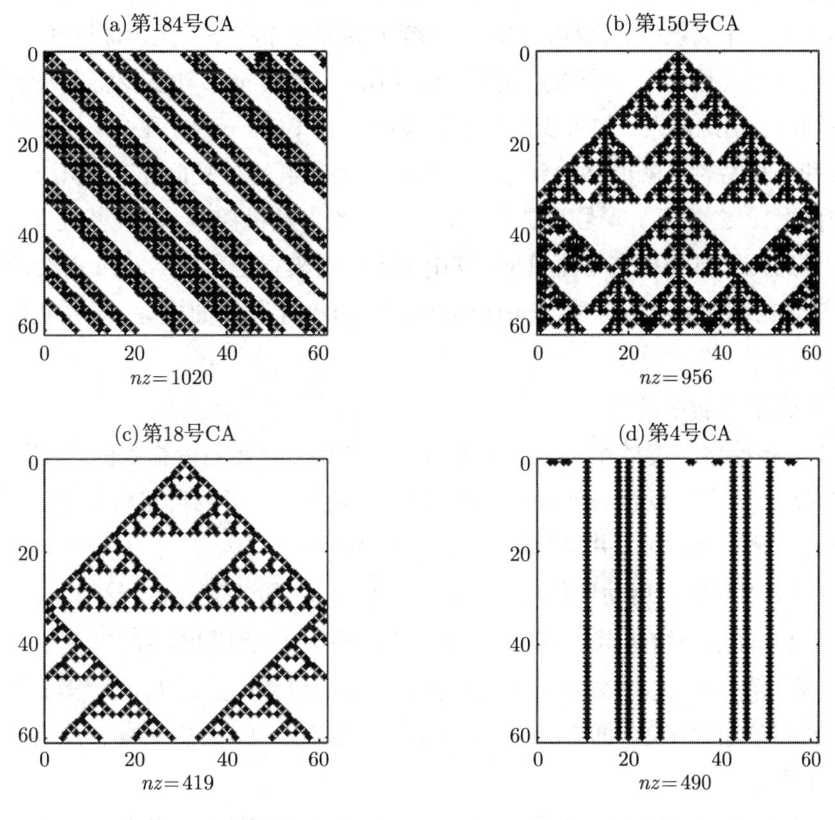

图 11.3 几个初等 CA 的演化图 (nz 表示图中黑点的数目)

Wolfrarm 借助于计算机模拟分析，详细地研究了一维元胞自动机的演化行为，他将元胞自动机的动态行为归纳为四大类:

(1) 平稳型：自任何初始状态开始，经过一定时间运行后，元胞空间趋于一个空间平稳的构形，这里空间平稳即指每一个元胞处于固定状态，不随时间变化而变化。

(2) 周期型：经过一定时间运行后，CA 的构形序列趋于统计上的稳定模式或周期性模式。

(3) 混沌型：自任何初始构形开始，经过一定时间运行后，元胞自动机构形表现出混沌的非周期行为，所生成的演化图像通常展现出某种分形特征。

(4) 复杂型：出现复杂的局部结构，或者说是局部的混沌，其中有些会不断地传播。

11.2 用元胞自动机来模拟道路交通流

现在让我们来考察车辆在单车道上运动形成的交通流，这是最简单的交通流问题。交通流的运动虽然是一个连续的过程，但我们仍然可以将它近似地离散化。因为道路上的车辆是离散分布的，于是我们可以将道路位置离散化成一连串的格点，同时也将时间用足够小的时间步来离散化。这样，在每一时刻车辆都分布在格点上。每经过一个时间步，车辆或者能够向前移动若干个格点或者停滞在原位，具体能移动多少将取决于它前方车辆的占据情况。由此出发，如果我们仔细地观察一下 Wolfram 的第 184 号元胞自动机的规则特点和演化特性，就能够看到它与一条道路上车辆的行驶情况有了几分相似 (行驶方向自左向右)。这个第 184 号就是最早的**交通元胞自动机模型**。在此基础上，人们提出了多种改进的元胞自动机交通流模型，其中奠基性的模型是所谓 NaSch 的交通元胞自动机模型，它是德国学者 Nagel 和 Schrekenberg 于 1992 年建立的模型。下面我们就来介绍它。

NaSch 模型的基本构造是:

(1) 将一条给定长度的车道划分为相等尺寸的格点 (元胞), 格点的编号从左到右递增。模型规定：每个格点有两种状态: 空、被某车辆占据。车辆自左向右行驶，一个格点最多只能被一辆车辆占据，并且每辆车恰占一个格点。

(2) 接着，将车辆的运动过程离散化为从 0 到 $v_{\max}$ 的速度分布，这里 $v_{\max}$ 表示最大速度，而速度只能取整数值。我们以 $v_i(t)$ 表示第 i 辆车在 t 时刻的速度，$0 \leqslant v_i(t) \leqslant v_{\max}$。

(3) 再有，我们以 $x_i(t)$ 表示第 i 辆车在 t 时刻的位置，以 $d_i(t)$ 表示第 i 辆车在 t 时刻与前方紧邻车辆的间距，即有：$d_i(t) = x_{i+1}(t) - x_i(t) - 1$，公式中减 1 是因为车辆自身要占据一个格点。

(4) 初始化：在开始时，车辆以一定的密度随机分布在这条车道的格点上。

(5) 在每一时间步，车辆的速度首先会发生加速或减速的调整：

(a) 加速过程：如果前方有空位，车辆会加速，提高一个单位的速度；如果前方格点有车辆占据，则它滞留在原位，即车速为 0，即有

$$v_i = \min\{v_i + 1,\ v_{\max}\}。$$

(b) 安全刹车过程：如果 $d_i(t) \leqslant v_i(t)$, 则为避免碰车，第 i 辆车要减速到

$$v_i = \min\{v_i - 1,\ d_i\}。$$

(c) 随机慢化过程：在此同时，车辆也会因为一些原因随机地发生减速，下降一个单位的速度，随机慢化的概率被设为 P，即有

$$v_i = \begin{cases} \max\{v_i - 1,\ 0\}, & \text{以概率}P, \\ v_i, & \text{以概率}(1-P)。 \end{cases}$$

(6) 位置更新过程：车辆以上面确定的速度向前行驶一步时间，移动到新的位置，即

$$x_i(t+1) = x_i(t) + v_i(t)。$$

(7) 边界条件：道路的边界条件常用的有两种：一种是开口边界条件，另一种是周期性边界条件。开口边界条件意味着，车辆以一定的概率驶离道路，而新的车辆以泊松分布到达流来到道路的入口处。周期性边界条件意味着，从道路驶出的车辆又从另一端进入道路，即道路是头尾相连的一个圈。

这样就完成了一个时间步的状态更新。整个更新过程要按照上面四个过程的步骤依次进行，图 11.4 给出了其示意图。

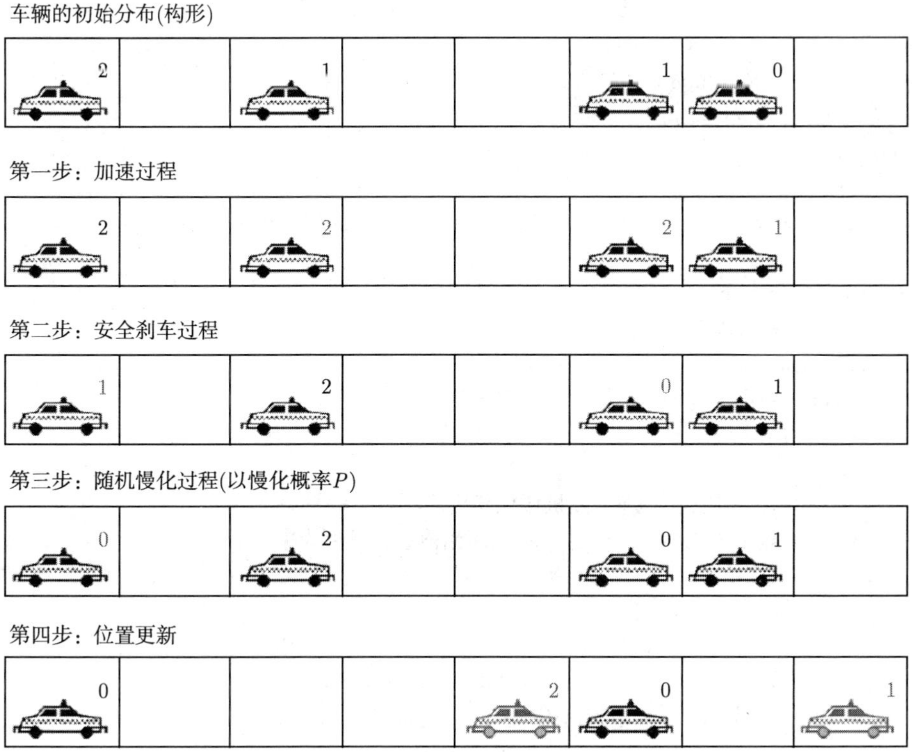

车辆的初始分布(构形)

第一步：加速过程

第二步：安全刹车过程

第三步：随机慢化过程(以慢化概率P)

第四步：位置更新

图 11.4　NaSch 模型中更新规则的图示

从图 11.4 中我们看到：第一步反映了驾驶员追求速度的一般倾向；第二步反映了避免碰撞的安全意识；第三步的随机化反映了驾驶员的不同行为模式，车辆以概率 P 减速的可能原因有路况或车况问题、刹车或跟驰时的过度反应、驾驶习惯或心理因素、其他随机事件的影响 (如接电话)；第四步更新车辆的位置反映了车辆的行驶。

以此类推地将这个道路上的车辆状况 (构形) 周而复始地不断进行更新，这样我们就得到了对该道路交通流的模拟。

由于在这个模型中含有随机慢化过程，所以这是一种随机 CA 模型。可以看出，这个模型对第 184 号 CA 做了较大的推广，其中元胞的状态是：是否被车占有和车的速度变量，邻域范围被扩大了，而更新规则更是被扩展为仿真道路上的车辆行为。NaSch 模型能再现阻塞的自发形成现象，模拟结果呈现了包括自由流和拥挤流两个分支共存的情况。

实现上面过程模拟的 Matlab 程序如下：

```
% 交通元胞自动机：单车道，最大速度 6，开口边界条件
% =============参数的设置====================
n = 300;     % 道路上的元胞数
rho = 0.3;     % 给定初始时道路上的车辆密度
Times = 300;     % 模拟的运行时间
vmax = 6;     % 设置最大速度
% =============初始化变量====================
rng('shuffle')
memor_cells = zeros(Times,n);
memor_v = zeros(Times,n);
z = zeros(1,n);
m = round(rho*n);
z = roadstart(z,m);      %  初始化道路状态，给道路上随机分布 m 辆车
cells = z;
v = speedstart(cells,vmax);      % 初始化车辆速度
% ==============开始模拟====================
for t = 1:Times
    a = searchleadcar(cells);      % 搜索首车位置
    b = searchlastcar(cells);      % 搜索尾车位置
    for j = 1:a
        % =======加速、减速、随机慢化和更新状态=======
        if cells(a-j+1) == 0;      % 判断当前位置是否为空
            continue;
        else
            v(a-j+1) = min(v(a-j+1)+1,vmax);      % 加速
            % =============减速=============
            % 搜索前方首个非空元胞位置，确定与前车之间的元胞数
            k = searchfrontcar((a-j+1),cells,vmax);
            if k == 0;
                d = n-(a-j+1);
            else
                d = k-(a-j+1)-1;
            end
            v(a-j+1) = min(v(a-j+1),d);
            % ============随机慢化=============
```

```
                v(a-j+1) = randslow(v(a-j+1));
                new_v = v(a-j+1);
                % ==========新车辆位置和速度==========
                if a-j+1+new_v< = n
                    % 更新车辆位置
                    z(a-j+1) = 0;
                    z(a-j+1+new_v) = 1;
                    % 更新车辆速度
                    v(a-j+1) = 0;
                    v(a-j+1+new_v) = new_v;
                else
                    % 检查与处理道路出口边界条件
                    [z,v] = border_out(cells ,a,new_v,v);
                end
            end
        end
        [z,v] = border_in(z,b,v,vmax);      % 检查与处理道路入口边界条件
        cells = z;
        memor_cells(t,:) = cells;       % 记录车辆位置
        memor_v(t,:) = v;       % 记录车辆速度
end
% 将模拟结果画图，车辆的速度以灰度表示，
% 颜色越深则车速越慢，全黑色表示停止的车辆
x = linspace(1,n,n);
figure(1)
plot(x,zeros(1,n),'.')
hold on
for k = 0:vmax
    Q = (memor_v = = k) & (memor_cells ~ = 0);
    for t = 1:Times
        height = Times-t+1;
        gh = plot(x,height*Q(t,1:n),'.');
        set(gh,'Color',[k/(vmax+2),k/(vmax+2),k/(vmax+2)])
    end
end
axis([1 n 1 Times])
xlabel('道路方向—→'),    ylabel('←—时间方向')
hold off

function [matrix_cells_start]=roadstart(matrix_cells ,m)
% 初始化道路上的车辆状态，有车状态为 0，无车状态为 1，初始时共有 m 辆车
n = length(matrix_cells);
x = round(n*rand(1,m));
for i = 1:m
    j = x(i);
```

```
    if j == 0
        matrix_cells(j+1) = 0;
    else
        matrix_cells(j) = 1;
    end
end
matrix_cells_start = matrix_cells;
end

function [v_matixcells] = speedstart(matrix_cells,vmax)
% 初始化道路状态车辆速度
v_matixcells = zeros(1,length(matrix_cells));
for i = 1:length(matrix_cells)
    if matrix_cells(i) ~= 0
        v_matixcells(i) = round(vmax*rand(1));
    end
end

function [location_leadcar] = searchleadcar(matrix_cells)
n = length(matrix_cells);
for j = 1:n
    if matrix_cells(n-j+1) ~= 0
        location_leadcar = n-j+1;
        break;
    else
        location_leadcar = 0;
    end
end

function [location_lastcar] = searchlastcar(matrix_cells)
% 搜索尾车位置
for i = 1:length(matrix_cells)
    if matrix_cells(i) ~= 0
        location_lastcar = i;
        break;
    else    % 如果路上无车，则空元胞数设定为道路长度
        location_lastcar = length(matrix_cells);
    end
end

function [location_frontcar] = ...
        searchfrontcar(current_location,matrix_cells,vmax)
n = length(matrix_cells);
if current_location == n
    location_frontcar = n + vmax;
```

```
else
    for j = current_location+1:n
        if matrix_cells(j) ~ = 0
            location_frontcar = j;
            break;
        else
            location_frontcar = 0;
        end
    end
end

function [new_v] = randslow(v)
Prob_slow = 0.3;    % 慢化概率
U = rand(1);    % 产生随机数
if U <= Prob_slow
   v = max(v-1,0);
end
new_v = v;
end

function [new_matrix_cells,new_v] = ...
        border_out(matrix_cells,a,new_v,v)
% 开口边界条件，判断头车是否驶离道路，并更新头车状态
Prob_out = 0.95;    % 设置车辆的驶出道路的概率
n = length(matrix_cells);
if a + new_v>n    % 头车企图驶离道路
    U = rand(1);    % 产生随机数
    if U < = Prob_out;    % 判断车辆是驶离道路还是行进到道路口
        matrix_cells(a) = 0;
        v(a) = 0;
    elseif a < n
        matrix_cells(a) = 0;
        v(a) = 0;
        matrix_cells(n) = 1;
        v(n) = n - a;
    else
        matrix_cells(a) = 1;
        v(a) = 0;
    end
else
    matrix_cells(a) = 0;
    v(a) = 0;
    matrix_cells(a+new_v) = 1;
    v(a+new_v) = new_v;
end
```

```
new_matrix_cells = matrix_cells;
new_v = v;
end

function [new_matrix_cells,new_v] = ...
        border_in(matrix_cells,b,v,vmax)
% 开口边界条件，判断道路入口是否有新的车辆到达，
% 泊松分布到达流，每时间步车辆的平均到达数为 q
if b > 2
    q = 1.1;
    Prob_in = 1-poisspdf(0,q);      % 至少有 1 辆车到达的概率
    U = rand(1);
    if U <= Prob_in
        matrix_cells(1) = 1;
        v(1) = round(vmax*rand(1));
    else
        matrix_cells(1) = 0;
        v(1) = 0;
    end
end
new_matrix_cells = matrix_cells;
new_v = v;
end
```

在这个程序中：道路被离散化成 300 个元胞，处于道路最前方的车被称为头车，而位于道路末端的被称为尾车；车辆的速度被离散化成 $0 \sim 6$；初始时道路的车辆密度为 30%；采用开口边界条件。图 11.5 给出了该程序所模拟的车辆行驶的时空图，时间方向自上向下发展，运行了 300 个时间步。图中黑色或者灰色的点表示在此位置有车存在，且灰度越深则车速越慢，当成为完全黑色时则表明该车处于堵塞的滞留状态。

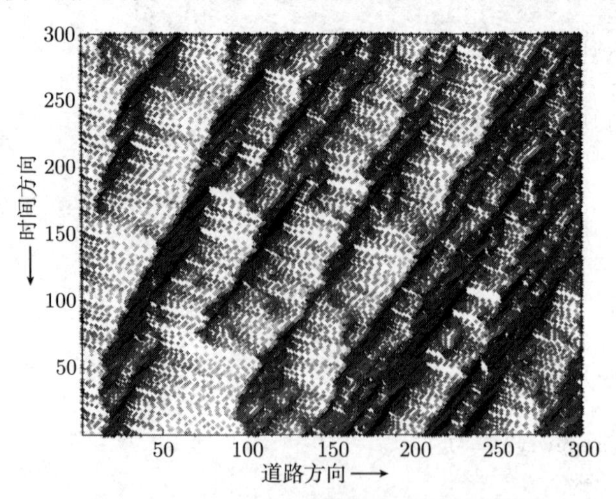

图 11.5　由 Nasch 模型模拟的车辆行驶的时空图

从车辆演化的时空图中我们可以看到，车辆在道路上行驶存在时快时慢的状况，即出现拥堵甚至堵塞的波动现象。模拟结果与 1975 年 Treiterer 和 Myers 通过航拍车辆运行轨迹图 (见图 11.6) 的情况有着非常相似之处，这说明交通元胞自动机模型能够较好地解释道路车辆拥堵现象。这个模型还可以推广到多车道等情形。

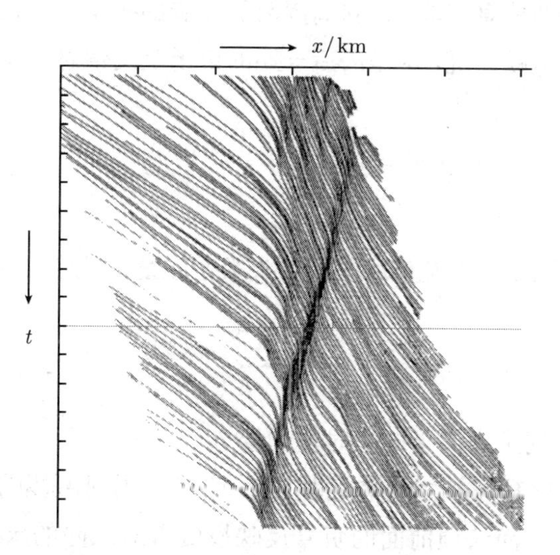

图 11.6　1975 年 Treiterer 和 Myers 航拍的车辆运行轨迹图

上面的模拟程序仅仅作为示意性的例子，读者可以方便地增加元胞数和车辆速度的离散个数，还可以将边界条件换成周期性的条件，修改加速或者慢化规则等，我们将这些模拟情况留作练习。

11.3　用元胞自动机来模拟股市

上面我们叙述了元胞自动机的基本构造和它的一维模型及其在交通流中的应用，本节我们将考虑二维元胞自动机在金融市场中的应用。二维 CA 的应用更加广泛，可以用来建模城市的路网交通、凝聚物生长、森林火灾、社会舆论的形成和金融市场上的价格变化等问题。

现在，我们考虑一支股票的价格变化情况，在第九章的 9.2 节中我们将股票价格的变化轨迹看做为一个布朗运动 (或者更正确地说是几何布朗运动)。但实证研究的结果显示，对于高频数据 (时间间隔短于一天的时间序列数据) 来说，其回报 (率) 分布展示出明显的厚尾性。所以把价格轨迹看成为布朗运动并不是一种合适的近似，因为布朗运动在时间固定时是服从正态分布的，所以人们需要采用某种具有厚尾性的分布来替代其中的正态分布，如采用列维 (Levy) 分布等。我们的问题是，为什么股票回报会呈现出厚尾性呢？或者说它是由什么机理造成的结果？我们试图用元胞自动机来建模投资者的买卖行为，以此来再现股价变化的这种特性。

我们在平面上建立一个 $L \times L$ 尺寸的方形网格，每个格点 (i,j) 上安置一个元胞；元胞被当成为投资者，元胞的状态 $s(i,j)$ 取两个值：1 和 -1，它们分别代表买入和卖出一份股票；邻域采用摩尔型，记 $N_{i,j}$ 为格点 (i,j) 的邻域。在每一时间步，每个元胞的投资决策取决于两个方面的信息：其一是它周围邻居元胞的买卖情况，这被称为局部信息；其二是上一时刻股价的涨跌情况，这是滞后一期的市场全局信息。这样，我们给每个元胞定义一个量：

$$h_t(i,j) = \sum_{\substack{(l,k)\in N_{i,j}\\(l,k)\neq(i,j)}} s_t(l,k) - \alpha M_{t-1}, \tag{11.3}$$

其中 $\alpha > 0$ 是系数，而 M_{t-1} 是市场的人均买卖差额量，其定义为

$$M_t = \frac{1}{L^2}\sum_{i,j} s_t(i,j), \tag{11.4}$$

这样就在整个元胞空间上定义了一个时变的场 h_t。

(11.3) 式中的第一项反映投资者的从众心理 (金融学中称为**羊群效应**)；第二项体现市场信息的反馈作用，而该项前面的负号反映投资者对风险的厌恶 (因为他担心涨之后会紧跟着跌或者跌后的反弹)，系数 α 越大则其厌恶程度就越大。

为了能够更真实地建模市场上的投资行为，我们认为在投资者群体中还会存在少许噪声交易者，他们的投资决策是完全随机决定的，设他们占群体的比例为 ρ (通常占很小的比例)。

在每一时刻，除噪声交易者外其他投资者的买卖决策是根据他自己的场量大小 h_t 由下面的概率来确定：

$$P(s_{t+1}=1) = \frac{1}{1+\mathrm{e}^{-2\beta h_t}}, \quad P(s_{t+1}=-1) = \frac{1}{1+\mathrm{e}^{2\beta h_t}}。 \tag{11.5}$$

由此，我们给出了每个元胞状态的随机更新规则。

市场的价格动态是按照如下定价规则来确定：

$$\ln p(t+1) - \ln p(t) = \frac{M_t}{\lambda}, \tag{11.6}$$

其中 $\lambda > 0$ 是市场流动率系数 (也称为市场深度系数)。由于股票在每一时刻的回报为

$$r_t = \frac{p_t - p_{t-1}}{p_{t-1}} \approx \ln p(t+1) - \ln p(t),$$

所以 (11.6) 式反映了 $r_t \propto M_t$，即回报正比于市场的买卖差额量。由此，我们可以计算这个价格的动态轨迹：

$$p_{t+1} = p_t\,\mathrm{e}^{r_t}。$$

模拟这个模型的参数选择为：$\alpha = 0.5$，$\beta = 1$，$\lambda = 100$，$\rho = 0.005$；元胞的网格尺寸取 100×100；初始价格设为 100；运行获得 30000 个时间步的价格轨迹。模拟这个模型的 Matlab 程序如下：

```
alpha = 0.5;   beta =1;   lambda=100;
n = 100;
Times = 30000;
p = zeros(1,Times);  M = zeros(1,Times);
d = zeros(1,n);      r = zeros(1,n);
rng(4)
A = 2*(rand(n)>0.5)-1;
M(1) = sum(sum(A))/(n*n);
d(1) = M(1)/lambda;
p(1) = 100*exp(d(1));
rho = 0.005;
m = round(sqrt(rho*n*n));
x = randsample(1:n,m,'true');
y = randsample(1:n,m,'true');
for t = 2:Times
    B = circshift(A,[1,0])+circshift(A,[-1,0])
        +... circshift(A,[0,1])+circshift(A,[0,-1])+...
        +circshift(A,[1,1])+circshift(A,[-1,1])
        +...+circshift(A,[1,-1])+circshift(A,[-1,-1]);
    H = B - alpha * M(t-1);
    Prob=1./(1 + exp(-2 * beta * H));
    U = rand(n);
    Atmp = 2*(U < Prob)-1;
    for k = 1:m
        Atmp(x(k),y(k)) = 2*(rand <= 0.5)-1;
    end
    A = Atmp;
    M(t) = sum(sum(A))/(n * n);
    d(t) = M(t)/lambda;
    p(t) = p(t-1)*exp(d(t));
    r(t) = (p(t)-p(t-1))/p(t-1);
end
figure(1)
plot(p,'k'), grid on
xlabel('时间'),    ylabel('股价')
kurt = kurtosis(r)
skew = skewness(r)
```

运行的结果显示在图 11.7 中，该股票回报的经验分布的峰度是 4.3761，大于呈正态性的峰度 3，这表明该分布具有一定的厚尾性；而其偏度为 0.3918，说明具有稍许倾向于盈利的偏向。

为了考察不存在噪声者的情形，图 11.8 给出了没有噪声交易者的股价动态轨迹 (其中 $\alpha = 2.5$)，此时相应分布的峰度为 3.1，而偏度为 -0.102，是接近于正态分布的。

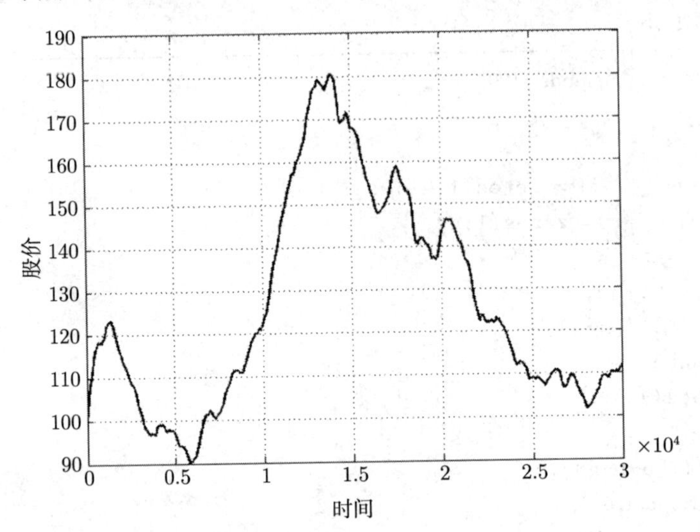

图 11.7　当有噪声交易者存在时的股价动态轨迹

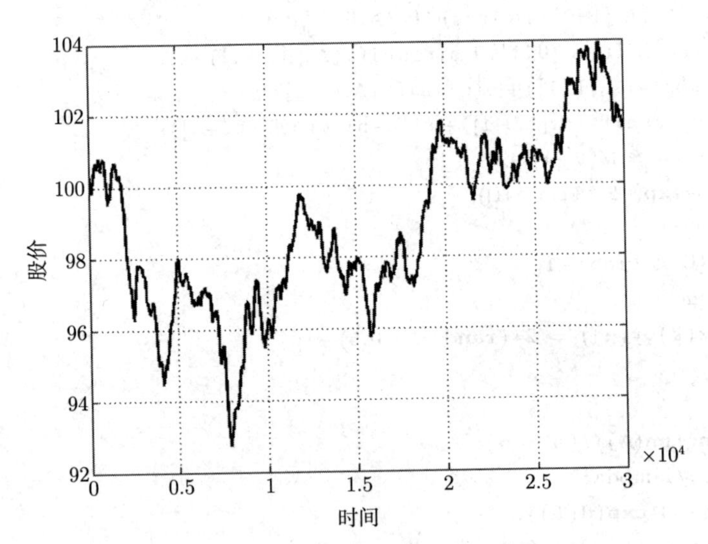

图 11.8　当无噪声交易者存在时的股价动态轨迹

11.4　Sznajd 模型与社会舆论的形成

2000 年波兰物理学家 K. Sznajd-Weron(见下页右图) 和 J. Sznajd 提出了一种新的元胞自动机规则，命名为 **Sznajd 模型**。他们的目的是应用元胞自动机这种建模方式来研究社会现象，即通过元胞自动机的局部相互作用机制来再现社会中的一些演化现象，例如，社会中的舆论形成、金融市场上的投资行为等，由此引发了一个所谓的“社会物理学”(Sociophysics)的研究方向。

11.4.1　Sznajd 模型的基本设置

Sznajd 模型的基本空间结构与元胞自动机是一样的，邻域只包含最近邻的邻居，采用周期性的边界条件，元胞也只有两个状态：1 和 −1。与通常的 CA 所不同的地方在于其独特的更新规则。

需要强调的是，Sznajd 模型是异步更新的。在每一时间步，随机地选出一对相邻的元胞 (一维情形) 或者互为相邻的四个元胞 (二维情形)，检查它们的状态是否一致。若它们一致，则将它们的邻居元胞状态也更新为相同；若它们并不一致，则按某种指定的规则更新它们的邻居状态。此处，稍有区别的更新规则形成 Sznajd 模型的不同版本。

我们以社会舆论形成为例来讲解 Sznajd 模型，这里元胞代表社会中的个人，其状态 1 和 −1 分别代表社会上的两种对立的观点或者意见。也就是说，1 代表赞成某观点，而 −1 表示反对该观点。所以，社会群体中各人的观点就对应为各元胞的状态。持不同观点的人在社会上会相互接触、争论和试图说服对方，Sznajd 模型抓住了这样的局部相互作用。最早提出的一维 Sznajd 模型的更新规则是：

(1) 若随机选出的一对相邻元胞的状态 s_i 和 s_{i+1} 相同，即 $s_is_{i+1}=1$，则两个邻居元胞 s_{i-1} 和 s_{i+2} 取与 s_i 相同的值。

(2a) 若随机选出的一对相邻元胞的状态 s_i 和 s_{i+1} 不相同，即 $s_is_{i+1}=-1$，则两个邻居元胞 s_{i-1} 和 s_{i+2} 分别取为 $s_{i-1}=s_{i+1}$ 和 $s_{i+2}=s_i$。

上面第二条更新规则体现了社会上个人的从众性行为，它是为了具有反铁磁体性而设置的 (参看伊辛模型)。这样的 Sznajd 模型的演化行为并不丰富，演化所达到的结果是下面三种稳定态 (构型) 之一:

- 以 1/4 的概率出现全体赞成的状况 (铁磁性吸引子)；
- 以 1/4 的概率出现全体反对的状况 (铁磁性吸引子)；
- 以 1/2 的概率出现一半赞成一半反对的状态 (反铁磁性吸引子)。

所谓“吸引子”，意味着一旦某种构形被达到，则永远留在此构形上不再变化。这种模型类似于与处于零温度下的伊辛模型，当然没有相变。后来人们修改了上面第二条规则，常见的有三种修改方式，它们分别是:

(2b) 若随机选出的一对相邻元胞的状态 s_i 和 s_{i+1} 不相同，即 $s_is_{i+1}=-1$，则两个邻居元胞 s_{i-1} 和 s_{i+2} 分别取为 $s_{i-1}=s_i$ 和 $s_{i+2}=s_{i+1}$；

(2c) 若随机选出的一对相邻元胞的状态 s_i 和 s_{i+1} 不相同，即 $s_i s_{i+1} = -1$，则两个邻居元胞 s_{i-1} 和 s_{i+2} 分别保持原来的状态；

(2d) 若随机选出的一对相邻元胞的状态 s_i 和 s_{i+1} 不相同，即 $s_i s_{i+1} = -1$，则两个邻居元胞 s_{i-1} 和 s_{i+2} 分别独立地以概率 p 取 1，以概率 $1-p$ 取 -1。

与伊辛模型类似，在每一时刻，模型的宏观表现量是如下的“平均磁化率”：

$$M(t) = \frac{1}{N}\sum_{i=1}^{N} s_i,$$

其中 N 是元胞的个数。这里，该磁化率就表示赞成与反对者的差额比例，即超额赞成数的比例。我们要关注的就是该磁化率的动态演化情况。

对一维 Sznajd 模型进行蒙特卡罗模拟是非常容易的，编程中只需注意周期性边界条件的处理。模拟 Sznajd 模型的 Matlab 程序如下：

```
function Sznajd(Times,mode,p)
n = 101;
M = zeros(1,Times);
S = randsample([-1,1],n,'true');
M(1) = sum(S)/n;
for t = 2:Times
    i = randsample(1:n,1,'true');
    im = i-1; ip = i+1; ipp = i+2;
    switch i
    case 1
        im = n;
    case n-1
        ipp = 1;
    case n
        ip = 1;
        ipp = 2;
    end
    if S(i)*S(ip)>0
        S(im) = S(i);
        S(ipp) = S(i);
    else
        switch mode
        case 'a'
            S(im) = S(ip);
            S(ipp) = S(i);
        case 'b'
            S(im) = S(i);
            S(ipp) = S(ip);
        case 'c'
            continue
```

```
        case 'd'
            if rand <= p
                S(im) = 1;
            end
            if rand <= p
                S(ipp) = 1;
            end
        end
    end
    M(t) = sum(S)/n;
end
plot(M, 'k'), grid on
xlabel('时间'),    ylabel('超额赞成数的比例')
end
```

在程序中，Times 是模拟的时间；mode 是不同更新规则的 Sznajd 模型，可以取字符：a，b，c，d，它们分别依此对应于上面所给出的四种更新规则。模拟这类一维 Sznajd 模型，网格的尺寸需为奇数，本例取为 101，初始时“赞成”与“反对”状态随机地均匀分布，其结果如图 11.9 所示。结果显示，规则 2(c) 的 Sznajd 模型演化到了一致赞成的状况。

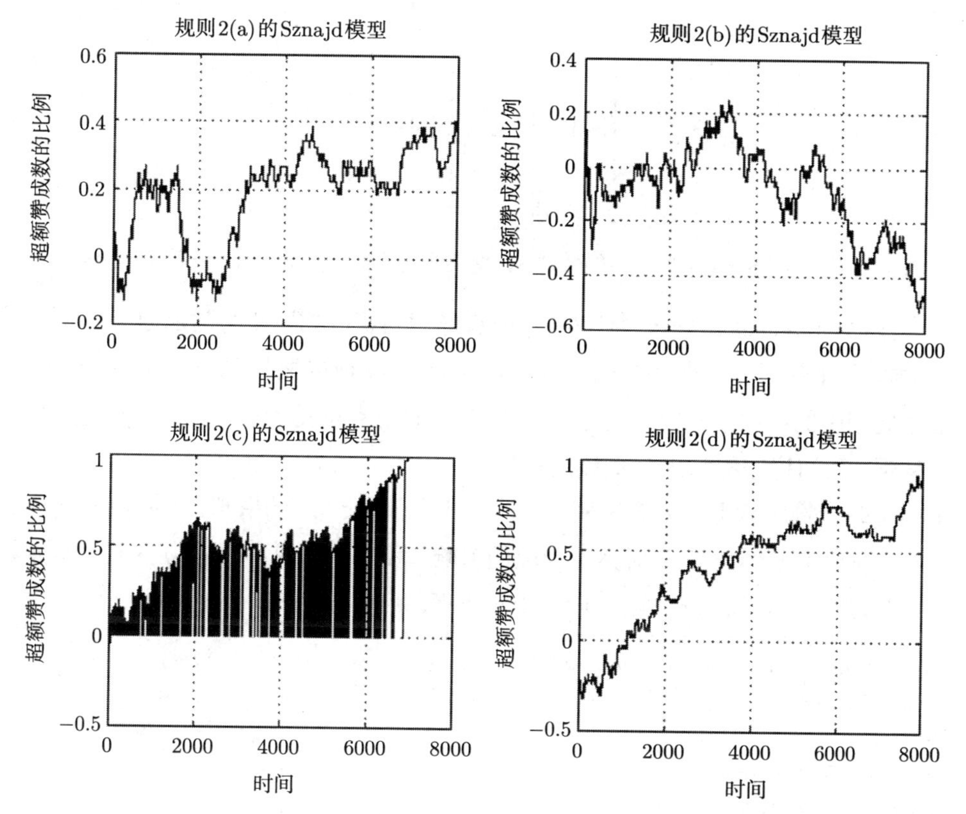

图 11.9　四种不同规则的 Sznajd 模型的演化轨迹

事实上，Sznajd 模型还有其他方面的应用，例如，可用于建模金融市场上价格的波动、产品的营销传播、政治竞选等现象。由于该模型简单而易于模拟的特性，同时又因为模型具有一定的扩展性，从而使得它获得应用领域界人们的关注。

11.4.2 二维 Sznajd 模型

现在考虑二维的 Sznajd 模型，我们期望它能够像二维伊辛模型那样存在相变。继续社会舆论形成的问题，考虑到社会上大众媒体对舆论的引导影响，我们需要将这一因素纳入到模型的更新规则中去。

为此目的，我们设计如下的更新规则：

(1) 对于二维平面上的一个 $L \times L$ 尺寸的元胞网格，在每一时间步，随机地选出四个互为相邻的元胞 (它们组成一个正方形)；它们的邻居是与这四个元胞相邻最近的八个元胞，如图 11.10 所示。

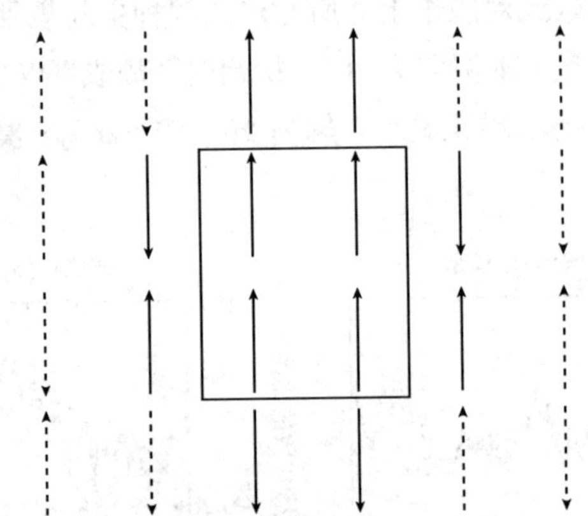

图 11.10 二维 Sznajd 模型中的邻域 (其中实线箭头的为邻居，而虚线箭头的不是)

(2) 若四个元胞的状态一致，则它们的所有邻居的状态都更新为与那四个元胞一样的状态；否则，每个邻居独立地按照概率 p 更新成状态 1，或以概率 $1-p$ 保持原来的状态。

上面规则中的概率 p 体现了社会上媒体对人们观点意见的影响程度，p 越大则影响程度也越强，我们将它称为大众媒体的影响度。

记初始时持赞成意见的人数比例为 ρ，我们考察 $\rho < 0.5$ 的情形，即初始时赞成者是少数。为了对比不同影响度 p 对舆论形成的影响，我们分别取不同的 p 来进行模拟。下面是模拟的这个二维 Sznajd 模型的 Matlab 程序：

```
function Opinion(n,Times,p,rho,char)
M = zeros(1,Times);
rng('shuffle')
S = 2*(rand(n)<rho)-1;
M(1) = sum(sum(S))/(n*n);
x = randsample(1:n,Times-1,'true');
```

```
y = randsample(1:n,Times-1,'true');
U = rand(Times-1,8);
for t = 2:Times
    i = x(t-1); j = y(t-1);
    im = i-1; ip = i+1; ipp = i+2;
    jm = j-1; jp = j+1; jpp = j+2;
    switch i
        case 1
            im = n;
        case n-1
            ipp = 1;
        case n
            ip = 1;  ipp = 2;
    end
    switch j
        case 1
            jm = n;
        case n-1
            jpp = 1;
        case n
            jp = 1;  jpp = 2;
    end
    if S(i,j)*S(i,jp) == 1 && S(i,j)*S(ip,j) == 1...
          && S(ip,j)*S(ip,jp) == 1
        S(im,j) = S(i,j); S(im,jp) = S(i,j);
        S(i,jpp) = S(i,j); S(ip,jpp) = S(i,j);
        S(ipp,j) = S(i,j); S(ipp,jp) = S(i,j);
        S(i,jm) = S(i,j); S(ip,jm) = S(i,j);
    else
        if U(t-1,1) < p
            S(im,j) = 1;
        end
        if U(t-1,2) < p
            S(im,jp) = 1;
        end
        if U(t-1,3) < p
            S(i,jm) = 1;
        end
        if U(t-1,4) < p
            S(ip,jm) = 1;
        end
        if U(t-1,5) < p
            S(i,jpp) = 1;
        end
        if U(t-1,6) < p
```

```
                S(ip ,jpp) = 1;
            end
            if U(t-1,7) < p
                S(ipp,j) = 1;
            end
            if U(t-1,8) < p
                S(ipp,jp) = 1;
            end
        end
        M(t) = sum(sum(S))/(n*n);
end
plot(M, char ,'linewidth',1.5)
xlabel('时间'),      ylabel('舆论倾向')
end
```

我们分别取大众媒体影响度为 0.09，0.11，0.12，0.13 和 0.15 来运行上面的程序，其中初始赞成比例 $\rho=0.15$。模拟的结果显示在图 11.11 中，从中我们可以看到，当 $p\geqslant 0.13$ 时在社会上人们能达成一致赞成的状况，而当 $p\leqslant 0.12$ 时则总有一定比例的反对者存在。这表明模型发生了相变，其相变的临界点处在 $0.12\sim 0.13$ 之间。这个结论告诉我们，大众媒体对公众的影响不可小视，起着引导舆论倾向的作用。

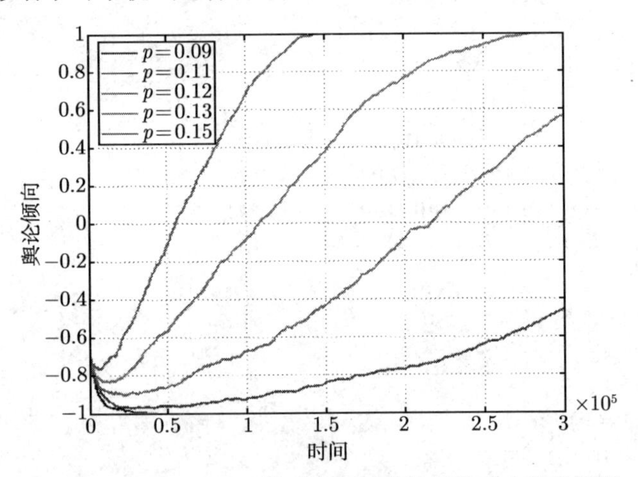

图 11.11　二维 Sznajd 模型在不同参数下的动态演化情况

11.5　渗 流 模 型

渗流模型(也被称为**逾渗模型**) 是 Simon Broadbent 和 John Hammersley 在 1957 年提出的一种模拟流体能否穿透一块多空介质 (如火山岩) 的数学模型。由于在多空介质中存在大量随机分布的细小通道 (毛细管)，流体能否穿透介质就归结为这些细小的通道是否连通的问题，是一种随机性问题。

渗流模型的空间结构同元胞自动机十分相似，也是规整的网格结构。最简单的是二维的正方形网格上的渗流模型，渗流模型关注的是网格的边，称为**键**(bond)。网格上的每根键独立地以概率 p 开通 (成为通道)，以概率 $1-p$ 闭锁，如图 11.12 中分别用粗线段表示网格的边是开通的键，而细线边是闭锁的键。

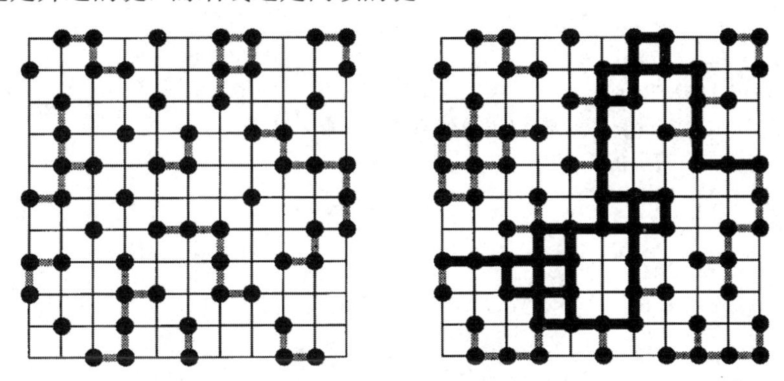

图 11.12　渗流模型的网格结构及其状态的示意图

相互连通的粗线键构成一个**簇**(cluster)。如在图 11.12 的左图中，有 12 个互不连通的簇；而在图 11.12 的右图中只有 5 个互不连通的簇，其中有一个连通介质左右边界的最大簇 (称为巨簇)，形成了介质的穿透 (即渗流)。这种渗流方式的模型也被称为**键渗流**。

渗流模型中的开通概率 p 是一个关键的参数，通过随机模拟的试验可以证实：存在一个临界概率 $p_c < 1$。当 $p < p_c$ 时，介质几乎不会发生渗流；而当 $p > p_c$ 时，介质几乎都会发生渗流。因此，渗流模型存在相变，其临界值是 p_c。并且，当 $p > p_c$ 时，模型中最大簇的大小与网格规模是成正比的。

渗流模型的另一种方式是所谓的**位渗流**，它关注网格的格点 (称为**位**) 是否被占据，而不是边的开通与否。假设每个格点独立地以概率 p 被占据，以概率 $1-p$ 未被占据。在图 11.12 中，那些粗黑的格点就表示被占据状态，而其他的格点呈现未被占据的状态。模型用数字 1 表示格点被占据的状态，用 0 来表示未被占据的状态。如果那些被占据的格点彼此相邻，则它们就形成一个簇 (如图 11.12 所示)。我们可以把簇中连接两个状态都为 1(被占据) 的相邻格点的边想象成开通的边，这样该簇就成了像上面模型一样的连通部分。当存在一个连通左右边界的簇时，我们就说出现了渗流。同样，位渗流模型也存在相变。必须指出，两种渗流模型的临界概率是不同的，位渗流的临界值要大于键渗流。其原因是网格的边数要多于格点数接近一倍, 所以相同的密度之下边更容易形成连通的簇。这两者具体相差多少与网格的几何结构有关。

模拟一个 $L \times L$ 网格的位渗流模型是方便的，我们这里使用了影像函数 (image( ) 和 bwlabel( )，后者需要安装影像处理工具箱) 来显示所形成簇的分布情况。影像中每个像素代表一个格点，黑色的像素就表示状态 1，白色的像素就表示状态 0，如有两个及以上的连成一片的像素就是一个簇。下面是模拟位渗流的 Matlab 程序：

```
function [state,num] = PercuShow(L,p)
U = rand(L,L);
Grid = U < p;      % 生成渗流的网格及其开通边
% 给各个簇依次编号，同一簇的格点被标上相同的编号
[Cluster,num] = bwlabel(Grid,4);
Bw = Cluster > 0;
img = label2rgb(bw,'gray');
image(img);  axis image     % 以黑色像素来显示簇的影像
% 检查是否有连通左右边界的簇
A = Cluster(:,1);
for I = 2:L
    b = Cluster(:,i);
    c = intersect(a,b);      % 集合 a 和 b 的交集
    a = c;
end
if length(c)>1 || c == 1
    disp('发生渗流!')
    state = 1;
else
    disp('无渗流!')
    state = 0;
end
end
```

上面程序还能通过输出变量 num 来返回网格中簇的个数。我们取 $L=30$，分别以概率为 $p=0.58$ 和 $p=0.6$ 的情形运行了程序，其结果分别显示在图 11.3 和图 11.4 中。当然，我们这里仅给出了一次运行的结果。在实际模拟研究时，人们必须在同一组参数下重复大量次数的试验，估计出在该组参数下发生渗流的概率。

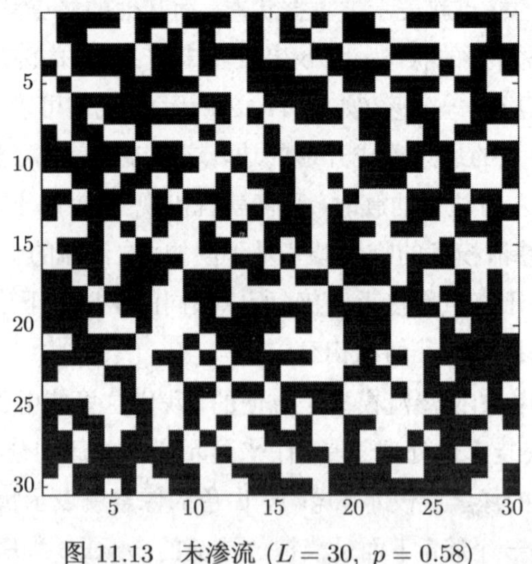

图 11.13　未渗流 ($L=30,\ p=0.58$)

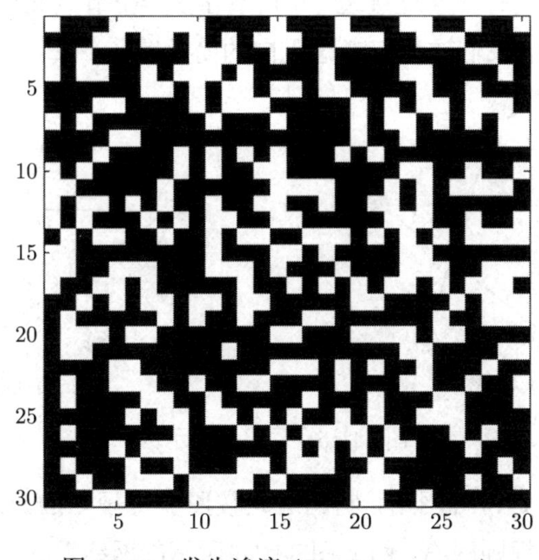

图 11.14　发生渗流 ($L = 30,\ p = 0.6$)

利用上面的程序，读者可以仔细地寻求相变点。事实上，在二维正方形网格上的位相变临界概率是：$p_c = 0.59274$。我们将模拟键相变的问题留给读者作为练习。渗流模型在数学上受到一定的重视，因为人们可以从数学上分析模型的有关临界性质，包括高维的渗流模型。渗流模型除了它原有的物理背景之外，还可应用于其他领域，但这往往需要对模型作某些修改与扩展。例如，法国数学家 Rama Cont 和物理学家 Jean-Philipe Bouchaud 合作建立了一个反映股票价格波动的模型 (Cont-Bouchaud 模型)，它就是在渗流模型的基础上扩展而成的。虽然他们的原模型没有使用这里渗流模型的正方形网格，取而代之的是采用下面一节要介绍的随机图，但可以把它替换为这里的渗流网格，这样更容易些。有兴趣的读者可以参看有关文献，我们留作练习。

11.6　复杂网络：随机图、小世界和无标度网络

复杂网络是构成复杂系统的基本结构，每个复杂系统都可以看做是单元或个体之间的相互作用网络。现在，人们认为复杂网络理论是研究复杂系统的一种重要方法。因为它关注系统中各单元相互关联作用的拓扑结构，所以复杂网络理论是理解复杂系统性质和功能的基础。

11.6.1　网络的基本概念

网络是由一组节点和一些连接节点的边所构成的图。严格讲，网络的图应该是连通的，即不存在相互孤立的部分 (子图)，但为了叙述方便，我们对此不予区分。如果网络的边具有方向性，则称该网络为**有向网络**，否则该网络称为**无向网络**，如图 11.15 所示。

如果任意一对节点至多只有一条连接边，并且不存在一个节点又自己连接自己的边 (圈)，则该种网络叫做**简单图**，我们这里仅考虑无向的简单图。

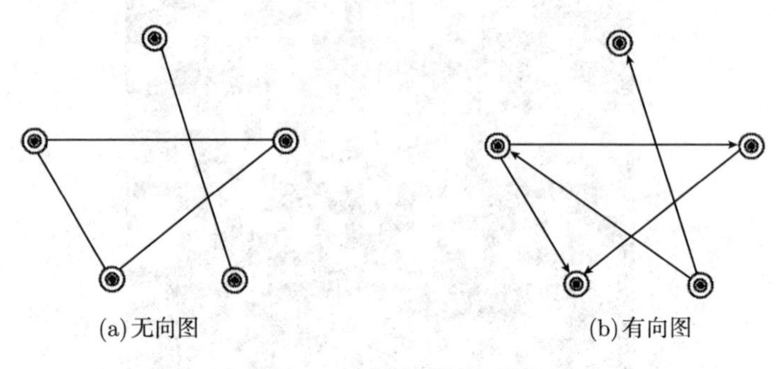

(a) 无向图　　(b) 有向图

图 11.15　网络类型示例

前面出现的网格就是一种网络，它的边是按照非常规则的方式连接的；凡是这类规则连接的网络就被称为规则网络，例如图 11.16 所示的网络。

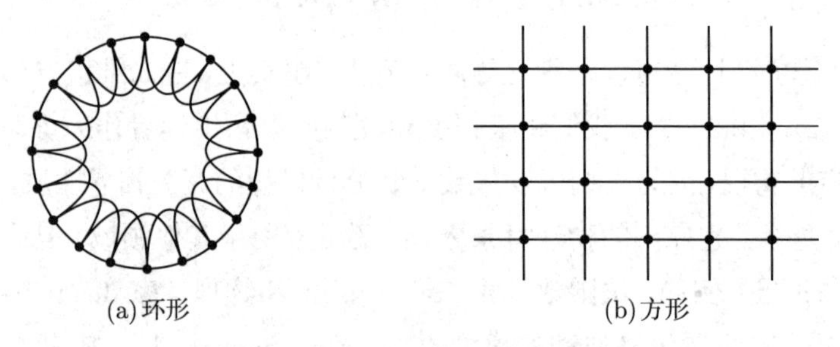

(a) 环形　　(b) 方形

图 11.16　规则网络示例

如果边是按照完全随机的方式来连接节点的，则这样构成的网络就称为**随机图** (random graph)，这是人们最早提出的一种复杂网络模型。

如果边是按照某种概率规则来连接节点的，则这样构成的网络就称为**复杂网络** (complex network)。如果网络的节点和边还随着时间不断地增长，则这类网络称为**演化网络**(evolving network)。

11.6.2　复杂网络的基本特征

一个网络可以用一个**邻接矩阵**来表示 (这里仅限无向的简单图)：设网络有 N 个节点，它的邻接矩阵是一个 N 阶方阵，记为 A，其行和列的顺序是按照节点的编号来排列的，其元素 a_{ij} 取 0 或 1，分别代表在节点对 (i,j) 之间没有连接边或只有一条连接边的情况。显然，邻接矩阵是对称阵，并且其对角元都为零。给出一个邻接矩阵也就给定了一个网络。

描述复杂网络的基本特征量主要有：网络的平均路径长度、直径、聚集系数 (clustering coefficient) 和度分布 (degree distribution) 等，下面我们分别来介绍它们。

1. 平均路径长度。

网络中任何两个节点 i 和 j 之间的距离 l_{ij} 是从一个节点出发到达另一个节点所要途经的边的最少数目，即最短路径长度。定义网络的平均路径长度 L 为网络中所有节点对之间距离的平均值，即

$$L=\frac{2}{N(N-1)}\sum_{i=1}^{N-1}\sum_{j=i+1}^{N}l_{ij}, \tag{11.7}$$

其中 N 为网络的节点数。

2. 网络直径。

定义网络直径为网络中任意两个节点之间距离的最大值，即

$$D=\max_{i,j}\ \{l_{ij}\}。 \tag{11.8}$$

网络的平均路径长度 $\overline{L}$ 和直径 D 越小，则表明网络中任意节点的距离越近，这就是所谓**“小世界性”**。

3. 度分布。

网络中节点 i 的度 k_i 定义为与该节点相连接的边的数目，也就是该节点连接到了 k_i 个其他的节点，即它的邻居数。通常，网络中不同节点的度是不相同的。一个节点的度越大，就意味着这个节点越重要；那些度很大的节点属于网络中的关键节点。于是，网络中节点度的分布情况就需要采用一个概率分布函数 $P(k)$ 来描述：它表示从网络中任意选取一个节点，该节点的度恰好为 k 的概率，即

$$P(k)=\frac{1}{N}\sum_{i=1}^{N}\delta(k-k_i), \tag{11.9}$$

其中 $\delta(\cdot)$ 是克罗内克尔 (Kronecker) 函数。这个分布函数就是该网络的度分布。

如果度分布具有某种程度的厚尾性，则称其为**无标度性**(scale-free)。这时网络中的关键节点并不是极其少数，这样的网络往往更具稳健性，因为如果破坏一个甚至两个关键节点仍然不会导致整个网络的瘫痪。

4. 聚集系数。

设网络中节点 i 的度为 k_i，则在它的 k_i 个邻居节点之间最多可能有 $k_i(k_i-1)/2$ 条边，而在这些邻居节点之间实际存在的边数是 n_i。于是，定义这两个边数的比值为该节点 i 的聚集系数，即

$$C_i=\frac{2n_i}{k_i(k_i-1)}。 \tag{11.10}$$

聚集系数反映在一个节点的局部处连边的密度情况，也表明在这些邻居节点之间相互关系的紧密程度。整个网络的聚类系数就定义为网络中所有节点的聚类系数的平均值，即

$$C=\frac{1}{N}\sum_{i=1}^{N}C_i。 \tag{11.11}$$

显然，$0\leqslant C\leqslant 1$。当 $C=0$ 时，说明网络中所有节点均为孤立节点，即没有任何连边；当 $C=1$ 时，说明网络中任意两个节点都直接相连，即网络是一个完全连接图。

人们对不同领域内的大量实际网络进行研究后发现：真实网络往往表现出小世界性、无标度性和高聚集性。为了解释这些现象，人们构造了各种各样的网络模型，以便从理论上揭示网络行为与网络结构之间的关系，也有助于人们改善网络的特性。

11.6.3 随机图

随机图模型是由著名的匈牙利数学家 Paul Erdös(见左图) 和 Alfréd Rényi 在 1959 年提出的，所以常被人们称为 **ER 随机图**。随机图的构造有如下两种方法：

方法一：给定 N 个节点，并且指定图的边数为 L，这些边采取从所有可能的 $N(N-1)/2$ 条边中随机地选出 L 条；

方法二：给定 N 个节点，以一定的连接概率 p 去连接所有可能的每对节点。

显然，当 $L \approx pN(N-1)/2$ 时，上面两种方法基本上是等价的。看似简单的随机图却隐含着丰富的数学内涵，从它提出起就受到数学界的高度关注，成为组合数学领域里的一个研究方向。随机图与前面的渗流模型有一些类似的特性。例如，在图中连通的部分做成一个簇；当连接概率 p 一旦超过某个临界值 p_c 时整个图以概率 1 即刻成为一个簇 (即该随机图成为连通的网络)，而当连接概率 p 低于临界值 p_c 时则该图就会有多个孤立的簇。因此，随机图具有相变的特性 (即整体的连通/非连通)。

在系统理论中，如果系统的某个整体性质 Q 会当某参数超过临界值时以概率 1 出现，而在这之前就没有性质 Q，则这种系统特性被称为**涌现**。所以，上面随机图的相变特性有时也被说成它具有涌现的特性。

对于一个给定连接概率为 p 的随机图，若图的节点数 N 充分大，则该图的度分布近似于泊松分布，即为

$$P(k) = \mathrm{C}_{N-1}^{k} p^k (1-p)^{N-1-k} \approx \frac{(\bar{k})^k}{k!} \mathrm{e}^{-\bar{k}}, \tag{11.12}$$

其中 $\bar{k} = p(N-1) \approx pN$ 是随机图的平均度。

图的平均路径长度为

$$\overline{L} = \frac{\ln N}{\ln(pN)} \approx \frac{\ln N}{\ln\langle k \rangle}。 \tag{11.13}$$

由于 $\ln N$ 的值随 N 增长得较慢，所以规模很大的随机图具有很小的平均路径长度。

在随机图中，由于任何两个节点之间的连接概率 p 都相等，所以其聚类系数为

$$C = p = \frac{\bar{k}}{N}。 \tag{11.14}$$

由此可见，当网络规模 N 固定时，聚集系数随着网络节点平均度 $\bar{k}$ 的增加而增加。当网络节点平均度 $\bar{k}$ 固定时，簇系数随着网络规模 N 的增加而下降。因此，当 N 较大时，随机图的聚集系数很小。

人们可以利用Matlab来很方便地模拟一个随机图，下面就是一个生成随机图的程序：

```
function [A,L] = RandomGraph(N,p)
theta = 2*pi/N;
x = zeros(N,1);   y = zeros(N,1);
A = zeros(N,N);
for i=1:N
    x(i) = N*cos((i-1)*theta);
    y(i) = N*sin((i-1)*theta);
end
xy = [x,y];
L = 0;
for i = 1:N
    for j = i:N
        if j == i
            A(i,j) = 1;
        else
            A(i,j) = rand < p;
            A(j,i) = A(i,j);
            if A(i,j) == 1, L = L+1; end;
        end
    end
end
gplot(A,xy)
axis square,  axis off
end
```

在程序中，语句 **gplot** (A,xy) 是 Matlab 用来画网络图的，这里 xy 是存储节点坐标的矩阵，A 是图的邻接矩阵。我们生成了节点数为 20，而连接概率分别取 0.1 和 0.25 的随机图 (如图 11.17 所示)。

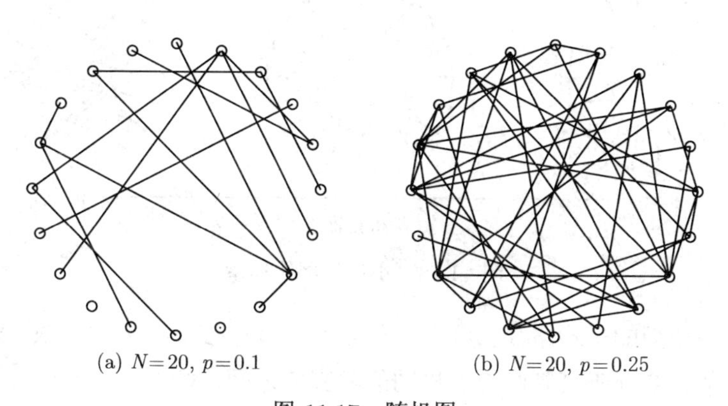

(a) $N=20$, $p=0.1$　　(b) $N=20$, $p=0.25$

图 11.17 随机图

随机图的数学理论非常优美，但应用随机图来建模实际网络却有两大软肋：一是它的连接方式的无目的性或者无倾向性；二是它的聚集系数过小。另外，它往往还是不连通的。

11.6.4 小世界网络

鉴于随机图的不现实性，美国康奈尔大学理论和应用力学系的博士生 Duncan James Watts 与其导师、数学家 Steven Henry Strogatz 教授 (见左图) 于 1998 年 6 月在 *Nature* 杂志上发表的题为“‘小世界’网络的集体动力学”的文章，建立了一个具有小的平均路径长度和大的聚类系数的网络模型。它被称为**小世界网络模型**，从此开始了复杂网络研究的新纪元。

小世界网络模型的构造方法如下：

(1) 构造一个规则网络。建立一个有 N 个节点的近邻相连接的网络，它们围成一个环，其中每一个节点都与它左右相邻的各 $K/2$ 个节点相连 (K 是偶数)。

(2) 随机重连接。以重连接概率 p 随机地重新连接网络中的每一条边，即把一条边的一端断开，将它与随机选择的其他一个节点相连接。这里规定：任意一对节点之间至多只能有一条边，并且每个节点不能有与自身相连圈，即不出现自环。

为了保证网络具有稀疏性，要求 $N \gg K$，这样构造出来的网络模型具有较高聚类系数。网络形成中的随机重新连接过程大大减小了网络的平均路径长度，使网络模型具有小世界特性。当 $p=0$ 时，模型就退化为规则网络，而当 $p=1$ 时，模型则退化为随机网络。通过改变 p 的值就可以呈现模型从规则网络到完全随机图的变化，如图 11.18 所示.

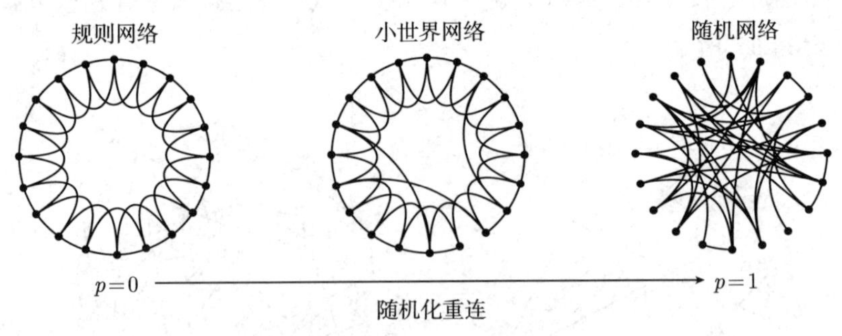

图 11.18 小世界网络模型

小世界网络模型的平均路径长度和聚类系数是重连接概率 p 的函数，分别记为 $L(p)$ 和 $C(p)$，它们的值是介于规则图与随机图的相应值之间，变化规律如图 11.19 所示。当 p 在一定范围内，小世界网络可以得到既有较短的平均路径长度 (小世界性)，又有较高聚类系数的网络。于是，小世界网络在社会科学中获得了重视，许多社会网络模型就是以小世界网络为基础的。然而在度分布方面它却与随机图类似，小世界网络的度分布可近似用泊松分布来表示。

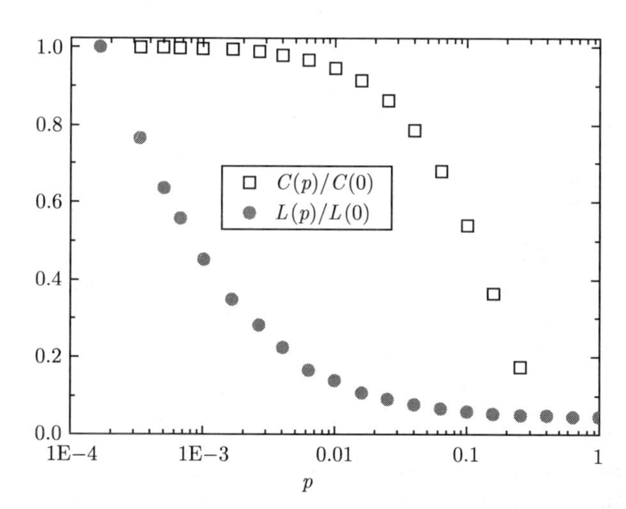

图 11.19　小世界网络模型的平均路径长度和聚集系数随 p 的变化关系

由于泊松分布的特性，随机图和小世界网络的节点度主要集中在其平均值 $\bar{k}$ 附近，当 k 增大时将按指数函数快速衰减。故这类网络被称为均匀网络或指数网络。

我们可以用 Matlab 来生成小世界网络，下面是它的程序：

```
% 生成小世界网络的主程序
% 初始化网络数据，N 个节点，最近邻的 2m 个节点相互连边
N = 10;  m = 2;
p = 0.3;      % 重连接概率 p
A = zeros(N);
% 建立初始的环状的规则网络，写邻接矩阵 A
for i = 1:N - m
    for j = i+1:i+m
        A(i,j) = 1; A(j,i) = 1;
    end
end
for i = N - m +1:N
    for j = [i+1:N, 1:i - N + m]
        A(i,j) = 1; A(j,i) = 1;
    end
end
figure(1),  SWplot(A)      % 画初始的规则网络
% 逆时针的边重连，从节点 1 到 N−m
for i = 1:N - m
    for j = i+1:i+m
        r = rand(1);      % 随机选取一个数
        if r <= p
```

```
                unconect = find(A(i,:) == 0);    % 取出邻接矩阵中的非 0 元素位置
                Q = length(unconect);    % 求出非 0 元素个数
                k = ceil(Q*rand(1));    % 向上取整
                A(i,unconect(k)) = 1;
                A(unconect(k),i) = 1;    % 连接这一对点
                A(i,j) = 0;  A(j,i) = 0;    % 断开原来的边
            end
        end
end
% 逆时针的边重新连接, 从节点 N-m + 1 到 N
for i = N - m + 1:N
    for j = [i + 1:N, 1:i-N + m]
        r = rand(1);
        if r <= p
            unconect = find(A(i,:) == 0);
            k = ceil(length(unconect)*rand(1));
            A(i,unconect(k)) = 1;
            A(unconect(k),i) = 1;
            A(i,j) = 0;  A(j,i) = 0;
        end
    end
end
for k = 1:N
    A(k,k) = 0;    % 去掉自身节点形成的环
end
figure(2),  SWplot(A)    % 画生成的小世界网络
% 根据邻接矩阵画出该小世界网络的图形
function SWplot(A)
% 由邻接矩阵画连接图, 输入为邻接矩阵 A
A_size = size(A);
len = A_size(1);
rho = 10;    % 限制图尺寸的大小
r = 2/1.05^len;    % 点的半径
theta = 0:(2*pi/len):2*pi*(1-1/len);
[pointx,pointy] = pol2cart(theta',rho);
theta = 0:pi/36:2*pi;
[tempx,tempy] = pol2cart(theta',r);
point = [pointx,pointy];
for i = 1:len
    temp = [tempx,tempy]+[point(i,1)*ones(length(tempx),1),...
        point(i,2)*ones(length(tempx),1)];
    plot(temp(:,1),temp(:,2),'k','linewidth',2);    % 画节点
    text(point(i,1)-0.3,point(i,2),num2str(i),'FontSize',14);
    hold on
end
```

```
for i = 1:len
    for j = 1:len
        if A(i,j)
            edge_plot(point(i,:),point(j,:),r);      % 画连接两节点的边
        end
    end
end
set(gca,'XLim',[-rho-r,rho+r],'YLim',[-rho-r,rho+r]);
axis off
hold off
end
% 画连接两节点的边
function edge_plot(point1,point2,r)
temp=point2-point1;
if (~temp(1))&&(~temp(2))
    return;      % 不画节点重叠的边
end
theta = cart2pol(temp(1),temp(2));
[point1_x,point1_y] = pol2cart(theta,r);
point_1 = [point1_x,point1_y]+point1;
[point2_x,point2_y] = pol2cart(theta+(2*(theta<pi)-1)*pi,r);
point_2 = [point2_x,point2_y]+point2;
plot([point_1(1),point_2(1)],[point_1(2),point_2(2)]);
end
```

我们运行上面程序生成的小世界网络, 如图 11.20 所示。

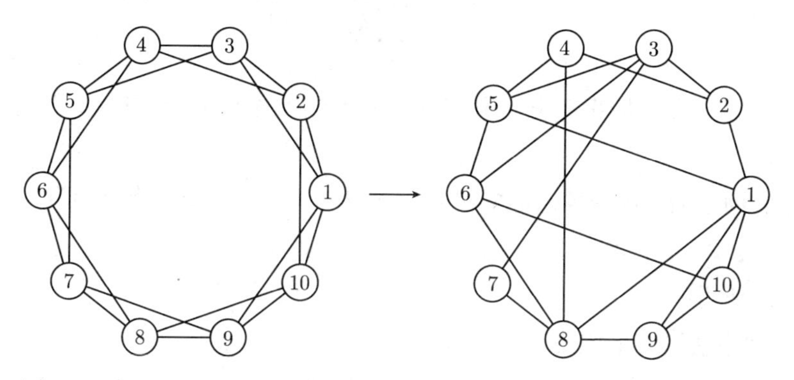

图 11.20　小世界网络: 左图是初始的规则图, 右图是生成的小世界网络

11.6.5　无标度网络

近年来, 大量的实际研究表明, 许多大规模真实网络, 如因特网、万维网、人际关系网、新陈代谢网络等复杂网络的度分布都呈现幂律分布的函数形式:

$$P(k) \propto k^{-\gamma}, \quad 其中\ \gamma\ 是幂指数\ (通常 1 \leqslant \gamma \leqslant 4)。$$

在这类网络中，大部分节点的度都很小，但也有一小部分节点具有很大的度，也就是说，节点的度缺乏一个特征标度，故称它们为**无标度网络**。

美国圣母大学物理系的 Albert-László Barab ά si 教授 (见左图) 及其博士生 Réka Albert 于 1999 年 10 月在 *Science* 杂志上发表题为“随机网络中标度的涌现”的文章。在文章中他们提出了一个能够生成具有无标度特性的复杂网络模型，称为 BA**网络模型**，它很好地诠释了复杂网络无标度特性的产生机理。文章登出后，国内外学术界掀起了一场复杂网络的研究热潮，至今仍方兴未艾。

BA 网络模型的构造主要基于现实网络的两个内在机制：

(1) **增长性**：大多数真实网络是一个开放系统，随着时间的推移，网络规模将不断增大，即网络中的节点数和连边数是不断增加的。

(2) **择优连接**：新增加的节更倾向于与那些具有较高度的节点相连。由此，可以给出 BA 无标度网络模型的如下构造方法：

(a) 增长性：设置初始时刻的网络有 m_0 个节点；每一个时间步增加一个度为 m 的节点 ($m \leqslant m_0$)，即要新添 m 条与它相连接的边；转下一步骤去挑选出 m 个节点并与之连接。

(b) 择优连接：以概率方式来挑选节点，从已有网络中选择节点 i 的概率 π_i 正比于该节点的度 k_i，即

$$\pi_i = \frac{k_i}{\sum\limits_j k_j}。\tag{11.15}$$

独立地进行 m 次选择，每次选出一个节点并添加与新的节点的连接边，但注意不能够与前面的重复。

经过 t 时间步后，这种算法能够产生一个含有 $N = t + m_0$ 个节点和 mt 条边的网络。

人们已经证明：

(1) BA 网络模型的平均路径长度为

$$L \propto \frac{\log N}{\log\log N},\tag{11.16}$$

这表明 BA 无标度网络也具有小世界性。

(2) BA 网络的度分布是

$$P(k) = \frac{2m(m+1)}{k(k+1)(k+2)} \propto 2m^2k^{-3},\tag{11.17}$$

这表明 BA 网络的度分布可以由幂指数为 3 的幂律函数来近似描述，它确实具有无标度性。

(3) 网络的聚集系数为

$$C = \frac{m^2(m+1)^2}{4(m-1)}\left[\ln\left(\frac{m+1}{m}\right) - \frac{1}{m+1}\right]\frac{[\ln(t)]^2}{t}。\tag{11.18}$$

这与随机网络类似，当网络规模充分大时 $(t \to \infty)$，BA 网络的聚集系数很小。

BA 网络和小世界网络各自抓住了实际网络三个主要特性中的两个，它们各有千秋。目前已有许多关于它们的修改与扩展模型，但都没有这两种网络模型的规则来得简单，所以到目前为止它们依然被广泛地应用着。由于复杂网络的应用方面的工作已浩如烟海，我们这里限于篇幅就不再赘述，建议读者寻找自己感兴趣的文章来阅读。

为了使模拟程序更易读，我们这里仅给出在 $m_0 = 1$, $m = 1$ 的情形下生成 BA 网络的 Matlab 程序：

```
function [network, degreeFreq, avDegree,numEdges] = createNetwork(N)
network = sparse(zeros(N));
p = zeros(1,N);
p(1) = 1;
numDegrees = zeros(1,N);
degreeFreq = zeros(1, N);
for vertex = 2:N
    numDegrees(vertex) = 0;
    in = connect(p);
    network(vertex, in) = 1;
    numDegrees(vertex) = numDegrees(vertex) + 1;
    numDegrees(in) = numDegrees(in) + 1;
    p = updateDist(p, vertex, numDegrees);
end
maxDegree = 0;
for i = 1:N
    tmp = find(numDegrees == i);
    degreeFreq(i) = numel(tmp);
    if degreeFreq(i)>0
        maxDegree = i;
    end
end
figure(1)
[G, xy] = graph(N, network);
gplot(G, xy, '-ok');
axis square
axis off
figure(2)
bar(1:maxDegree, degreeFreq(1:maxDegree), 'w')
```

```
xlabel('节点的度'),  ylabel('频数')
figure(3)
totalDegrees = sum(numDegrees);
loglog(1:maxDegree,degreeFreq(1:maxDegree)/totalDegrees,'xk')
xlabel('k'),  ylabel('P(k)')
avDegree = totalDegrees/N;
numEdges = totalDegrees/2;
end

function [G, xy] = graph(N, network)
G = zeros(N);
[in, out] = find(network);
for k = 1:numel(in)
    G(in(k), out(k)) = 1;
end
    G = sparse(G);
    x = round(rand(1, N) * N);
    y = round(rand(1, N) * N);
    xy = [x', y'];
end

function p = updateDist(p,vertex, numDegrees)
totalDegrees = sum(numDegrees);
for i = 1:vertex
    p(i) = numDegrees(i) / totalDegrees;
end
end

function v = connect(p)
P = cumsum(p);
u = rand(1);
v = find(u < P, 1, 'first');
end
```

程序中使用了稀疏矩阵来储存网络的邻接矩阵，有关于稀疏矩阵的 Matlab 函数 sparse( ) 的具体用法请读者直接利用 Matlab 的帮助命令来查阅。这样做法的原因是因为 BA 这类无标度网络都是规模很大的，节点很多但连接边的密度相对较小，所以为了节省储存空间应该采用稀疏矩阵的方式来表示邻接矩阵。采用稀疏矩阵的代价是运算速度要比使用一般的矩阵慢。

我们运行上面程序分别生成了节点数为 30 和 500 的 BA 网络，它们的边数分别是 29 和 499，其平均度分别为 1.933 和 1.966，所生成的网络图示分别见图 11.21 和 11.22。同时，我们画出前者网络的度的频数图 (见图 11.23) 和后者网络的度分布图 (见图 11.24)。

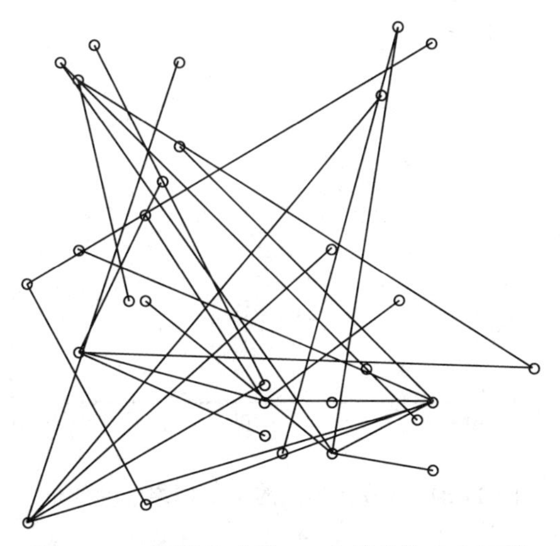
图 11.21 模拟生成的 30 个节点的 BA 网络

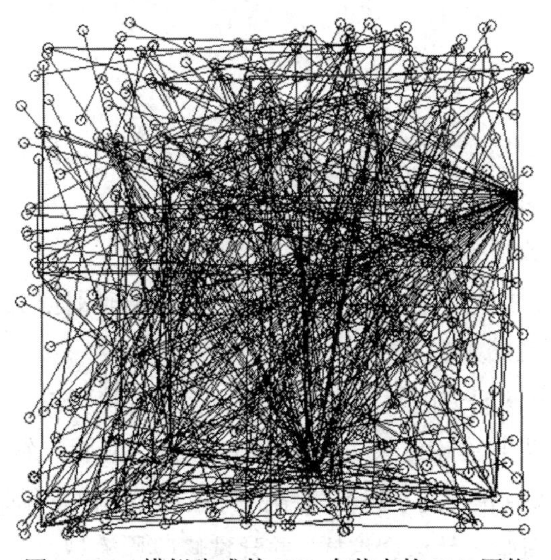
图 11.22 模拟生成的 500 个节点的 BA 网络

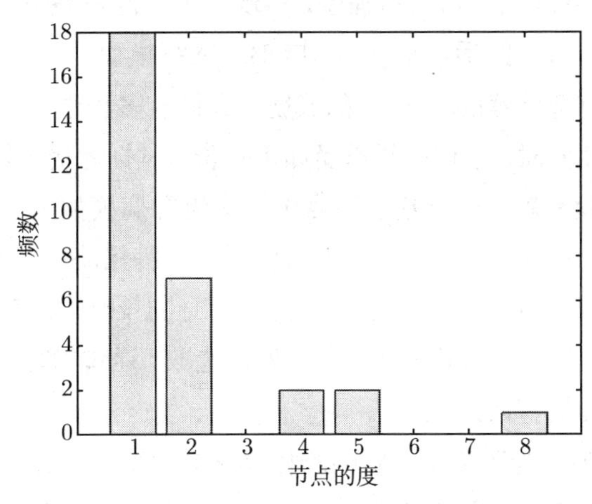

图 11.23 30 个节点的 BA 网络的度的直方图

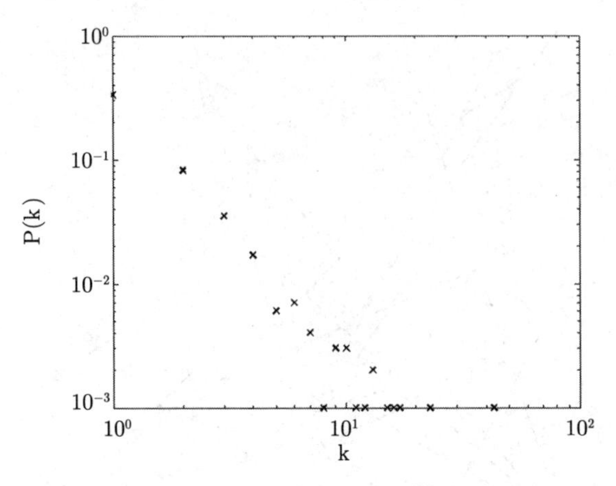

图 11.24　500 个节点的 BA 网络的度分布

✎ 练　习

1. 考虑非正方形网格的二维元胞自动机模型的模拟，编写它们的 Matlab 程序，并比较不同网格结构下的结果情况。

2. 用 Matlab 编程来实现键渗流模型的模拟。

3. 为 Cont-Bouchaud 模型做模拟研究 (内容请上网查阅他们的论文)，可能的话对模型做出修改，并比较两者结果的差别。

4. 用随机模拟的方法研究随机图中最大簇的尺寸 (簇所包含的节点数) 与连接概率的关系，并比较你的结果与理论结果 (请查阅相关文献) 是否一致。

5. 仔细地试验本章中介绍的小世界网络的生成模型，你发现是否会出现不连通的情况？如果确有发生，弄清楚为什么会这样？并尝试修改原模型。

6. 请修改本章中模拟 BA 网络的程序，实现对于任意正整数 m_0 和 $m(m_0 \leqslant m)$ 情形的 BA 网络的生成。可能的话，进一步拓展 BA 网络模型。

7. (传染病传播模型)　面对传染病的威胁，人们有多种选择，或者打防疫针，或者改变行为习惯。但与此同时，他们必须承受如下代价：付打针费，有副作用，生活方式不舒服，如此等等。试考虑建立一个基于网络传播的流行病模型来模拟这一类复杂系统集体行为的响应与效果。在模型中，每一个人可以采取三种策略：打防疫针、自我保护、放任自流，并可按照其邻居的策略和回报来调整其自身的策略。你考虑选择何种类型的模型来模拟这个问题？其中规则怎样设置？参数如何选取？通过模型模拟，你会发现哪些现象？对控制流行病的传播有何建议？

8. (森林火灾模型)　为了模拟真实的森林火灾的情况，考虑到森林中有光秃的空地或者砍伐后留下的空地存在，即森林中的树木分布是不均匀的情况。在这种条件下，试考虑用元胞自动机来建模森林着火的演化情况？(提示：燃烧的树木会蔓延到相邻的树木。)通过模型的模拟，你会发现哪些现象？适度留一些起隔离作用的空地或适度砍伐对森林防火是否有益？模拟结果与真实情况吻合吗？

9. (反恐模型)　从 20 世纪下半叶以来，恐怖主义活动愈演愈烈，在全球范围普遍滋生与蔓延，恐怖主义已经是当代世界面临的一个相当严重的问题。考虑针对恐怖主义狂热思想的传播及其形成和发展呈现出的网络传递特性。试考虑建立恐怖蔓延的元胞自动机或者 Sznajd 模型或者复杂网络的模型。模拟的结果是否能够解释实际情况？并根据结果你可以提出何种反恐措施和建议？

10. 元胞自动机、Sznajd 模型、渗流模型与复杂网络模型可用来研究很多复杂现象，包括通信、信息传递、生长、复制、竞争与进化等。它们为人们研究系统中的有关涌现、湍流、混沌、对称性破缺、分形等系统整体行为与复杂现象提供了有效的建模工具。它们还被广泛地应用到社会、经济、军事和生物等科学研究的各个领域。例如，研究经济危机的形成与爆发过程、个人行为的社会性、时尚的流行现象、肿瘤细胞的增长机理和过程、艾滋病病毒 HIV 的感染过程、自组织与自繁殖的生命现象等。目前人们已构建了一些这方面的模型，但这些模型都存在一定的局限。选择您感兴趣的内容，查阅相关参考文献，试在原有模型的基础上做出你自己的推广研究，并发表你的成果。

参 考 文 献

[1] 肖柳青, 周石鹏. 数理经济学. 北京：高等教育出版社, 1998 年.

[2] 刘藻珍. 系统仿真. 北京：北京理工大学出版社, 1998 年.

[3] 肖柳青, 周石鹏. 离散非线性动力学: 理论与方法. 上海: 上海交通大学出版社, 2000 年.

[4] 肖柳青, 周石鹏. 实用最优化方法. 上海: 上海交通大学出版社, 2000 年.

[5] 刘运通, 石建军, 熊辉. 交通系统仿真技术. 北京：人民交通出版社, 2002 年.

[6] 裴玉龙等. 道路交通系统仿真. 北京：人民交通出版社, 2004 年.

[7] 张晓华. 系统建模与仿真. 北京：清华大学出版社, 2006 年.

[8] 周石鹏, 肖柳青. 经济系统的 Vakonomic 模型. 数学力学物理及高新技术研究进展. 2008, 12: 449-454. 北京: 科学出版社, 2008 年.

[9] 周石鹏, 肖柳青. 金融中的规范对称性和微分几何建模. 数学力学物理学高新技术交叉研究进展. 2010, 13: 700-705. 北京: 科学出版社, 2010 年.

[10] George S. Fishman. Monte Carlo-Concepts, Algorithms and Applications. Springer, 1996.

[11] Kenneth L. Judd. Numerical Methods in Economics. The MIT Press, 1998.

[12] Frank L. Severance. System Modeling and Simulation: An Introduction. John Wiley & Sons Ltd, 2001.

[13] John C. Hull. Options, Futures, and Other Derivatives. 5th edition. Prentice Hall, 2002.

[14] Peter Jackel. Monte Carlo Methods in Finance. Wiley, 2002.

[15] Malvin H. Kalos et al., Monte Carlo Methods, Wiley-VCH, 2004.

[16] Paul Glasserman. Monte Carlo Methods in Financial Engineering. Springer, 2004.

[17] Mathworks. Statistics Toolbox 7 User's Guide. Mathworks, 2008, 2009.

[18] Kurt Binder, Dieter W. Heermann. Monte Carlo Simulation in Statistical Physics: An Introduction. 5th edition. Springer, 2010.

索　引